工程量清单计价造价员培训教程

园 林 绿 化 工 程

（第二版）

工程造价员网　张国栋　主编

中国建筑工业出版社

图书在版编目（CIP）数据

园林绿化工程/张国栋主编. —2 版.—北京：中国建筑工业
出版社，2016.6
工程量清单计价造价员培训教程
ISBN 978-7-112-19417-9

Ⅰ.①园…　Ⅱ.①张…　Ⅲ.①园林-绿化-工程造价-教材
Ⅳ.①TU986.3

中国版本图书馆 CIP 数据核字(2016)第 094788 号

本书将住房和城乡建设部新颁《建设工程工程量清单计价规范》(GB 50500—2013)、《园林绿化工程工程量清单计算规范》(GB 50858—2013)与《河南省建设工程工程量清单综合单价》等定额有效地结合起来，以便帮助读者更好地掌握新规范，巩固旧知识。编写时力求深入浅出、通俗易懂，加强其实用性，在阐述基础知识、基本原理的基础上，以应用为重点，做到理论联系实际，深入浅出地列举了大量实例，突出了定额的应用、概（预）算编制及清单的使用等重点。本书可供工程造价、工程管理及高等专科学校、高等职业技术学校和中等专业技术学校建筑工程专业、工业与民用建筑专业与土建类其他专业作教学用书，也可供建筑工程技术人员及从事有关经济管理的工作人员参考。

* * *

责任编辑：周世明
责任校对：王宇枢　李欣慰

工程量清单计价造价员培训教程
园林绿化工程
（第二版）
工程造价员网　张国栋　主编

*

中国建筑工业出版社出版、发行（北京西郊百万庄）
各地新华书店、建筑书店经销
北京红光制版公司制版
北京圣夫亚美印刷有限公司印刷

*

开本：787×1092 毫米　1/16　印张：18½　字数：447 千字
2016 年 6 月第二版　　2016 年 6 月第四次印刷
定价：**43.00** 元
ISBN 978-7-112-19417-9
(28656)

编 委 会

主　　编　工程造价员网　张国栋

参　　编　赵小云　郭芳芳　洪　岩　刘　瀚

　　　　　张梦婷　李云云　冯艳峡　王利娜

　　　　　王永生　春晓瑞　张　姣　赵　利

　　　　　王园园　李　倩　马　彬　吕荣景

　　　　　史昆仑　毛亚倩　马亚莹　李永芳

　　　　　宋秀华　杨彩红　张会玲　朱婷婷

　　　　　李　婕　张　衡　王永嘉

第 二 版 前 言

工程量清单计价造价员培训教程系列共有 6 本书，分别为工程量清单计价基本知识、建筑工程、装饰装修工程、安装工程、市政工程、园林绿化工程。第一版书于 2004 年出版面世，书中采用的规范为《建设工程工程量清单计价规范》（GB 50500—2013）《园林绿化工程工程量清单计算规范》（GB 50858—2013）和各专业对应的全国定额。在 2004～2014 年期间，住房和城乡建设部分别对清单规范进行了两次修订，即 2008 年和 2013 年各一次，目前最新的为 2013 版本，2013 版清单计价规范相对之前的规范做了很大的改动，将不同的专业采用不同的分册单独列出来，而且新的规范增加了原来规范上没有的诸如城市轨道交通工程等内容。

作者在第一版书籍面世之后始终没有停止对该系列书的修订，第二版是在第一版的基础上修订，第二版保留了第一版的优点，并对书中有缺陷的地方进行了补充，特别是在 2013 版清单计价规范颁布实施之后，作者更是投入了大量的时间和精力，从基本知识到实例解析，逐步深入，结合规范和定额逐一进行了修订。与第一版相比，第二版书中主要做的修订情况包括如下：

1. 首先将原书中的内容进行了系统的划分，使本书结构更清晰，层次更明了。

2. 更改了第一版书中原先遗留的问题，将多年来读者来信或邮件或电话反馈的问题进行汇总，并集中进行了处理。

3. 将书中比较老旧过时的一些专业名词、术语介绍、计算规则做了相应的改动。并增添了一些新规范上新增添的术语之类的介绍。

4. 将书中的清单计价规范涉及的内容更换为最新的 2013 版清单计价规范。

5. 将书中的实例计算过程对应地添加了注释解说，方便读者查阅和探究对计算过程中的数据来源分析。

6. 将实例中涉及的投标报价相关的表格填写更换为最新模式下的表格，以迎合当前造价行业的发展趋势。

作者希望第二版能为众多学者提供学习方便，同时也让刚入行的人员能通过这条捷径尽快掌握预算的要领并运用到实际当中。

本书在编写过程中，得到了许多同行的支持与帮助，在此表示感谢。由于编者水平有限和时间紧迫，书中难免有错误和不妥之处，望广大读者批评指正。如有疑问，请登录 www.gczjy.com（工程造价员网）或 www.ysypx.com（预算员网）或 www.debzw.com（企业定额编制网）或 www.gclqd.com（工程量清单计价网），或发邮件至 zz6219@163.com 或 dlwhgs@tom.com 与编者联系。

目　　录

第一章 园林工程识图图例

第一节 风景名胜区与城市绿地系统规划图例

一、地界
常见的地界名称及图例如表 1-1 所示。

表 1-1

常用地界图例

序号	名 称	图 例	说 明
1	绿地界	 —·—·—·—	用中实线表示
2	景区、功能分区界	 —··—··—··	
3	风景名胜区（国家公园），自然保护区等界	 — —·— —·—	
4	外围保护地带界	 · · · · · ·	

二、景点、景物
常见的景点、景物名称及图例如表 1-2 所示。

常用景点、景物图例

表 1-2

序号	名 称	图 例	说 明
1	景点	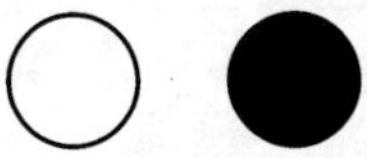 ○ ●	各级景点以圆的大小相区别 左图为现状景点 右图为规划景点
2	城墙		2～29 所列图例宜供宏观规划时用，其不反映实际地形及形态。需区分现状与规划时，可用单线圆表示现状景点、景物，双线圆表示规划景点、景物
3	文化遗址		
4	古井	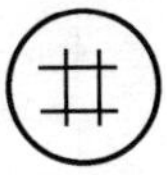	
5	摩崖石刻	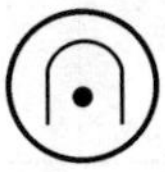	

序号	名　称	图　例	说　明
6	墓、墓园		
7	公园		
8	动物园		
9	植物园		
10	塔		
11	峡谷		
12	泉		
13	奇石、礁石		
14	瀑布		
15	宗教建筑（佛教、道教、基督教……）		
16	牌坊、牌楼		
17	古建筑		

序号	名　　称	图　　例	说　　明
18	桥		
19	陡崖		
20	岩洞		也可表示地下人工景点
21	海滩		溪滩也可用此图例
22	古树名木		
23	烈士陵园		
24	湖泊	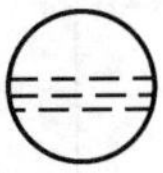	
25	温泉		
26	群峰		
27	孤峰		
28	森林		
29	山岳		

三、服务设施

常见的服务设施名称及图例如表 1-3 所示。

常用服务设施图例　　　　　　　　　　　　　　表 1-3

序号	名　称	图　例	说　明
1	综合服务设施点	 □　■	各级服务设施可以方形大小相区别。左图为现状设施，右图为规划设施
2	停车场	 P　P 室内停车场外框用虚线表示	2～23 所列图例宜供宏观规划时用，其不反映实际地形及形态。需区分现状与规划时，可用单线方框表示现状设施，双线方框表示规划设施
3	加油站		
4	邮电所（局）		
5	公用电话点	 包括公用电话亭、所、局等	
6	公安、保卫站		包括各级派出所、处、局等
7	气象站		
8	银行		包括储蓄所、信用社、证券公司等金融机构
9	风景区管理站（处、局）		
10	野营地		
11	疗养院		
12	医疗设施点		
13	火车站		
14	公共汽车站		

序号	名　称	图　例	说　明
15	缆车站		
16	飞机场		
17	码头、港口		
18	度假村、休养所		
19	文化娱乐点		
20	餐饮点		
21	消防站、消防专用房间		
22	公共厕所	W.C.	
23	旅游宾馆		

四、运动游乐设施

常见的运动游乐设施名称及图例如表1-4所示。

常用运动游乐设施图例　　　　　　　　表1-4

序号	名　称	图　例	说　明
1	游乐场		
2	运动场		
3	高尔夫球场		
4	赛车场		

序号	名　　称	图　例	说　明
5	跑马场		
6	水上运动场		
7	天然游泳场		

五、工程设施

常见的工程设施名称及图例如表1-5所示。

常用工程设施图例　　　　　　　　　表 1-5

序号	名　　称	图　例	说　明
1	污水处理厂		
2	水上游览线	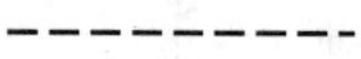	细虚线
3	隧道	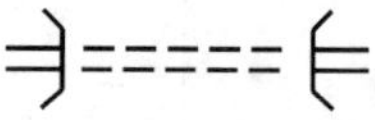	
4	垃圾处理站		
5	发电站		
6	变电所		
7	小路、步行游览路	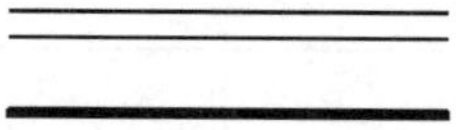	上图以双线表示，用细实线；下图以单线表示，用中实线
8	山地步游小路	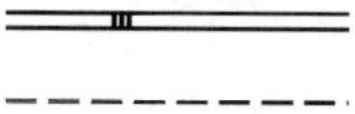	上图以双线加台阶表示，用细实线；下图以单线表示，用虚线
9	给水厂		
10	电视差转台		

序号	名　称	图　例	说　明
11	架空索道线		
12	斜坡缆车线		
13	高架轻轨线		
14	公路、汽车游览路	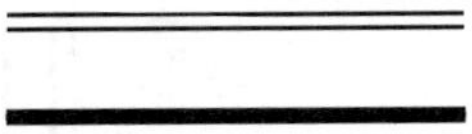	上图以双线表示，用中实线；下图以单线表示，用粗实线
15	架空电力电讯线	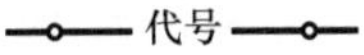 代号	粗实线中插入管线代号，管线代号按现行国家有关标准的规定标注
16	管线	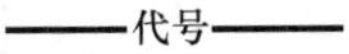 代号	

六、用地类型

常见的用地类型名称及图例如表1-6所示。

常用用地类型图例 　　　　　　　　　　　　　　表1-6

序号	名　称	图　例	说　明
1	游憩、观赏绿地	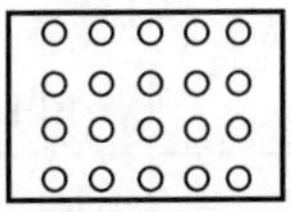	
2	防护绿地	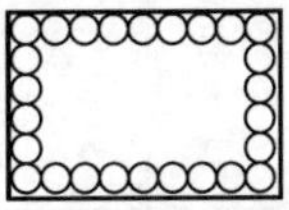	
3	经济林地		
4	针叶林地		
5	灌木林地	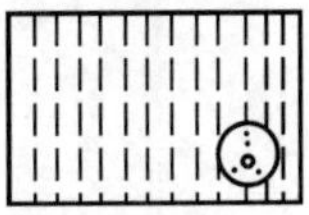	
6	苗圃花圃用地	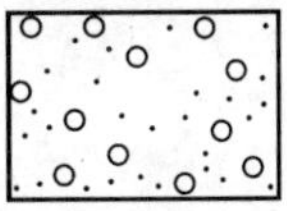	

序号	名　　称	图　例	说　　明
7	竹林地	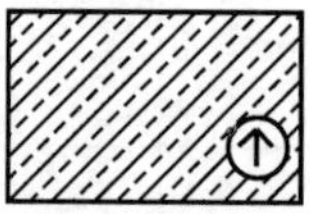	
8	阔叶林地		
9	针阔混交林地		
10	文物保护地	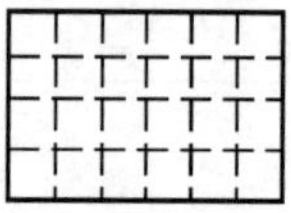	包括地面和地下两大类，地下文物保护地外框用粗虚线表示
11	特殊用地		
12	风景游览地	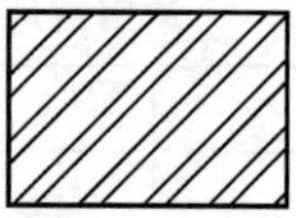 图中斜线与水平线成45°角	12～17表示林地的线形图例中也可插入 GB/T 20257.1—2007 的相应符号。需区分天然林地、人工林地时，可用细线界框表示天然林地，粗线界框表示人工林地
13	农业用地		
14	服务设施地	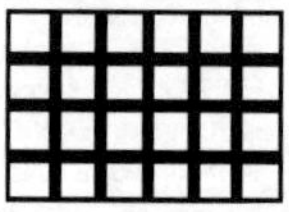	
15	旅游度假地		
16	村镇建设地	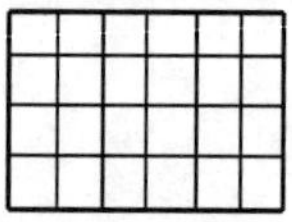	
17	市政设施地	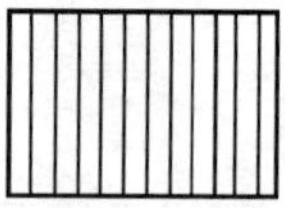	

序号	名　称	图　例	说　明
18	草原、草甸	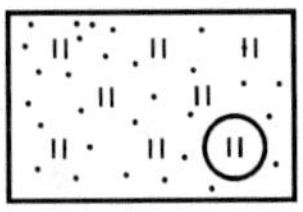	

第二节　园林绿地规划设计图例

一、建筑

常见的建筑名称及图例如表 1-7 所示。

常用建筑图例　　　　　　　　　　　　　　　　　　表 1-7

序号	名　称	图　例	说　明
1	草顶建筑或简易建筑		
2	规划扩建的预留地或建筑物		用中虚线表示
3	地下建筑物		用粗虚线表示
4	温室建筑	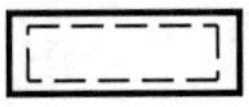	
5	原有的建筑物		用细实线表示
6	规划的建筑物		用粗实线表示
7	坡屋顶建筑	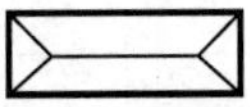	包括瓦顶、石片顶、饰面砖顶等
8	拆除的建筑物	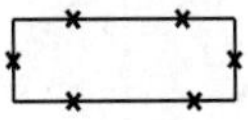	用细实线表示

二、水体

常见的水体名称及图例如表 1-8 所示。

常用水体图例　　　　　　　　　　　　　　　　　　表 1-8

序号	名　称	图　例	说　明
1	规则形水体	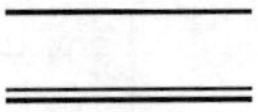	
2	自然形水体		

序号	名　称	图　例	说　明
3	旱涧	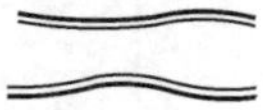	
4	跌水、瀑布	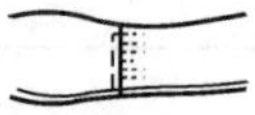	
5	溪涧	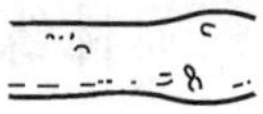	

三、工程设施

常见的工程设施名称及图例如表 1-9 所示。

常用工程设施图例　　　　　　　　　　　　　　表 1-9

序号	名　称	图　例	说　明
1	水闸	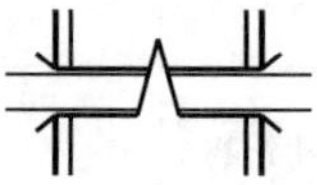	
2	人行桥	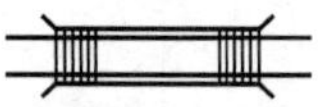	
3	亭桥	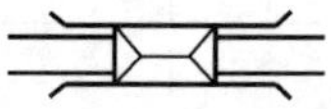	
4	车行桥	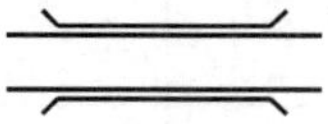	
5	驳岸	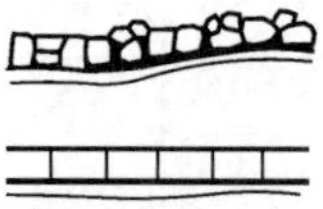	上图为假山石自然式驳岸；下图为整形砌筑规划式驳岸
6	铁索桥	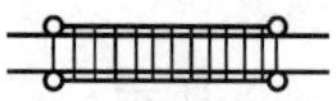	
7	道路	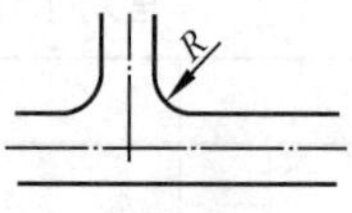	
8	护坡	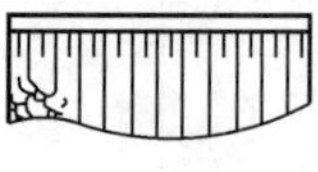	

序号	名　称	图　例	说　明
9	雨水井		
10	有盖的排水沟	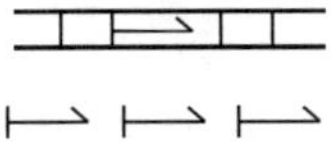	上图用于比例较大的图面；下图用于比例较小的图面
11	挡土墙	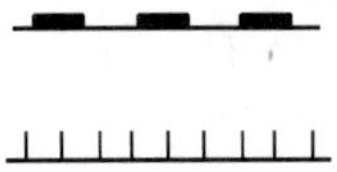	突出的一侧表示被挡土的一方
12	台阶	 箭头指向表示向上	也可依据设计形态表示
13	铺装路面		
14	排水明沟	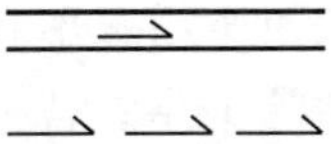	上图用于比例较大的图面；下图用于比例较小的图面
15	铺砌场地	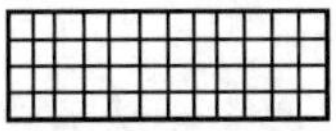	也可依据设计形态表示
16	消火栓井		
17	码头	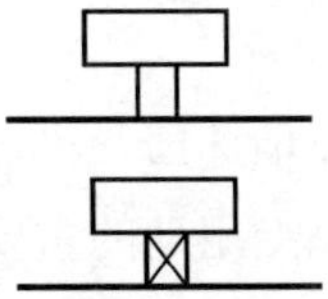	上图为固定码头；下图为浮动码头
18	汀步	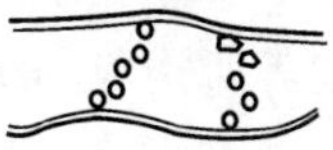	
19	涵洞	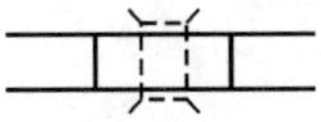	
20	喷灌点		

第二章 园林绿化工程施工图工程量清单计价的编制

第一节 绿 化 工 程

一、绿地整理

应用于园林绿化的土地，都要通过征购、征用或内部调剂来解决，征地工作是园林工程开始之前最重要的事情，特别是占地面积很大的大型综合性公园。土地一经征用，应尽快设置围墙、篱栅或临时围护设施将施工现场保护起来；同时还要做好征地后的拆迁安置、退耕还绿和工程建设宣传。

根据园林规划或园林种植设计的安排，已经确定的绿化用地范围，施工中最好不要临时挪作他用，特别是不要作为建筑施工的备料、配料场地使用，以免破坏土质。若作为临时性的堆放场地，也要求堆放物对土质无不利影响。在进行绿化施工之前，绿化用地上所有建筑垃圾和其他杂物，都要清除干净。若土质已遭碱化或其他污染，要清除恶土，置换肥沃客土，别无选择。

在施工现场范围内，为了能够保证开工后的施工用水、用电和车辆运输方便，以及保证各施工点有方便的施工场地，要求引入水源、电源、敷设水管、电线，并修筑材料运输便道，平整施工点的场地，做到"三通一平"。运输便道可按照规划的主园路线，需要一段就修一段，只修筑路基和路面基层，不做路面面层铺装。

（一）工程内容

人工整理绿化用地工程包括整理绿化用地、挖拆垫层、基础、道路等。

1. 整理绿化用地

绿地是为改善城市生态、保护环境、供居民户外游憩、美化市容，以栽植树木花草为主要内容的土地，是城镇和居民点用地的重要组成部分。绿地包含三种涵义：

（1）广义的绿地

指城市行政管辖区内由公共绿地、专用（单位附属）绿地、防护绿地、园林生产绿地、郊区风景名胜区、交通绿地等所构成的绿地系统。

（2）狭义的绿地

指小面积的绿化用地，如街头绿地、居住小区绿地等，有别于面积相对较大，具有较多游憩设施的公园。

（3）城市规划专门术语

指在用地平衡表中的绿化用地，是城市建设用地的一个大类，分公共绿地和生产防护绿地两种。

园林绿地一般可分为公共绿地、专用绿地、防护绿地、道路绿地及其他绿地类型。

（1）公共绿地

公共绿地也称公共游憩绿地、公园绿地，是向公众开放，有一定游憩设施的绿化用地，包括其范围内的水域。在城市建设用地分类中，公共绿地分公园和街头绿地两类。前者包括各级游憩公园和特种公园，后者指城市干道旁所建的小型公园或沿滨河、滨海道路所建的带状游憩绿地，或起装饰作用的绿化用地。公共绿地是城市绿地系统的主要组成部分。除供群众户外游憩外，还有改善城市气候、卫生、环境，防灾避难和美化市容等作用。

（2）专用绿地

专用绿地是私人住宅和工厂、企业、机关、学校、医院等单位范围内庭园绿地的统称，由各单位负责建造、使用和管理。在城市规划中其面积包括在各单位用地之内。大多数城市还规定了专用绿地在各类用地中应占的面积比例。在许多城市的绿地总面积和绿地覆盖率中，专用绿地所占比例很大而且分布均匀，对改善整个城市的气候卫生条件作用显著，因此在城市绿化中占十分重要的地位。

不同性质的单位对环境功能的要求在改善气候卫生条件、美化景观、户外活动等方面重点不同，因此在专用绿地的内容、布局、形式、植物结构等方面也各有特点。

（3）防护绿地

防护绿地一般指专为防御、减轻自然灾害或工业、交通等污染而营建的绿地，如防风林、固沙林、水土保持绿化、海岸防护林、卫生防护绿地等。

（4）道路绿地

道路绿化一般泛指道路两侧的植物种植，但在城市规划专业范围中则专指公共道路红线范围内除铺装路面以外全部绿化及园林布置内容，包括行道树、路边绿地、交通安全岛和分车带的绿化。这些绿地带与给水、排水、供电、供热、供气、电信等城市基础设施的用地混合配置，树冠又常覆盖在路面上方，因此不单独划拨绿化用地，但其绿化覆盖面积在许多城市的绿地覆盖总面积中占举足轻重的比例。

道路绿化的主要目的在于改善路上行人、车辆的气候和卫生环境；减少对两侧环境的污染；提高效率和安全率；美化道路景观。

此外，园林绿地的其他类型一般包括国家公园、风景名胜区及保护区等。

人工整理绿化用地工程内容有简单清理现场、土厚在±30cm之内的挖、填、找平，按设计标高整理地面，渣土集中，装车外运。

（1）勘察现场

适用于绿化工程施工前对现场调查，对架高物、地下管网、各种障碍物以及水源、地质、交通等状况作全面的了解，并做好施工安排或施工组织设计。

（2）清理绿化用地

1）人工平整：是指地面凸凹的高差在±30cm以内的就地挖填找平，凡高差超过±30cm的，每增加或减少10cm，增加人工费35%，不足10cm的按10cm计算。

2）机械平整：不论地面凸凹高差多少，一律执行机械平整。

地形整理：首先考虑地形的起伏变化能否适应建筑物及造景的需要。即对原本条件较差的地块进行大规模改造，也包括对条件较好地块的小范围整理。其主要工作是处理表土和废土，尽可能使挖方工程量与填方工程量基本相等，即"挖填平衡"。此外，应围护保留的树木，清除地表残枝败叶。

场地清理：场地清理是园林绿化施工前一项必需的工作。园林绿化施工现场面积一般很大，场地清理的主要任务就是要拆除所有弃用的建筑物或构筑物，对于架空电线、地埋式电缆、自来水管、污水管、煤气管等，须和有关部门取得联系，办理好相关手续之后方可拆除。截断煤气、采暖、水源、电源后方可拆除房屋。其次是清理地表的杂物和杂草。清除的目的是为了便于土地的翻耕与平整，更主要是为了消灭多年生杂草，以避免草坪建成后杂草与草坪争夺水分和养料。对现场原有的树木，要尽量保留。特别是大树、古树和成片的乔木树林，更要妥善保护，最好在外围采取临时性的围护隔离措施，保护其在工程施工期间不受损害。对原有的灌木，则可视具体情况，或是保留，或是移走，甚或是为了施工方便而砍去，都可灵活确定。

人工整理绿化用地：通过人工的方式整理园林绿化所用的土地，它包括四方面内容：人力挖方，人工转运土方，土方的填埋以及土方的压筑。在进行绿地整理之前，应先在施工场地范围内做好准备工作，进行现场的勘察、清理，以确保工作的正常进行。

（1）现场的准备工作

对于一些残留的构筑物和建筑物，应及时进行拆除，在进行拆除时，应根据其结构特点进行工作，并且要严格遵照现行的建筑工程有关安全技术规范的有关规定进行操作。

对一些现场残留的影响施工并经过有关部门审查同意砍伐的树木，要视树木的利用价值分情况进行挖掘或砍伐。凡对于土方开挖深度≤50cm或填方高度较小的速生乔木、花灌木有利用价值的，在进行挖掘时一定要注意不能伤害其根系，并且要根据条件找好假植地点，尽快假植，以降低工程的费用。对于排水沟中的树木，都必须连根拔除，对于没有利用价值的大树墩或清理树蔸时，除人工挖掘外，凡直径在50cm以上的，均可用推土机将其铲除。

如有管线通过或者有其他异常物体存在于施工现场内的地下或水下以及地面上时，在未查清之前，不可盲目动工，应先请有关部门协同查清，以免发生危险或造成不必要的损失。

（2）人力挖土方

人力挖方施工一般常用于中小规模的土石方工程中，因为这是由其优点和缺点来制约的。人力挖方施工具有灵活、细致、机动、适应多种复杂条件下施工的优点，但是也有施工时间长、工效低、施工安全性稍低的缺点。

在进行施工之前，要准备好足够的人力和施工所用的工具。人力施工所用的工具主要有铁锤、镐、钢钎、铁锹等；在岩石土地施工时还要准备爆破时所用的火药、雷管。在进行人力施工时最重要的工作之一就是要确保施工安全。

在进行挖方过程中，要随时进行检查和排除安全隐患，确保安全。应注意以下几方面：

① 保证每一个工人都有足够的施工工作面积。

② 进行土壁下挖土时，挖方工人不能向里凹进着挖，以免土壁坍塌，发生危险。

③ 要随时注意土坡顶部和坡下的情况 。

进行垂直挖土施工时，应注意不能挖得过深，要使所挖的边坡合理，在确定边坡坡度大小时应根据其土质的密实或疏松情况而定，具体情况见表2-1所示。

表 2-1

土质情况	挖深（垂直向下）
松软土	≤0.7m
中密度土质	≤1.25m
硬土	≤2m

在对岩石地面进行挖方施工时，一般是先将地表一定厚度的岩石层炸裂为碎块，然后再挖方施工。即所谓的先行爆破，在其施工过程中首要问题就是要确保人员安全。

（3）人工转运土方

人工运输一般情况下，都是短途的搬运，通常用手推车、人力肩挑背扛或人力车拉等搬运方式进行。在进行土方调配时，一般情况下都是按照就近挖方填方原则，就地平衡的方式。这样做的目的是极大地减小土方的搬运距离，节省人力，降低施工费用，在进行施工时，应边挖边运，挖运相结合。

（4）土方的填埋

在进行土方的填埋时，要满足工程的质量要求，土壤的质量是要根据填方的用途和要求加以选择，绿化地段的用土应满足植物栽植的要求；而作为建筑用地的土壤则是以满足将来地基的稳定为原则的。在利用外来土垫地堆山时，先要进行土壤检定，然后再利用，目的是为了防止劣土或被污染的土壤被利用。避免对游人的健康造成危害以或影响将来植物的生长，具体包括：①土料要求；②填土含水量要求；③填土边坡的要求。

人工填土方法：一般情况下，是以人工用耙、锄、铁锹等工具将土装上车，然后用手推车送土进行回填，一般情况下是从场地最低部分开始，先填石方，后填土方；先填底土，后填表土，先填近处，后填远处，在进行填土时，是采取分层填筑方式，一层一层地填，每层先虚铺一层土，然后夯实。在进行人工夯实时，应注意，黏性土的厚度应≤200mm；砂质土的厚度应≤300mm。填筑时，当有深浅坑相连时，应先将深坑填至与浅坑相平时再进行全面分层夯填，如果要采取分段进行填筑，在其交界处应填成阶梯性。在进行墙基及管道回填时，应注意的是两侧均用细土，同时均匀地进行回填、夯实，以防止墙基及管道中心线发生位移。

（5）土方的压筑

其实，填方和压筑是结合进行的。在进行土方压实时必须均匀地分层进行，在进行压实松土时夯实的工具应先轻后重；压实的工作应从边缘向中间收拢，不然的话会使边缘土方外挤容易引起土方塌落，在进行填土夯实时有两种方法：①人工夯实法；②机械夯实法。

不论是用人工夯实还是用机械夯实都必须考虑以下几个方面的要求：

1）密实的要求；

2）含水量控制，应控制在最佳含水量；

3）铺土厚度和压实遍数，在进行填土时，每层铺土厚度和压实遍数，应根据土的性质、设计要求的压实系数和使用的压（夯）实机具的性能而定，一般应先进行现场的碾（夯）压试验，然后再进行确定。

地面点到大地水准面的铅垂距离称为该点的绝对高程，将高程用某一种形式表示出来称为标高。

找平是通过搬运土方使高低不平的地坪面变平。

（6）转运土方

在土方调配过程中，一般都按照就近挖方、就近填方的原则，采取土石方就地平衡的方式。土石方就地平衡可极大地减少土方的搬运距离，从而能够节省人力，降低施工费用。

土方转运的方法有两种，即人力转运和机械转运。

1）人工转运土方

在园林局部或小型施工中经常采用的方式，土石方就地平衡的短途小搬运也靠此法。一般由人力肩挑背扛，或用人力车拉、手推车推等。

2）机械转运土方

通常为挖方与填方不平衡时的长距离运土或工程量很大时，主要运载工具是装载机和汽车。在转运过程中应有专人指挥，尽量做到路线最短、线路顺畅、卸土位置准确。既节省运力又避免混乱和窝工。如果汽车长距离转运土方需要经过城市街道时，车厢不能装得太满。还要在驶出工地之前将车轮上的泥土清扫干净，不得在街道上撒落泥土污染环境。

土方转运情况对挖方和填方都有影响，在挖方工程和填方工程之间起着联系作用。

2. 挖拆垫层

承受并传递建筑物上部荷载的基土构造层称为垫层。垫层按构成材料划分，有灰土垫层、三合土或合土垫层、砂垫层、砂石垫层、毛石垫层、碎砖垫层、砾（碎）石垫层和混凝土垫层等。挖拆垫层就是对垫层进行处理达到合理利用的要求。

3. 路基

所谓路基是指路面的基础，它不仅为路面提供一个平整的基面，而且也承受路面传下来的荷载，同时也是保证其路面稳定性和强度的重要条件之一。它对保证路面的使用寿命具有相当重大的意义。

人们总结的经验认为：一般情况下，黏土或砂性土开挖后用蛙式夯实机夯实三遍，如果没有特殊要求时，就可以直接作为路基。

对于没有压实的下层的填土，当经过雨季浸润后可使其自身沉陷稳定下来，其容重可达 $180 \mathrm{g/cm^3}$，也可用于路基。

当处于严寒地区时，严重的湿软呈橡皮状土或过湿冻胀土，最好采用 2∶8 灰土或 1∶9 灰土来加固路基，其厚度一般要求在 15cm。

4. 道路

道路是指行人和车辆行驶用地的统称。位于城市郊区及城市以外的道路，称为公路；位于城市范围以内的道路，则称为城市道路。

（二）统一规定

1. 本定额中整理绿化用地已综合了 100m 以内的土方运输。如实际运距超过 100m 时，每超过 50m（不足 50m 按 50m 计算）其增加运费按定额子目执行。

土方运输包括余土外运和取土。余土外运系指单位工程总挖方量大于总填方量时，将多余土方运至堆土场；取土系指单位工程总填方量大于总挖方量时，将不足土方从堆土场取回运至填土地点。其运输方法为人工运土方和单轮双轮车运土方。人工运土方是人工用铁锹、耙、锄等工具装土，用手推车送土。单轮双轮车运土方是指用手推车进行水平运输，也能在脚手架、施工栈道上使用，还可与塔吊、井架等配合使用，解决垂直运输的问题。

2. 采用机械施工的绿化用地的挖、填土方工程，其大型机械进出场费均按照"北京市建设工程机械台班费用定额"大型机械进出场费规定执行，列入其独立土石方工程概算。

在计取机械台班费用时，如在二次搬运中发生机械台班费，不单列机械费用，可在二次搬运费中计取。

在机械费用中，大型机械进出场费及施工机械安装、拆除费尽管属于机械费范围，但应列入直接费用的施工机械使用费项目中。

要了解工程概算，先要弄清楚工程预算。设计单位或施工单位根据拟建工程项目的施工图纸，结合施工组织设计（或施工方案），建筑安装工程预算定额、取费标准等有关基础资料计算出来的该项工程预算价格（预算造价），称为工程预算。建设预算泛指概算和预算两大类。概算与预算的区别见表2-2。

概算与预算的区别 表2-2

区　别	概　　算	预　　算
编制依据	初步设计文件，概算定额或概算指标	施工图设计文件，预算定额
精确程度	概括性强，与实际偏差为 5%～10%	较详细，精确度高，与实际偏差为 3%～5%
所起作用	1. 是确定和控制项目投资额的依据 2. 是优选设计方案的依据 3. 是建设项目招标和总发包的依据	1. 是确定单位工程和单项工程造价的依据 2. 是招标、签订施工合同和竣工结算的依据 3. 是银行拨付工程价款的依据
编制单位	设计单位或造价咨询单位	设计单位、施工单位、造价咨询单位

3. 整理绿化用地，每个绿化工程均应计算一次。

狭义的绿化工程指树木、草坪及其他地被植物、花卉、水生植物、攀缘植物的种植以及与之相关的整地，改良土壤，敷设排灌设施，安装保护设施等。广义的绿化工程则与造园同义，包括绿地内道路、桥梁、园椅、园灯等设施的建造。

绿化工程因不同绿地或不同地段在防护、改善气候卫生状况、休憩活动和造景等方面的目的不同，以及在质量水平方面的要求不同而采取不同的布局形式、材料结构、工程标准和技术措施。工程效益的实现在于形式与内容统一的设计和符合设计要求的施工，同时还有赖于符合要求的长期养护管理。

4. 本定额的整理绿化用地，挖拆旧垫层、基础、道路路面的渣土外运，均已含在子目之内，不得另行计算。

建筑物的全部荷载都由它下面的地层来承担，受建筑物影响的那一部分地层称为地基；建筑物向地基传递荷载的下部结构就是基础。

园林中的道路，即为园路，它是构成园林基本组成的要素之一，包括道路、广场、游憩场地等一切硬质铺装。园路根据构造形式、面层材料以及使用功能不同，其分类也不同。

按照面层材料分：

（1）块料路面。主要包括：陶瓷砖、各种预制水泥混凝土以及天然块石、块料、路面等。优点及适用范围：平稳、坚固、色彩丰富和图案纹样，适用于游步道、通行轻型车辆的地段，以及广场等。

（2）碎料路面。该路面是由卵石、石片、砖瓦片等碎石料拼成的路面。优点是：图案精美，表现内容丰富，做工细致。适用范围：主要适用于各种游步小路和庭园。

（3）整体路面，常见的有沥青混凝土路面和现浇水泥混凝土路面，优点：耐压、耐磨、平整。适用范围：适用于通行车辆或人流集中的公园出入口和主路。

（4）简易路面，组成的材料包括：三合土，煤屑等，常见于过渡性或临时性园路。

根据构造形式分：

（1）街道式又称路堑形。

（2）公路式又叫路堤形。

二者的区别见表 2-3 所示。

路堑形和路堤形区别 表 2-3

	街道式（路堑形）	公路式（路堤式）
道牙的形状	立道牙	平道牙
道牙的位置	位于道路边缘	靠近道路边缘处
路面高度	路面低于两侧路面	路面高于两侧路面
排水方式	道路排水	利用明沟排水

使用功能可划分为：

（1）主干道；

（2）次干道；

（3）游步道。

园路一般是由三部分组成的：

路基和附属工程、结合层和面层。

路面层的结构组合形式是多种多样的，但园路路面层的结构一般比城市道路简单，主要包括四部分，分别为：垫层、基层、结合层和面层，就其路面各层的作用及设计要求说明如下：

（1）垫层

垫层是指在路基排水不畅、易受潮受冻的情况下，为便于排水，稳定路面而在土基与基层之间设置的一道结构层。

垫层的功能是改善土基的湿度和温度状况，以保证面层和基层的强度、刚度和稳定性不受土基水温状况变化所造成的不良影响。另一方面的功能是将基层传下的车辆荷载应力加以扩散，以减小土基产生的应力和变形。同时也能阻止路基土挤入基层中，影响基层结构的性能。

修筑垫层的材料，强度要求不一定高，但水稳定性和隔温性能要好。常用的垫层材料分为两类，一类是由松散粒料，如砂、砾石、炉渣等组成的透水性垫层；另一类是用水泥或石灰稳定土等修筑的稳定类垫层。

（2）基层

基层是指位于路基和垫层之上，主要承受由面层传来的荷载，并将此荷载扩散到下面的垫层和土基中去的结构层。实际上基层是路面结构的承重层，它应具有足够的强度和刚度，并具有良好的扩散应力的能力。基层遭受大气因素的影响虽然比面层小，但是仍然有可能经受地下水和通过面层渗入雨水的侵蚀，所以基层结构应具有足够的水稳定性。基层表面虽不直接供车辆行驶，但仍然要求有较好的平整度，这是保证面层平整性的基本条件。

修筑基层的材料主要有各种结合料（如石灰、水泥或沥青等）稳定土或稳定碎石、含水泥混凝土、天然沙砾、各种碎石或砾石、片石、块石或圆石、各种工业废渣（如煤渣、粉煤灰、矿渣、石灰渣等）和土、砂、石所组成的混合料等。当采用不同材料修筑基层时，基层的最下层称为底基层，对底基材料质量的要求较低，可使用当地材料来修筑。园路的基层铺设厚度可在 6～15cm 之间。

（3）结合层

它是在面层和基层之间布置的，目的是为了与找平面设置的一层相结合，一般情况下，通常用厚度为 3～5cm 的粗砂或水泥砂浆或白灰砂浆即可。

（4）面层

面层是直接与车轮及大气相接触的结构层。它承受行车荷载（竖直力，特别是水平力和冲击力）的反复作用，又受到降水的侵蚀和气温变化的不利影响。因此，面层与其他层次相比，应具有较高的结构强度和气候稳定性，而且要耐久、防渗，其表面还应有良好的平整度和粗糙度。

路面面层表面应具有一定横向坡度，以利排水。除超高路段外，路面横断面通常做成中间拱起的形状，称为路拱，平整度和水稳性较好、透水性也小的路面面层，可采用较小的路拱坡度；反之，则应采用较大的路拱坡度。

面层是路面最上面的一层，它直接地承受车辆、人流和大气因素如：严冬、烈日、风雪、雨水等的破坏，如果面层选择不好的话，就会给游人带来"无风三尺土，雨天一脚泥"或者反光刺眼等不利影响。所以，从工程方面来讲，面层在进行设计时要考虑到平稳、坚固、耐磨耗，具有一定的粗糙度、少尘性，并且便于清扫等特点。

常见园路路面结构层组合如表 2-4 所示。

常见园路路面结构层组合 表 2-4

编号	类型	结构图式（mm）
1	水泥混凝土路	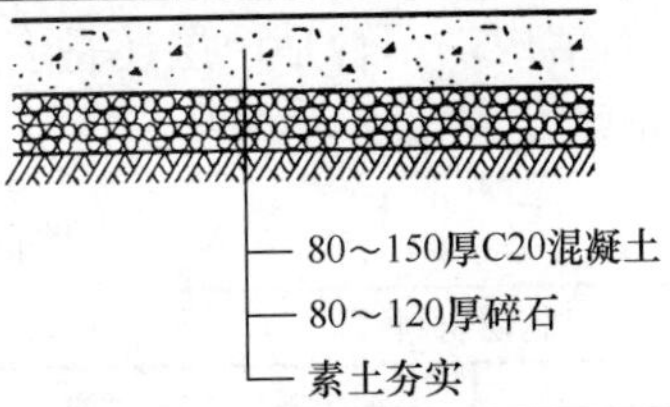 —— 80～150厚C20混凝土 —— 80～120厚碎石 —— 素土夯实
2	方砖路	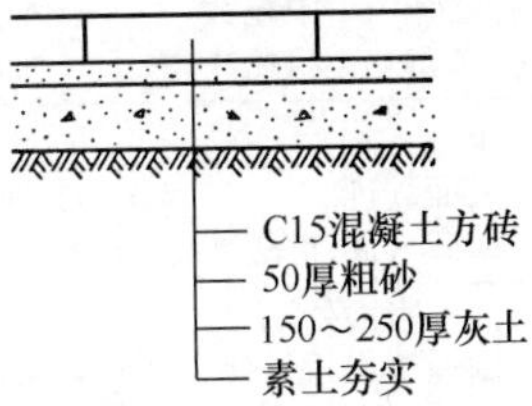 —— C15混凝土方砖 —— 50厚粗砂 —— 150～250厚灰土 —— 素土夯实
3	汽车停车场铺地	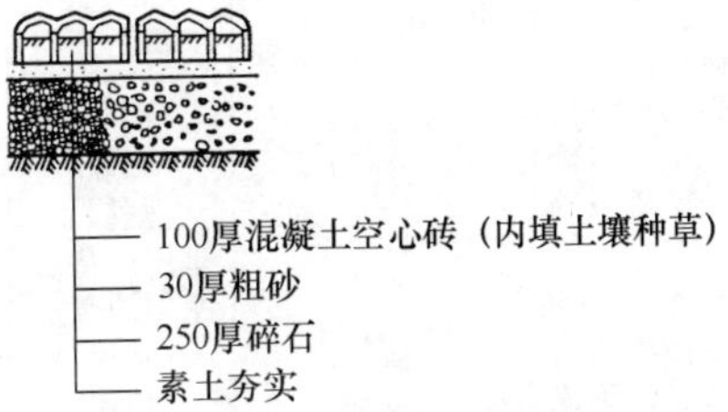 —— 100厚混凝土空心砖（内填土壤种草） —— 30厚粗砂 —— 250厚碎石 —— 素土夯实

编号	类型	结构图式（mm）
4	卵石嵌花路	— 65厚预制混凝土嵌卵石 — 60厚M2.5混合砂浆 — 一步灰土 — 素土夯实
5	彩色混凝土砖路	— 100厚彩色混凝土花砖 — 30厚粗砂 — 素土夯实
6	块石汀步	
7	钢筋混凝土砖路	— 50厚钢筋混凝土预制块 — 20厚1:3白灰砂浆 — 150厚3:7灰土 — 素土夯实

对于路面结构，不管是单层还是多层结构，但是它们的各层的厚度最佳的是均大于其稳定的最小厚度，表2-5是各类型路面的结构层的最小厚度。

路面结构层最小厚度 表2-5

序号	结构层材料		层位	最小厚度（cm）	备注
1	沥青混凝土	细粒式	面层	3	双层式结构的上层为细粒式时其最小厚度为2cm
		中粒式	面层	3.5	
		粗粒式	面层	5	
2	水泥混凝土		面层	6	
3	水泥砂浆表面处理		面层	1	1:2水泥砂浆用粗砂
4	石片、釉面砖表面铺贴		面层	1.5	水泥砂浆作结合层
5	沥青（渣油）表面处治		面层	1.5	
6	石板、预制混凝土板		面层	6	预制板加φ6～φ8钢筋
7	整齐石块、预制砌块		面层	10～12	
8	半整齐、不整齐石块		面层	10～12	包括拳石、圆石
9	砖铺地		面层	6	用1:2.5水泥砂浆或4:6石灰砂浆作结合层
10	砖石镶嵌拼花		面层	5	
11	泥结碎（砾）石		基层	6	
12	级配砾（碎）石		基层	6	
13	石灰土		基层或垫层	8与15	老路上为8cm，新路上为15cm
14	二渣土、三渣土		基层或垫层	8与15	
15	手摆大块石		基层	12～15	
16	砂、沙砾或煤渣		垫层	15	仅作平整用不限厚度

土是岩石风化产物或再经各种地质作用搬运、沉积而成的。是一种由固态、液态和气态物质组成的三相体系。土中掺有其他一些粒径比较大的矿物成分，这样的土就是渣土。

（三）工程量计算方法

1. 整理绿化用地，按设计图示要求，以平方米计算。

2. 挖拆旧垫层、基础、道路路面工程量按相应的子目以立方米或平方米计算。

【例1】如图 2-1 所示立体花坛，试求基础 3:7 灰土垫层工程量。

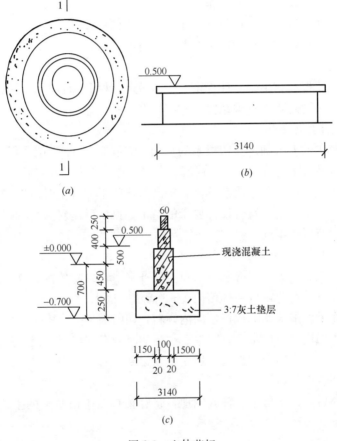

图 2-1　立体花坛

【解】（1）清单工程量：

$$V = \pi r^2 h = 3.14 \times \left(\frac{3.14}{2}\right)^2 \times 0.25 \text{m}^3 = 1.93 \text{m}^3$$

【注释】垫层直径为 3.14m，则垫层面积可知，垫层厚度为 0.25m。则垫层的工程量可求得。

清单工程量计算见表 2-6。

清单工程量计算表　　　　表 2-6

项目编码	项目名称	项目特征描述	计量单位	工程量
010501001001	垫层	3:7 灰土垫层	m³	1.93

（2）定额工程量同清单工程量。

二、栽植花木

树木景观是园林和城市植物景观的主体部分，树木栽植工程则是园林绿化最基本，最重要的工程。在实施树木栽植之前，要先整理绿化现场。去除场地上的废弃杂物和建筑垃圾，换来肥沃的栽植土壤，并把土面整平耙细。然后，按照树木种植的程序和方法进行栽植施工。

大型苗木掘苗及场外运输工程的工序包括掘苗、分级（按苗木大小、高矮分成三级）、剪根、修枝、点数、运输、假植与栽苗。

掘苗指将树苗从某地连根（裸根或带土球）起出的操作。

运苗指把掘出的植株进行合理的包装并运到种植地点。

（1）露根挖苗

露根挖苗就是使根裸露不带土球挖苗，大多数落叶树种和容易成活的针叶树小苗均可采用。露根移植的关键是要保持根系完好和移植及时。

1）露根挖苗的质量要求

掘苗时，依苗木的大小确定保留根系的直径。一般2～3年生苗木保留根系直径为30～40cm；成年乔木保留根系的直径为胸径的8～10倍，灌木为灌丛高度的1/3左右，攀缘植物与灌木相同。为保证树木成活率高，提高绿化效果，掘苗时应选择生长健壮、无病虫害、树形端正、根系发达、符合设计要求的苗木。掘出后需对病伤劈裂及过长的主侧根进行适度修剪，保持根系丰满。

2）露根挖苗的操作规范与方法

掘苗的工具（锹、镐等）要锋利，切口要整齐平滑，以防挖掘时撕裂或劈裂主根。此外，为保护根系，方便作业，可在掘苗前2～3天浇一次水。

下锹时，锹面沿保留根系的规格稍向内倾斜，切断周围一圈多余的根系。先垂直下挖至一定深度，再由四周向主根水平方向挖。适当的时候轻摇树干探找主根的位置。如果主根较粗难以切断，应先将四周的土掏空后用手锯锯断。切忌猛烈摇晃、强行提出树干造成根系劈裂，有时还会损伤树冠。

根系全部切断后，提出苗木，轻放倒地，轻轻拍打振落根系上的土块。如根系稠密，应适量保存护心土。

3）露根苗木的包装与运输

① 包装

为使出圃苗木的根系在运输过程中不致失水和折断，并保护幼树免受机械损伤，要对出圃的苗木进行包装。栽植容易成活、运输距离较近的可简单包装；栽植不易成活、运输距离较长、规格较小的苗木要求细致包装。

生产上常用的包装材料有草包、草片、蒲包、塑料薄膜等，常用的填充物有苔藓和锯末。规格较小的苗木包装时可3～5棵根对根摆好，根部的空隙间填充湿润的苔藓或锯末用包装物卷起，捆成一捆。较大的苗木则一棵一捆，将枝梢理顺。包装好后要在外面挂上标签，标明树种、苗龄、数量、等级和苗圃名称等。对于规格很小的苗木，可根对根分层放在底部铺有湿润物的篓筐或木箱中。根间稍填充湿润物，装满后顶上再盖一层湿润物即可。

② 运输

装车前要将树种、规格、质量、数量认真核对，无误后方可装车。车箱板及四周要先铺垫草垫、蒲包等物，以防碰伤根系和树皮。乔木装车应树根向前、枝梢朝后，注意树梢不能拖地。堆放不能过高，也不能压得太紧。装好后垫上蒲包将树干捆拢捆牢，用湿润的苦布将根部盖好，行车途中要稳，尽可能减少苗木间互相摩擦、碰撞。卸车时要按顺序，轻拿轻放。

如果苗木运量过大，长时间不能运走应即时就地假植。

（2）带宿土挖苗

落叶针叶树及部分移植成活率不高的落叶阔叶树种需进行带宿土挖苗。挖苗方法同裸根挖苗基本相同，区别是苗木挖出后少抖掉些泥土，保留根部护心土及根毛集中区的土块，以提高移植成活率。两种挖苗方法均可用机械代替，常用的是起苗犁，挖苗速度快、效率高，但必须在大区域内进行，还需人工配合。起苗犁把苗木主根切断后，须由人工将苗木拔出。

（3）带土球挖苗

一般常绿树，名贵树种，较大的花灌木，露根移植成活率不高的树种和第二次移植的苗木常采用带土球挖苗。

1）带土球挖苗的质量要求

土球的大小，因苗木大小、根系分布情况、树种成活难易、土壤质地等条件而异。乔木一般土球直径约为树干胸径的 $8\sim10$ 倍，高度为直径的 $2/3$，应包括大部分根系在内。灌木的土球直径应在其冠幅的 $1/4\sim1/2$ 之间。

2）带土球挖苗的操作规范与方法（断根缩坨）

由于带土球挖苗常用于大型苗木，且此类苗木一般根系分布较广，移植后长势恢复缓慢。所以应从移植前 $1\sim2$ 年在土球直径外侧一圈掘一上下等宽的沟，沟的宽度以能容下工人进入操作为宜。分批断根，如图 2-2 所示。沟内缘应在断根口以外，保证掘起后土球直径大于切根的范围。为避免挖沟断根时树体意外倒下，在挖掘前应用木杆在四周将树干支撑起来。当土沟分批掘成一周后，将断根以外的外层土剥掉，剪去受伤过重的根，使土球基本成形。然后，小心地挖空土球底部，切断主根（直根），注意尽量保证切口平滑。最后利用起重机将树体和土球一起提出。

小型苗木及耐移栽的苗木可一次性完成挖掘工作。

3）带土球苗木的包装与运输

① 包装

包装土球直径在 40cm 以下的苗木，如果苗木根部土质坚硬，可以在坑外打包，即先将蒲包在坑边铺好，然后用手抄底将土球从坑中捧出，轻轻放在蒲包上，再用蒲包将土球包平，用单股或双股的草绳把蒲包捆紧即可。如土球直径虽在 40cm 以下但土质较松软，或土球直径在 50cm 以上的，均应在坑内打包，其方法、步骤如下：将苗木的土球修整好之后，先给它围上腰绳。腰绳的宽度，应根据土质而定，土质松软的应围 $8\sim10$ 圈，土质坚硬的可围 $6\sim8$ 圈。围好腰绳之后，用蒲包将土球包严，再用草绳在蒲包上横腰捆两道，将蒲包固定好位置，然后开始打包。打包时，应该两个人面对面配合操作，一个人递草绳，一个人拉紧草绳。草绳通过树木根部成一条直线，然后将草绳往下通过底部边缘，再

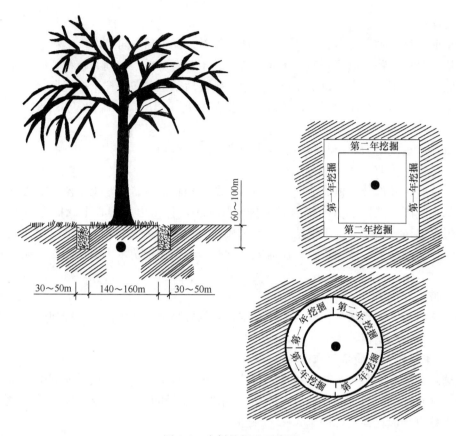

图 2-2　大树挖掘法示意图

从对面绕上去。这样从上到下，再从下到上每隔 8~10cm 绕一圈反复下去，直到将整个土球包住。拉草绳的人，每拉一次，都应用小木锤或小砖块顺着草绳前进的方向捶打土球肩部的草绳，使草绳紧紧地兜住土球底部。将包打好之后，要留一个草绳头把它拴绕在树干的根基处，使草绳不松散。包打好之后，还要在土球腰部再连续绕 6~10 道草绳，最后用草绳上下斜穿一圈将绳头拴紧，将土球上所有的草绳都固定住不致滑脱。为土球打包的最后一道工序是封底。封底之前，应顺着苗木倒斜的方向，在坑底处先挖一道小沟，将封底用的草绳紧紧拴在土球中部的草绳上，然后将树推倒，用蒲包将土球底部封严，再用草绳交叉错开勒紧，将底部蒲包片捆成双十字形即可。

② 运输

装运之前，除要仔细检查有无散包外，还需要用草绳将树干从基部往上逐圈绕住（高度 1~2m），以避免运输、吊装时损伤树皮。

苗木在运输途中，要注意检查苗木的温度和湿度。若发现温度过高，要把包装打开通风降温。若发现湿度不够，则要适当喷水。为了缩短运输时间，最好选用速度快的运输工具。苗木运到目的地后，要立即将包装物打开进行苗木假植，但如运输时间长，苗根较干时，应先将根部用水浸一昼夜后再行假植。

（4）冻土球掘苗

利用冬季低温、土壤冻结层深的特点，进行冻土球掘苗，是我国东北地区常用的掘苗方法，适用于针叶树种。冻土球大小的确定以及挖掘方法基本同带土球掘苗。当苗根层土壤结冻后，一般温度降至－12℃左右时，开始挖掘土球。挖开侧沟后，如果发现下部冻得不牢不深，可在坑内停放2～3天。若因土壤干燥土球冻结不实，可在土球外泼水，待土球冻实后，把铁钎插入冰坨底部，用锤将铁钎打入，直至振掉冰坨为止。

（5）大木箱苗木掘苗与装运

1）掘苗准备工作

掘苗前，应先按照绿化设计要求的树种、规格选苗，并在选好的树上做出明显标记，将树木的品种、规格分别记入卡片，以便分类排队，编出栽植顺序。对于所要掘取的大树，其所在地的土质、周围环境、交通路线和有无障碍物等，都要进行了解，以确定它能否移植。

2）掘苗操作

① 掘苗

掘苗时，应先根据树木的种类、株行距和干径的大小确定在植株根部留土台的大小。一般可以按苗杆径（即树木高1.3m处的树干直径）的7～10倍确定土台。

土台的大小确立之后，要以树干为中心，按照比土台大10cm的尺寸，划一正方形线印，将正方形内的表面浮土铲除掉，然后沿线印外缘挖一宽60～80cm的沟，沟深应与规定的土台高度相等。挖掘树木时，应随时用箱板进行校正，保证土台的上端尺寸与箱板的尺寸完全符合，土台下端可比上端略小5cm左右。土台的四个侧壁，中间可略微突出，以便于装上箱板时能紧紧抱住土台，切不可使土台侧壁中间凹两端高。挖掘时，如遇有较大的侧根，可用手锯或剪子把它切断，其切口应留在土台里。

② 装箱

修整好土台之后，应立即上箱板，其操作顺序和注意事项如下：

a. 上箱板。先将土台的4个角用蒲包片包好，再将箱板围在土台四周，用木棍或锹把将箱板顶住，经过检查、校正，要使箱板上下左右都放得合适，保证每块箱板的中心都与树干处于同一直线上，使箱板上端边低于土台1cm左右，即可将经检查合格的钢丝绳分上下两道绕在箱板外面。

b. 上钢丝绳。上下两道钢丝绳的位置，应在距离箱板上下两边各为15～20cm处。在钢丝绳的接口处，装上紧线器，并将紧线器松到最大限度；紧线器的旋转方向是从上向下转动为收紧。上下两道钢丝绳上的紧线器，应分别装在相反方向的箱板中央的带板上，并用木墩将钢丝绳支起，以便于收紧。收紧紧线器时，必须两道同时进行。钢丝绳上的卡子，不可放在箱角上和带板上，以免影响拉力。收紧紧线器时，如钢丝绳跟着转，则应用铁棍将钢丝绳别住。将钢丝绳收紧到一定程度时，应用锤子锤打钢丝绳，如发生噹噹之声，表明绳已收得很紧，即可进行下一道工序。

c. 钉铁皮。先在两块箱板相交处，即土台的四角上钉铁皮，每个角的最上一道和最下一道铁皮，距箱板的上下两个边长各为5cm。铁皮通过每面箱板两边的带板时，最少应在带板上钉两个钉子，钉子应全部稍向外斜，以增强拉力，不可把钉子砸弯，如砸弯，应起出重钉。箱板四角与带板之间的铁皮，必须绷紧、钉直。将箱板四角铁皮钉好之后，要用小锤轻轻敲打铁皮，如发出老弦声，证明已经钉紧，即可旋松紧线器，取下钢丝绳。

③ 掏底、上底板和上板。将土台四周的箱板钉好之后，要紧接着掏出土台底部的土，上底板和上板。其操作顺序如下：

a. 备好底板。按土台底部的实际长度，确定底板的长度和需要的块数。然后在底板的两头各钉上一块铁皮，但应将铁皮空出一半，以便上底板时将剩下的一半铁皮钉在木箱侧面的带板上。

　　b. 掏底。先沿着箱板下端往下挖 35cm 深，然后用小板镐和小平铲掏挖土台下部的土。掏底土可在两侧同时进行。当下台下边能容纳一块底板时，就应立即上一块底板，然后再向里掏土。

　　c. 上底板。先将底板一端空出的铁皮钉在木箱板侧面的带板上，再在底板下面放一木墩顶紧；在底板的另一端用油压千斤顶将底板顶起，使之与土台紧贴，再将底板另一端空出的铁皮钉在木箱板侧面的带板上，然后撤下千斤顶，再用木墩顶好。上好一块底板之后，再向土台内掏底，仍按照上述方法上其他几块底板。在最后掏土台中间的底土之前，要先用四根 10cm×10cm 的方木将木箱板四个侧面的上部支撑住。用方木支撑箱板的方法，是先在坑边挖一小槽，在槽内竖着一块小木块，将方木的一头顶在小木板上，另一头顶在木箱板的中间带板上，并用钉子钉牢，就能防止土台歪倒。然后再向中间掏出底土，使土台的底面呈突出的弧形，以利收紧底板。掏挖底土时，如遇树根，应用手锯锯断，锯口应留在土台内，不可使它凸起，以免妨碍收紧底板。掏挖中间底土要注意安全，不得将头伸入土台下面；在风力超过 4 级时，应停止掏底作业。

　　上底板时，如土台的土质比较松散，应选用较窄的木板，一块紧接一块地将土台底部封平，以免底土脱落，如掏挖时脱落少量底土，可在落土处填充草包、蒲包等物，然后再上底板。

　　d. 上上板。上好底板之后，即可将土台的表土再稍稍铲去一些，并使靠近树干的中心部位稍高于四周；如表层有亏土处，应填充较湿润的好土，并用锹拍平整。修整好的土台，应比木箱板的上边高出 1cm。在土台上面铺一层蒲包片，即可钉上板。

　　④ 吊运、装车及运输、卸车。

　　土球的包扎：

　　等土球修好后，应该马上用草绳打上腰箍一般情况下，腰箍的宽度为 200mm 左右，（图 2-3）然后用蒲包片或者是蒲包将土球包严，并且要用草绳将腰部捆好，以免蒲包脱落，再则就可以打花箍：首先将双股草绳一头拴在树干上，然后再将草绳绕过土球的底部，其顺序拉紧捆牢（图 2-4），草绳一般间隔在 8～10cm。如果是土质不好的，还可以再密一些。花箍打好后，在土球的外面结成网状，最后还要在土球的腰部密密地捆上 10 道左右的草绳，并且，还要在腰箍上扣成花扣，目的是为了防止草绳脱落。

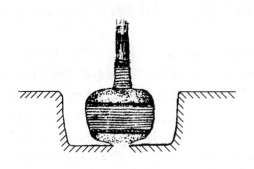

图 2-3　土球腰箍　　　　　　　　图 2-4　包装好的土球

等到土球打好以后，把树推倒，然后，用蒲包将底部堵严，再用草绳捆好，这样，土球的包扎就完成了。一般情况下，对于像南方土质较黏重的土球进行包扎时，往往省去了蒲包片或蒲包，而直接用草绳包扎，常见的包扎形式有：橘子包（它的包扎方法同前面的大体一样）、五角包、井字包等。切记：不论哪种包扎形式，都要扎紧包严，不能在土球的搬运过程中使土球松散。但对于直径大于1m的土球，一般多采用箱板式包扎方式。

大树的吊运：

包扎好土球的大树应及时运到栽植现场。运输大树要使用车厢较长的汽车，树木上下汽车还要使用吊车。大树吊装前，应该用绳子将树冠轻轻缠扎收缩起来，以免运输过程中碰坏枝条。吊装大树应做到轻吊轻放，不损坏树冠。吊上车后应对整个树冠喷一次水，然后再慢慢地运输到植树现场，见图2-5和图2-6所示。

图 2-5　木箱的吊装

图 2-6　土球的吊装

（一）种植工程图例（表2-7～表2-9）

植　物
表 2-7

序号	名　称	图　例		说　明
1	落叶阔叶乔木	⊙	✿	落叶乔、灌木均不填斜线；常绿乔、灌木加画45°细斜线。阔叶树的外围线用弧裂形或圆形线；针叶树的外围线用锯齿形或斜刺形线。乔木外形成圆形；灌木外形成不规则形乔木图例中粗线小圆表示现有乔木，细线小十字表示设计乔木。灌木图例中黑点表示种植位置。凡大片树林可省略图例中的小圆、小十字及黑点
2	常绿阔叶乔木	⊘	✸	
3	落叶针叶乔木	⊕	✳	
4	常绿针叶乔木	✴	✷	
5	落叶灌木	⊙	✤	
6	常绿灌木	◉	✪	
7	阔叶乔木疏林	☁		

序号	名　称	图　例	说　明
8	针叶乔木疏林		常绿林或落叶林根据图画表现的需要加或不加 45°细斜线
9	阔叶乔木密林		
10	针叶乔木密林		
11	落叶灌木疏林		
12	落叶花灌木疏林		
13	常绿灌木密林		
14	常绿花灌木密林		
15	自然形绿篱		
16	整形绿篱		
17	镶边植物		
18	一、二年生草本花卉		

序号	名　称	图　例	说　明
19	多年生及宿根草本花卉	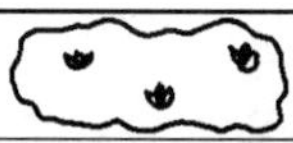	
20	一般草皮	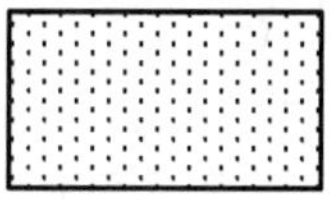	
21	缀花草皮		
22	整形树木		
23	竹丛		
24	棕榈植物		
25	仙人掌植物		
26	藤本植物		
27	水生植物	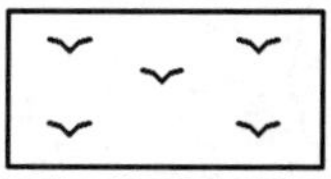	

枝干形态　　　　　　　　　　　　　　　　表 2-8

序号	名　称	图　例	说　明
1	主轴干侧分枝形		
2	主轴干无分枝形		
3	无主轴干多枝形		

29

序号	名　称	图　例	说　明
4	无主轴干垂枝形		
5	无主轴干丛生形		
6	无主轴干匍匐形		

树冠形态　　　　　　　　　　　　　　　　　　　　　表 2-9

序号	名　称	图　例	说　明
1	圆锥形		树冠轮廓线，凡针叶树用锯齿形；凡阔叶树用弧裂形表示
2	椭圆形		
3	圆球形		
4	垂枝形		
5	伞形		
6	匍匐形		

（二）工程内容

栽植工程包括露根乔木、露根灌木、土球苗木、土箱苗木、绿篱、色带、丛生竹、攀缘植物、草坪、地被植物、花卉栽植、原土还原、过筛、客土调剂和水车浇水等。

1. 普坚土栽植工程

普坚木栽植工程内容有：挖坑、假植、还土、运苗、苗木搬运、立支柱、浇水、清理、简单修剪、工程期间树木维护。

过筛、弃土外运。

（1）树木栽植的程序

1）挖坑

根据栽树的位置，规定栽树的距离，打点挖坑。坑的大小应根据树苗的大小和地区土质的不同来决定。如种植胸径 5～6cm 的乔木可以挖深约 40cm、直径 80cm 的树穴。大树可再挖深些、宽些。挖时应将挖出的泥土放在树穴的旁边，树穴的大小，上下要一样，使根盘舒展穴内，切忌锅底式。

树穴挖好后，最好施上腐熟基肥，一般放腐熟的树叶、垃圾、人类尿，或经过风化的河泥、阴沟泥等作基肥。每坑施入 10～12kg，这对于树木栽培后前几年的生长能起促进作用。坑底施入基肥后，再填入 20cm 左右的泥土，穴中央略成小丘状突出。

2）假植

树苗如不能及时种植，就必须进行假植。假植地点要选择靠近种植地点，排水良好、温度适宜、无强风、无霜害以及取水便利的地方。其方法是：开一条横沟，它的深度和宽度可以根据苗木的长短来决定，一般深度大约是苗长的 1/3 左右，挖出的泥土可以放在沟边，再将苗木逐株单行挨紧斜排在沟边，树梢向南倾斜。再将挖出的泥土还原覆盖，并加以捣实。如果苗木较大，在覆土一半时，要夯实浇水，并经常注意检查。长期下雨，要及时排水。

3）弃土外运

将园林工程中的废土、杂土、盐碱土或贫瘠土等不利于园林植物生长或刺激园林植物盲长盲生的表土清理出现场的工作叫作弃土外运。弃土外运工作应当及时进行，而且要注意弃土清理彻底。

4）大树移植

在园林绿化中，有时需要移植较大的树木来进行绿化。为了提高移植的成活率，在移植前 2～3 年就要开始做准备工作，也就是断根缩坨（见 P23 大型苗木掘苗）。到了移植当年出圃前还要修剪树冠，如樟树。在出圃前两星期左右，应先修去枝叶约 1/3，到移植时再修去1/2；修剪要做到既保证树木的成活，又不改变原有的体形姿态；大树进行修剪整理后，为了便于运输，在挖前要将树身包扎好。分枝较矮、树冠散开的树木，先要使枝条向上方，再用草绳轻轻围拢；从基部开始分枝的树木，要使草绳一端扎缚于干基部，然后用另一端自下而上顺序将枝叶轻轻围拢。树冠扎好后，树干离地面 1m 以下的部分要包 5～10cm 厚的稻草，用草绳扎紧。

5）浇水

4 月份天气已渐转暖，树苗开始发芽生长，树木生活中不可缺水，特别是 5、6 月份以后气温逐渐升高，树木生长力旺盛，更需要水，因此必须经常浇水，但浇水不宜过多。

尤其新栽的树木更要注意，一般只要有水分渗透土中，土面潮湿而不积水便可浇水，以河水为最好，溪水、池水、井水也可以。在城市中要注意忌用工厂排出的废水，因为工厂废水含有化学成分，对树木有害。南方夏季在暴雨台风时应注意及时开沟排水。

6）施肥

为使种植的树木生长良好，必须进行施肥。施肥要选择天气晴朗、土壤干燥时进行。施肥的肥料要充分腐熟，并用水稀释后方可施用。新栽树木施用人粪尿，每桶水加2勺熟粪尿拌匀，原有树木可稍浓一些，每桶40%左右熟粪尿加60%水拌匀。施肥可用沟（离根径3倍的周围，开约25cm深的环状沟）施的方法，将肥料施入后，再覆土。施肥要在松土以后进行，使肥料容易渗透土中被树根部吸收。如使用河泥作肥料，可以将河泥平施树木周围让它自然渗入地下。

7）松土、除草

树木经过多次浇水和降雨以后，四周泥土容易紧实，要锄松表土。树根附近如有杂草，特别是藤蔓，会严重影响树木成长，要及时除掉。一般20天左右除草结合松土一次。

除草结合松土时，不能过浅或过深，太浅不能起到应有的作用，过深又会伤及树根。所以松土、除草的深度一般以6～7cm较为适宜。

8）加土、扶正

新栽的树木下过雨后必须进行一次全面检查，树干已摇动的，应松土夯实，根塘泥土过低的，应及时覆土填平，防止雨后积水引起烂根。发现倒斜应及时扶正，必要时可加支柱支撑。

9）剥芽、修剪

树木在自然生长过程中，树干、树枝上会萌发许多嫩枝、嫩芽，使树木生长不能挺直，或树冠生长不能匀称。为使树木迅速生长高大，早日覆盖遮荫，可用手或工具随时摘除多余的嫩芽。

城市园林乔木修剪的目的在于调节养分，扩大树冠，尽快发挥绿化功能；整理树形，理顺枝条，使树冠枝繁叶茂，疏密适宜，充分发挥观赏效果；同时又能通风透光，减少病虫害的发生。有些行道还需要解决好与交通、架空线等的矛盾。常有台风经过的地方则需缩小树冠，以防倒伏。对生长过密的侧枝应适当修剪疏枝，并剪除枯死枝、烂枝和病虫枝等。一般情况下不要强烈修剪。其他如绿篱、丛植灌木、花灌木，为了保持它的整齐、美观和一定的形态，可在梅雨前进行修剪。

修剪还要按照各地的具体情况来决定。如南京中山陵陵墓大道和市区内的行道树修剪就是这样。市区内的修剪多保留侧枝而修去向上长的主枝，但中山门外的行道树（悬铃木）就留向上长主枝，蔚然壮观，其主要原因就看是否妨碍架空线。因此，对城市行道树的主干应长到3m以上再分杈，分杈要选定3～5个主枝，培养为今后的骨架枝。骨架枝的分枝方向应避免今后与架立线相碰，产生矛盾。已经有育的大型行道树，如果上部没有架空线的，在冬季可以逐年有目的地抽稀、修除过密的枝条和分布不合理、不均衡的枝条；如果上部有架空线的，可根据树冠的具体情况采取短截或疏枝的方法修剪。

居住区、街道绿地、公园的一般树木，以及乡村道路两旁的行道树，在不妨碍交通和其他公用设施的原则下，可以任其自然生长。但分枝过密的进行适当修剪。

修剪树木的工具必须锋利，使剪口平滑，剪口切面与树干平行。能剪动的枝条最好不要用锯，大的树干锯去后，最好在剪口上涂抹防腐涂剂，如石蜡等。

调整补缺是指树木栽植后，有些树木会死亡，造成缺株的现象。因此每年冬春在缺株的地方要进行补栽。补栽的树木可以从生长过密的地方抽稀调整，挖掘到需要补栽的地方去；也可由苗圃配备与原来规格大小相仿的树木。

此外，在树木生长过程中，还要加强病虫害的防治工作，一旦发现就要立即消灭，以保证树木健康生长。

（2）树木栽植方法

包括穴植法、缝植法和沟植法。

1）穴植法

穴植法顾名思义即通过人工挖穴栽植，它主要适用于较难成活的苗木或大苗移植时常采用的方法。优点是：生长恢复快、成活率高。缺点是：工作效率低。

挖穴的要求：在进行移植时，行株距按预定时的挖，植穴的深度和直径应该稍微大于苗木的根系，在进行栽植时，一般情况下都是一人扶树苗（将树木要扶正），一人进行填土，并且还要将填土用木棒夯实或踩实。不同苗木栽植时的要求也不同。对于带土球苗栽植之前要先将包扎物剪开并拆除掉，使根系与土壤紧密接触。在进行栽植根露苗木时，其根在栽植穴内要舒展；覆土的要求：覆土后要进行踩实，对于土球的覆土踩实时要注意，不能将土球踩碎，所踩的位置在树穴与土球的空隙处。覆土的深度应比原来的土面略高，目的是为了防止灌水后土壤因下沉而使根系暴露出来，从而影响苗木的成活率。

2）缝植法

它是指在移植时用铁锹开缝，然后马上将苗木放在适当的位置，使其根系舒展开，再用土壤进行压实的一种栽植方法。此种方法常用于主根较长而侧根不发达的苗木或者小苗。在进行移植时，特别要注意的一点是：不能使苗根发生变形。

3）沟植法

它一般情况下进行小苗移植，小苗要求根系发达。它是按照移植时的行距进行开沟，开沟的深度，应该大于苗根深度，这样可避免根部发生弯曲。苗木在往沟中排列时是按株距进行的，最后进行填土踩实。

定植：是对将苗木栽植到图上所设计的位置以后就固定下来的苗木而讲的，分两个步骤来完成：a. 散苗；b. 栽苗。

a. 散苗：是指把苗木散放在指定的定植穴旁，该指定的是指按设计图纸上或定点的木桩。

b. 栽苗：它是散苗后紧接的一个步骤，把所栽植的苗木放在坑里必须扶直，提苗至一定的位置，然后再埋土压实，最后使其固定。此过程即所谓的栽苗。

（3）树木栽植的具体要求

树木的栽植位置要符合计算要求。栽植之后，树木的高矮、干径的大小，都应合理搭配。栽植的树木本身，要保持上下垂直，不得倾斜。栽植行列树、行道树，必须横平竖直，树干在一条线上相差不得超过半个树干，相邻树木的高矮相差不得超过50cm。一般树木应与原土痕印相平，速生杨、柳树可较原土痕印深栽3～5cm。

1）栽植露根乔木、灌木

栽植露根树木，将露根树木放入坑内，使其根系舒展，不得窝根；树要立直，使它好的一面朝主要方向；对准栽植位置之后，用锹先填入刨坑挖出的表土或换上好土，填到坑的1/2处，要将树干轻提几下，使坑内土与根系密接。随后再填刨坑时挖出的底土或稍次的土，并应随填土随用脚踏实，但不要踩坏树根。

栽植7～10天后方可进行整形修剪，尤其是灌木，确定成活后才能修剪造型。

2）栽植带土球树木

栽植时，搬移苗木的正确方法是提抓土球外的包装物（草绳、蒲包等）。将树苗放入坑内摆好位置，在放稳固定和使它深浅合适之后，剪断草绳和蒲包（栽植用作绿篱的树木，如土球完整、土质坚硬不易散坨的，可在坑外将包打开，提干、捧坨入坑），尽量将包装物取出，然后将挖坑时取出的表土、底土分层回填踏实。踏实坑土时，应尽量踏土坨外环，不要将土坨踩散。对栽好的较大常绿树和高大乔木，应在树干周围埋三个支柱（用杉槁或粗竹竿），以防倒状。支柱应立在下风口，深埋30cm以上保证其牢固。支柱与树干相接部分应垫上蒲包片，以免磨伤树皮或树枝。

栽植土球苗木定额主要介绍了苗木性状、苗木的种类，并对插条育苗、埋条育苗、插根育苗、树蘖育苗、压条育苗和嫁接育苗作了深入详细的解释，又进一步阐述了带土球树苗的整形修剪、带土球苗木的挖掘、冻土球掘苗、带土球苗木的打包、带土球包装、散土球苗木及栽植带土球大树移植等内容。

3）栽植绿篱

栽植绿篱，株行距要均匀，丰满的一面要向外，树冠的高矮和冠丛的大小要均匀，搭配要合理，栽植的深浅要合适。

① 栽植单行绿篱

栽植时，先按设计的位置放线，绿篱中心线距道路的距离应等于绿篱养成后宽度的一半。栽植一般用沟植法，即按行距的宽度开沟，沟深应比苗根深30～40cm，以便换施肥土。栽植后即日灌足水，次日扶正踏实，并保留一定高度将上部剪去。

② 栽植双行绿篱

双行绿篱的栽植位点有矩形和三角形两种排列方式，株行距视苗木树冠而定；一般株距在20～40cm之间，最小可为15cm，最大可达60cm（如珊瑚树绿篱）。行距可和株距相等，也可略小于株距。一般的绿篱多采用双行三角形栽种方式，最宽的也有栽成5～6行的。苗木一棵棵栽好后，要在根部均匀地覆盖细土，并用锄把插实；之后，还应全面检查一遍，发现有歪斜的应及时扶正。绿篱的种植沟两侧，要用余下的土做成直线形围堰，以便于拦水。土堰做好后，浇灌定根水，要一次浇透。

绿篱用苗要求下部枝条密集，为达到这一目的，应在苗木出圃的前一年春季剪梢，促使其下部多发枝条。用作绿篱的常绿树，如桧柏、侧柏的土球直径，可比一般常绿树的小一些（土球直径可按树高的1/3来确定）。

4）栽植色带

栽植色带时，一般选用3～5年生的大苗造林，只有在人迹较少，且又容许造林周期拖长的地方，造林才可选用1～2年生小苗或营养杯幼苗。栽植时，按白灰点标记的种植点挖穴、栽苗、填土、插实、做围堰、灌水。栽植完毕后，最好在色带的一侧设立临时性的护栏，阻止行人横穿色带，保护新栽的树苗。

5）栽植丛生竹

丛生竹的栽植也有独特的维护方法。丛生竹是三株或三株以上的竹子丛生在一起而形成的束状结构。在栽植时可将几株苗木植入同一个坑中。各株之间要有适当间隙，根系应舒展开来，不能折叠、弯曲。

2. 沙砾坚土栽植工程

沙砾坚土栽植工程包括露根乔木的栽植、露根灌木的栽植、土球苗木的栽植、单行绿篱的栽植、双行绿篱的栽植、色带的栽植、丛生竹的栽植。各类苗木园所栽植土质不同，且与普坚土有区别。有的土质不满足植株生长条件要进行换土，也可以把原土经过筛土，筛去较大沙砾，使土质达到栽植条件。

沙砾坚土栽植工程内容包括：

（1）挖坑、假植、还土、栽植、苗木搬运、立支柱、浇水、简单修剪及施工期的维护工程。

（2）过筛、换土、弃土。

过筛是将栽植区域内的砖瓦、石块、大的土砾筛出清除的一项必须完成的工作。

换土是指当栽植地原有的土不太适宜苗木的生长，而从其他地方调运来肥沃土壤均匀地撒在地表并形成一定深度的方法。又称客土调剂。

弃土指当挖坑所刨出的土壤不满足苗木栽植条件或通过筛选仍不能达到栽植要求时，就将这些土壤弃掉，不予利用。

3. 攀缘植物、草坪、地被、花卉栽植工程

利用棚架、墙面、屋顶和阳台进行绿化，就是垂直绿化。垂直绿化的植物材料多数是藤本植物和攀缘类灌木。

（1）棚架植物栽植

在植物材料选择、具体栽种等方面，棚架植物的栽植应当按下述方法处理。

1）植物材料处理：用于棚架栽种的植物材料，若是藤本植物，如紫藤、常绿油麻藤等，最好选一根独藤长5m以上的；如果是如木香、蔷薇等攀缘类灌木，因其多为丛生状，要下决心剪掉多数的丛生枝条，只留1～2根最长的茎干，以集中养分供应，使今后能够较快地生长，较快地使枝叶盖满棚架。

2）种植槽、穴准备：在花架边栽植藤本植物或攀缘灌木，种植穴应当确定在花架柱子的外侧。穴深40～60cm，直径40～80cm，穴底应垫一层基肥并覆盖一层壤土，然后才栽种植物。不挖种植穴，而在花架边沿用砖砌槽填土，作为植物的种植槽，也是花架植物栽植的一种常见方式。种植槽净宽度在35～100cm之间，深度不限，但槽顶与槽外地坪之间的高度应控制在30～70cm为好。种植槽内所填的土壤，一定要是肥沃的栽培土。

3）栽植：花架植物的具体栽种方法与一般树木基本相同。但是，在根部栽种施工完成之后，还要用竹竿搭在花架柱子旁，把植物的藤蔓牵引到花架顶上。若花架顶上的檩条比较稀疏，还应在檩条之间均匀地放一些竹竿，增加承托面积，以方便植物枝条生长和铺展开来。特别是对缠绕性的藤本植物如紫藤、金银花、常绿油麻藤等更需如此，不然以后新生的藤条相互缠绕一起，难以展开。

（2）铺种草坪

1）栽草根：栽草根法也称草茎撒播法，是一种常用的铺种草坪的方式。在并不太热的生长季节中，将草皮铲起，抖掉泥土，把匍匐嫩枝及草茎切成3～5cm长短的节段，然

后均匀地撒播在整平耙细的草坪土面上，再覆盖一层薄土，稍稍压实。以后，经常喷水，保持土壤湿润，连续管护30～45d，撒播的草茎就会发出新芽。

2）铺草块：铺草块法又称草皮移植法。在育草苗圃地上铲起草皮，切成10cm² 大的方形草块或5cm×15cm 大小的长方形草块，作为草坪的种源。然后按照20cm×30cm 或30cm×30cm 的株行距，将种源草块移植、铺种到充分耙细的草坪土面上。草皮铺种好之后，立即滚碾压实，浇水至透底，并保持经常性的湿润。另外，有时进行突击绿化，要在最短的周期内培植出合格的草坪，还可以采用草皮直接铺设方法。这种方法是：选长势优良的草皮，按30cm×30cm 的方格状向下垂直切缝，切深约3cm；然后再铲起一块块方形草皮，铺种到草坪上面；草皮与草皮之间留缝宽1cm 左右。接着，进行滚压，将草皮压实，紧贴上面，再浇灌透水。第一次浇水后2～3d。又进行第二次滚压，将草坪顶面再次压实压平整。

3）播草籽：用播种法培植草坪，播种之前，最好将草坪上土地全面浸灌一遍，让杂草种子发芽，长出幼苗，除掉杂草苗以后再播种草坪草种。这样能够减少今后清除杂草的工作量。草坪播种的时间一般在秋季和春季，但在夏季不是最热的时候和冬季不是最冷的时候也可酌情播种，只要播种时的温度与草坪需要的温度基本一致就可以。

对一般的草坪种子都应进行发芽试验，试验中发现的发芽困难种子，可用0.5％的NaOH 溶液浸泡处理，24h 后清水洗净晾干再播。播种时种子用量与草坪幼苗生长关系很密切。

草坪播种有机械播种和人工撒播两种。大面积的草坪采用机械播种，小面积的草坪则采用人工撒播。为使播种均匀，可在种子中掺沙拌匀后再播；也可先把播种区域划分成宽度一致的条幅，称出每一幅的用种量，然后一幅一幅地均匀撒播；每一幅的种子都适当留一点下来，以补足太稀少处。草坪边缘和路边地带，种子要播得密一些。全部播种完毕，要在地面撒铺一层约1cm 厚的细土，以盖住种子。然后，用细孔喷壶或细孔喷水管洒水，水要浇透。以后，还要经常喷水保湿，不使土壤干旱。草苗长高到5～6cm 时，如果不是处于干旱状态，则可停止浇水。

4）植生带：植生带铺种法铺种草坪，也是一种较常见的草坪铺种方式。植生带是采用具有一定韧性的无纺布，在其上均匀撒播种子和肥料而培育出来的地毯式草坪种植带，这一生产过程是在工厂里进行的。在草坪的翻土、整地、施肥和给排水设施布置都完成以后，将植生带相互挨着铺在草坪土面上，要注意压平压实，使植生带底面与土面紧密结合。为防止边角翘起，可用细铁丝做成扣钉，将边角处钉在土面。铺好后要浇水养护，每天早晚各浇一次，雨季可以不浇水。植生带铺种的最好时间在春秋二季。

另外，草棵分栽法也是常见的培植草坪的方法。这种方法培植草坪的最佳季节是在早春植物返青之时。先将草皮铲起来，撕开匍匐茎及营养枝，分成一棵棵的小植株，然后在草坪土地上按行距30cm 的距离挖浅沟（宽10～15cm，深4～6cm）。再将草棵按20cm 的株距整齐地栽入浅沟中。栽好后将浅沟的土壤填满、压实，浇灌一次透水。以后，经常浇水保湿，3个月左右，新草就会盖满草坪土面。用这种方法培植草坪，1m² 的草种草皮一般可以分栽7～25m²。

5）栽植地被植物：株形低矮，枝叶茂盛，能严密覆盖地面，可保持水土、防止扬尘、改善气候，并具有一定观赏价值的草本、木本及攀缘植物都可作为地被植物。与草坪相比地被植物无须多次修剪。各地可充分发挥利用本地植物资源，发展地被植物种类。

地被植物主要分两大类，一是木本地被植物，具有木质的茎干。二是草本地被植物，植物茎部木质化，如二月兰、点地梅、红黄原、野牛草、垂盆草、委陵菜、蛇莓、紫菀、石竹、早小菊、鸢尾、葡萄水仙等。

木本地被植物又分为两类：

① 灌木型地被植物，如铺地柏、小叶黄杨、紫穗槐等。

② 攀缘型地被植物，如地锦、蔓性蔷薇等。

（3）栽植花卉

草木花卉：是指茎秆未木质化或茎秆柔弱、寿命短的一类观赏花卉。

1）一年生花卉：是指春天播种，当年夏秋季就可开花结籽的花卉，即个体发育期在一年内完成的一类观赏植物。又可称为春播秋花类。常见的有：万寿菊、凤仙花、百日菊、鸡冠花等。

2）二年生花卉：是指播种在秋季，花在次年春天开的花卉。如：雏菊、金盏花。

宿根花卉：是指具有木质化干枝的多年生观赏花卉，进行一次栽植后可存活多年，可以年年开花结果，在冬季以整个植株或地下部分以休眠状态安全越冬，也叫作多年生花卉，主要包括：

1）常绿宿根花卉：是指萌发在春季，生长发育到冬季，地上部分还保持绿色，不枯死，以休眠状态越冬，直到第二年春天，还继续生长发育的一类草本观赏植物。

2）落叶宿根花卉：它也是萌芽在春季，在生长发育开花后，遇霜，地上部分将枯死，而地下部分以休眠状态越冬，直到第二年春天继续萌芽开花结籽的一类草本植物，如芍药、菊花。

但它们二者也不是绝对的，而是随着环境条件的改变有可能发生二者之间的转化，这也是植物种类对外界环境适应性的一种表现。

木本花卉是专指具有木质化干枝的多年生观赏花卉。在我们栽培的花卉中，也有在温带或寒带栽培的草本花卉，一旦到亚热带或热带地区栽培就成为木本花卉。根据木本花卉的观赏特性，又可分为观花、观果、观茎枝、观叶和芳香植物。就其体量看，包括小乔木、灌木、低矮的地被植物和盆栽植物。

4. 浇水车浇水

浇水车浇水工程内容有接车、安装拆胶管、堵水等。

（1）接车

当浇水车到达预定的地段后，将与之相配套的水管与浇水车水箱出水口相连接的过程称为接车，即通过水管将浇水车水箱中的水浇到需要浇水的位置。在连接水管时，应注意水管与水箱出水口间的紧密连接，防止漏水。

（2）安装拆胶管

浇水车浇水前因要浇水而安装胶管，以配合水管浇水，浇水车浇水后因施工完毕不再需要而将胶管拆除。胶管可作为水管使用，也可配合其他类型的水管使用。

（3）堵水

在浇水车浇水的过程中，因浇水过急，水不能迅速下渗造成局部凹地积水的现象，称为堵水。堵水现象可通过疏松土壤和减小单位时间的喷水量使其得到缓解，此外还可通过土壤改良来解决，如将黏性土改良成其他类型的土壤。

5. 场外运苗工程内容有装卸、押运、简单平整车道等。

（1）装卸

即苗木装车及卸车。苗木装车首先须验苗，了解所运苗木的树种、规格和卸苗地点。在进行装运裸根苗时应注意：苗木应树根朝前，树冠向后，按顺序进行排。树梢不要拖地，在必要时可用绳子围拢并吊起，但要注意捆绳子的地方必须用蒲包垫上，以免损坏树皮。在车后厢板处应铺垫上蒲包、草袋等物，目的是为了避免碰伤树皮，在装车时装的不要过高，压得也不要过紧。装完树根苗后用苫布将其树根盖严捆好，目的是防止树根失水，影响成活。

在进行带土球苗装运时，须注意的是：土球上下不准站人和放置重物，并且土球直径大于 60cm 的苗木只可装一层，小土球则可排放 2～3 层，在土球之间必须排码紧密以防止摇摆发生意外情况。对于小于 1.5m 苗木可以进行立装，对于高大的苗木须放倒，放倒时树梢向后，土球向前并须用木架将树头架稳。卸车时要对损伤的枝条进行修剪。卸下时要轻拿轻放，裸根苗卸车时应从上到下，从后到前，顺序取下，不准乱抽乱取，更不准整车推卸。带土球苗卸车时要双手轻拖土球，不准提拉枝干。较大土球最好用起重机卸车。

（2）押运

苗木在运输过程中须有专人看护，一般运输苗木的人员站在车上树干附近，负责使车上的苗木安全平稳抵达施工现场，并处理一些特殊情况，如刹车时绳松散、树梢拖地等。

（3）平整车道

在苗木运输时，为了防止苗木的损伤而将车道的土地整平，叫平整车道。

（三）统一规定

1. 本章除苗木价值按规定另行计算外，已分别包括：挖坑（槽）、过筛换土的筛土、弃土外运、简单修剪、施肥、栽植还土、场内苗木运搬、立支柱、浇水、施工期的维护等全部操作过程，均根据栽植技术规程要求和合理的施工组织进行编制的。除另有规定者均不得调整。

（1）筛土

筛土指因所属地区部位土质不符合植株生长条件而对土质进行筛选，选取相对质量较好的土作为培土进行栽植。

（2）简单修剪

修剪包括简单的修剪和整形。通过用剪刀、锯等工具以及扎、捆等手段，将树冠修整成我们希望的形状，这称为整形；而以保持自然树形为基本要求，对树木的枝、叶、花、茎、果等进行疏剪或短截，以调节生长、发育、开花结果，均衡树势为目的称为修剪。

修剪时期一般在树液停止流动至翌年萌芽之前这一段时期进行，这是休眠期修剪，而对于生长期修剪则应根据地区的具体情况而定。

修剪可起到改善通风透光条件；调整树势；调节大小年现象，调节树体与周围构筑物或建筑物之间的矛盾；协调与周围环境的比例；以及美化环境、美化树形等作用。

（3）设立支柱架

在栽植树木时，为了防止在栽植后受人为或大风、雨水等自然损害，而产生摇晃或倾斜等现象，一般情况下种植的乔木其胸径在 5cm 以上的均应设立支柱。支柱的形式和材质应随地区不同而异。不同地区也应根据需要和条件进行选择。常用的有树棍桩和铁丝吊桩。有的地方也有用钢筋水泥桩和竹竿的。按绑扎方法分：间接加固、直接绑扎。

（4）栽植还土

在栽植过程中，将挖坑所掘出来的土填入放置苗木后的坑中并填平。还土时必须注意不应把填土压得太紧也不宜太松，高度稍高或平行地面即可，有多余的土应外运到其他地方。

（5）施肥

施肥一般分两种形式：叶面喷肥和土壤施肥，所谓叶面喷肥也称为根外施肥，是指将肥料配成一定浓度的肥液喷撒到树木的地上部位，由地上部分的茎、叶直接吸收的一种施肥方法。主要是见效快，易被树叶吸收。所谓土壤施肥是指将肥料施入土壤中，由植物根系吸收、利用的一种施肥方法。施肥不同树木，不同生育期所需肥不同，在进行施肥时所采用的施肥方法也因树种、树龄不同而异。同时在进行施肥时要注意：在进行施入有机肥之前要经过腐熟；施肥后要及时浇水，以免发生烧根现象；对于新栽植的树木在根系受损伤尚未愈合之前，不可施肥。

（6）浇水

水是万物生命之源，没有水，植物就会萎蔫死亡，定植后要连续浇灌几次水，每次都要浇透，在气候干旱、蒸发量大的北方地区尤为重要。具体为：①开堰、作畦；②灌水。

树木在定植以后，连续浇灌三次水是必不可少的，以后再浇灌的话，则视情况而定。第一次浇水在定植后 24 小时之内进行，但此时水量不宜过大，浸入坑土 30cm 左右即可，在进行第二次浇水时，水量也不宜过大，此时浇水之目的是压土填缝。二水距头水时间最长不超过 3d，浇水后仍应扶直整堰。第三次浇水应水量大，浇足灌透，时间不得与二水相距 3d 以上，水浸透应细致扶植，最好将树堰暂时用细土草坪覆盖，称为"封堰"。

2. 普坚土栽植，设计不要求筛土时，均按原土原还子目执行；如设计要求筛土时，则原土过筛与相应的原土原还子目相加计算。其原土过筛子目不得单独执行。

（1）原土原还

在挖坑过程中把从原坑中掘出来的土在植株放入后再填入坑中还原的过程叫做原土原还。归入原坑中的土首先要适合植株的生长栽培条件，然后才能不经过任何处理改变而直接回填入原坑中。

（2）筛土

在土壤条件不满足栽植条件时，需对土壤进行筛选，所用的工具有人工筛子和机械筛斗，通过筛土，使一部分土分离出来并配以适当成分，使其达到栽植要求。

（3）原土过筛

将原坑中刨出来的土经过人工或机械筛土再加以利用的过程称原土过筛。其目的在于在保证工程质量前提下，充分利用原土以降低造价，但原土的瓦砾、杂物含量不得超过30%，且土质理化性质要符合种植土要求。

3. 沙砾坚土栽植，设计不要求换土时，均按原土过筛子目执行；如设计要求换土时，则换土子目与相应的原土过筛子目相加计算。其换土子目不得单独执行。

换土：在挖坑过程中刨出来的土不满足栽植要求，而且通过筛选也不能达到所需土质时，就需要换土，即从别处获得满足条件的土壤，然后通过人工搬运或机器运输达到更换土壤的目的。

4. 本章的原土原还、筛土、换土，均包括渣土发生量及其外运所需工、料、机费用。

渣土是由于土壤的物理化学性质的不同，颗粒相对直径较大，含大量不同种杂质，一般不适合植株生长。

工、料、机费用指在土壤外运过程中所需人工劳动力、物质资料、机械磨损等折成货币的数量。

5. 栽植苗木应根据设计要求进行筛土或换土。设计无明确要求筛土或换土的工程，实际土质不良，按栽植技术要求必须筛土或换土者，应先办好洽商手续，方可执行筛土或换土子目，其所换土质必须保证符合栽植技术质量标准的要求。

栽植技术质量标准指由于各种植物的生长周期、生长条件、年龄不同，其在栽植过程所需要的技术质量也不同。使其成活所需的质量标准都有其具体内容。

6. 苗木价值应根据设计要求的品种、规格、数量和损耗量单独计算苗木预算总价。苗木的损耗量包括栽植工程全过程的合理损耗。其损耗率规定如下：

（1）露根乔木或灌木	1.5%
（2）绿篱、色带	2%
（3）攀缘植物	2%
（4）草根、地被、花卉	4%
（5）草块（0.1m²/每块）	20%
（6）丛生竹	4%

草根指各种草木植物的地下部分，一般根系都比较密集，多属须根，根径较小，固定土壤能力强。

地被是由植被植物覆盖于地面而形成的一层覆盖于地表的结构。

花卉是点缀城市的重要植物，它可以从狭义和广义两个方面来解释。从狭义上说，花卉是指观赏其花、叶、根、茎、果等的草本植物。但是随着人类社会的不断发展，生产水平和科学技术的不断提高，世界各国文化的不断交流与渗透，花卉领域也逐渐扩大。因此，从广义上说，花卉是指按照一定的技艺进行栽培管理和养护的，并具有一定观赏价值的植物。

由于花卉植物种类繁多，根据不同的方法可以分很多类。如：

（1）按气候分类法分：

1）热带花卉：包括热带雨林和季雨林花卉，热带高原花卉和热带沙漠花卉。如新几内亚凤仙、大丽花等。

2）副热带花卉：包括地中海气候花卉（如非洲菊、唐菖蒲）、副热带季风气候花卉（如翠菊、山茶、杜鹃等）、副热带高山花卉（如报春花、龙胆、高山杜鹃等）、高原花卉和副热带沙漠花卉（如芦荟、仙人掌）。

3）暖温带花卉：它包括两个类型，即欧洲气候型花卉（如三色堇、雏菊、紫罗兰等）和中国气候型花卉（如牡丹、菊花等）。

4）冷温带花卉：它主要分布在我国东北、西北高寒地区，以及北美、北欧等地，这类花卉有百合、黄刺玫、丁香等。

（2）按形态分类法分：

1）草本花卉：即从外形上看没有主茎或者虽有主茎但主茎没有木质化或仅有株体基部木质化的花卉。此类花卉按其生命周期可分为多年生草本花卉、一年生花卉和二年生花卉。

2）木本花卉：是指植株枝茎木质化程度相当高的一类花卉。根据其茎干形态及其生态习性分为乔木（如香樟、桂花、海棠、梅花等）、灌木（如杜鹃、山茶、月季、牡丹等）和竹类（如佛肚竹、凤尾竹、碧玉竹、黄金竹等）。

（3）按实用分类法分：

1）露地花卉：即适应能力较强，能在自然条件下露地栽培应用的一类花卉。它包括开花乔木（如海棠、山楂等）、开花灌木（如榆叶梅、丁香等）、花境用草花（如芍药、萱草等）、花坛用草花（如郁金香、金鱼草等）和地被植物（如美女樱、早熟禾等）。

2）温室花卉：原产热带、亚热带及南方温暖地区的花卉。其耐寒性差，在北方寒冷地区栽培必须在温室培养，或冬季需在温室内保护越冬。主要分为观叶类（如文竹、吊兰、虎尾草等）、观花类（如瓜叶菊、大岩桐、一品红等）和观果类（如南天竹、佛手、金橘等）。

3）切花及切叶栽培花卉：这类花卉主要是将其花枝或叶片等剪切下做插花用。这是花卉应用的一个主要类型。如著名的"四大切花"香石竹、月季、唐菖蒲和菊花以及切叶用的蕨类、文竹等。

4）干花栽培花卉：这类花卉主要是指一些花瓣为干膜质的草花（如麦秆菊、千日红）和一些观赏草类（如茅草、蒲棒等），干燥后作花束用，其色泽、质地等都不会有太大的改变。

草块是将草皮卷按不同形状大小规格分成块状的草皮。每一块都用来人工铺设而形成新的草坪。

7.凡栽植工程所用苗木，均应由承包绿化工程的施工单位负责采购供应和栽植。并对栽植成活率95％负责。如建设单位自行采购供应苗木时，则苗木成活率由双方另行商定。

栽植成活率是栽植过程中成活苗木在栽植苗木中所占的比例。公式：栽植成活率（％）＝成活苗木株数/栽植苗木株数。

8.凡承包栽植工程中各类苗木规格小于或大于本章规定的苗木的最低限和最高限时，小于时则以该类的最下限计取，大于时则以该类的最高限计取。

栽植工程：包括乔、灌木的栽植，必要的土壤改良和排水、灌溉设施的铺设，是造园和城市绿化工程中的单项工程，一般在整地工程完成后进行。包括：放线定位、掘苗包装、运输、修剪、栽植和栽后养护管理。其技术要求、操作内容和难度随地区气候、土质、树木种类、规格和不同季节而有很大差异。栽植包括裸根栽植和带土栽植。

9.定额中浇水按自来水考虑的，如利用井水、河水或其他水源供水时，仍执行本定额。

井水是从地下土层中渗出的可供人饮用的淡水。

河水是由于冰川溶解或降水而形成的地表径流汇集在一起，形成规模较大的地上流动水、溪流，它属于淡水资源。

10.凡在绿化工程中施工现场内建设单位不能提供水源时，按其各类苗木栽植相应定额子目另计浇水车台班费。

在了解工程概况之后，还要组织有关人员深入施工现场进行周密的调查，以了解施工现场的位置、现状，施工的有利和不利条件，以及影响施工进展的各种因素。现场的内容包括：

(1) 地形、土质情况；

(2) 周围环境情况；

(3) 交通状况；

(4) 水源、电源情况；

(5) 各种地上物情况；

(6) 人流活动情况；

(7) 恰当安排施工期间的生产。

在栽植完成后，要进行浇水，为了改善人工浇水的困难及提高浇水质量，就用到浇水车。它有使用方便、喷水均匀、水量适当等优点。

11. 攀缘植物、草坪、地被、花卉均不分土壤类别执行本定额。

在自然界里，任何一种土壤的土粒大小不可能完全一致。任何一种土壤都是由粒径不同的各种土粒组成的，但是土壤中各粒级土粒的含量也不是平均分配的，而是以某一级或两级颗粒含量为主，受其影响显示不同的土壤性质。颗粒组成基本相似的土壤，常常具有相似的肥力特征。因此，人们把土壤中各粒级土粒含量百分率的组合，叫做土壤质地。根据土壤质地的不同把土壤进行归类，通常所说的砂土、壤土和黏土就是由此划分的。各种土壤的分类情况详见土壤分类表（普氏）。

12. 对苗木计量的规定：

(1) 胸径：指距地坪 1.20m 高处的树干直径；

(2) 株高：指树顶端距地坪高度；

(3) 篱高：指绿篱苗木顶端距地坪高度；

(4) 生长年限：指苗木种植至起苗时的生长期。

13. 掘苗、运苗定额子目仅限于胸径在 7cm 以上乔木和株高在 4.5m 以上的常绿树进行掘运时执行。胸径在 7cm 以内和株高在 4.5m 以下的乔木、常绿树的掘苗、运苗等费用已包括在苗木预算价值内，不得重复计取。

(1) 乔木

乔木指树体高大而具有明显主干的树种。按其树体高大程度又可分为伟乔（特大乔木树高超过 30m 以上），大乔（树高 20～30m 之间），中乔（树高 10～20m）之间，小乔（树高 6～10m）。乔木分类还有落叶乔木和常绿乔木的划分方法。常见的乔木树种有银杏、雪松、云杉，各种松、柏、杉，各种杨、柳、桂花、榕树等。

(2) 常绿树

常绿树指四季常绿的树木。它们的树叶在枝上展开后留存一年以上，下一批新叶展开之后，老叶才逐渐脱落。这类树木有针叶树，如松、柏、杉、金松等；也有阔叶树，如菠萝蜜、广玉兰、苏铁、紫金牛等。

14. 本章掘苗包括挖掘、打包、装箱、粗修剪、填坑、临时性假植、现场清理等全过程。

所谓挖掘是指将树苗从生长地连根拔起并起出坑的操作。

打包是掘苗后质量保障的最重要的一道工序，它是用草绳、蒲包等材料，将土球包装起来的过程，就称为"打包"。

填坑指的是在进行栽种以前，首先要将土壤填在坑的底层的过程。

（四）工程量计算方法

1. 苗木预算价值，应根据设计要求的品种、规格、数量（包括规定的栽植损耗量）分别列项以株、米、平方米计算。

预算价值是按照估计苗木数量的多少，乘以单株的价格所预付的资金。

苗木是具有根系和苗干的树苗。凡在苗圃中培育的树苗不论年龄大小，在未出圃之前，都称苗木。对萌芽力强的树种，将苗干截掉，叫截干苗。

苗木种类根据育苗所用材料和方法分为实生苗、营养繁殖苗和移植苗。

（1）实生苗

实生苗是用种子繁殖的苗木。凡以人为的方法用种子培育的苗木叫播种苗，在野外由母树天然下种自生的苗木叫野生实生苗。

（2）营养繁殖苗

营养繁殖苗是利用植物的根、茎、叶等营养器官的一部分繁殖新植株所形成的苗木。

营养繁殖苗根据所用的育苗材料和具体方法又分为插条苗、埋条苗、插根苗、根蘖苗、嫁接苗、压条苗。

（3）移植苗

移植苗是指各种苗木，凡在苗圃中把原育苗地的苗木移栽到另一地段继续培育的苗木叫移植苗。

2. 栽植苗木按不同土壤类别分别计算：

（1）露根乔木，按不同胸径以株计算。

露根乔木是在栽植时采用露根栽植的一类植物，有利于运输，它在园林植物中占有相当重要的地位。

（2）露根灌木，按不同株高以株计算。

灌木指树体矮小（在5m以下），无明显主干或主干甚短，如玫瑰、金银木、月季等。灌木离心生长时间短，地上部分枝条衰亡较快，大多寿命不长。有些灌木干、枝也可向心更新，但多从茎枝基部及根上发生萌蘖更新。露根灌木根系暴露在外。

（3）土球苗木，按不同的土球规格以株计算。

（4）木箱苗木，按不同的箱体规格以株计算。

（5）绿篱，按单行或双行，不同篱高以延长米计算（单行3.5株/米，双行5株/米）。

凡是由灌木或小乔木（极少为乔木）密植成行，紧密而规则的种植形式称为绿篱。多数绿篱修剪成为各种形状，形成绿色的墙垣，也有不修剪放任生长的。绿篱按高度分为绿墙、高绿篱、中绿篱、矮绿篱。绿墙高度在人视线高160cm以上，有的在绿墙中修剪成绿洞门。高绿篱高度在120～160cm之间，人的视线可以通过，但不能跨越。中绿篱高度为50～120cm。矮绿篱高度在50cm以下，人们能够跨越。矮绿篱一般用于分隔区域，高绿篱常作成树墙或栅栏，具有防护性能。

（6）攀缘植物，按不同生长年限以株计算。

攀缘植物：是一种茎干柔软不能自行直立向高处生长，需攀附或顺沿别的物体方可向高处生长的植物，也称藤本植物。在园林绿化中用作垂直绿化，是一种充分利用小块土地达到立体绿化效果的优良植物材料。花架、栅栏、墙垣、枯树、山石、陡壁石岩等的绿化装饰都离不开它们。按攀缘方式不同，可分为：

1) 卷须类。以枝或叶的变态形成的卷须缠绕在他物上使茎向上生长。

2) 缠绕类。以茎蔓缠绕在他物上向高处延伸生长的植物。

3) 攀附类。靠茎枝上的钩刺或分枝攀附他物。

4) 吸附类。靠枝叶变态形成吸盘或茎上出生气根吸附于他物上。

(7) 草坪、地被和花卉分别以平方米计算（宿根花卉9株/平方米，木本花卉5株/平方米）。

(8) 色带，按不同高度以平方米计算（12株/平方米）。

栽植色带最需要注意的是将所栽植苗木栽成带状，并且配置有序，使之具有一定的观赏价值。色带主要由一些观赏植物组成，包括观花植物、观果植物、观枝干植物、观叶植物及秋色植物等。

(9) 丛生竹，按不同的土球规格以株计算。

竹俗有"花中君子"之称，也是名闻世界的中国五大经济林之一（另四种为香樟、油桐、漆树、杉木）。祖国大地多竹，共有22属，250多种，约占世界竹子种类的40%左右。丛生竹即密聚生长在一起，株间间隙小，结构紧凑的竹子。具有很强的观赏价值。

(10) 散生竹，按不同竹胸径，以栽植竹类的株数计算。

(11) 栽植水生植物工程量，按不同水生植物品种（荷花、睡莲），以栽植水生植物的株数计算，计量单位：10株。

水生植物是自然生长于水中，在旱地不能生存或生长不良；多数为宿根或球茎、地下根状茎的多年生植物，其中许多供观赏的水生花卉。根据它们的生长习性可分为五类：浅水类、挺水类、沉水类、漂浮类和浮水类。

(12) 树木支撑工程量，按不同桩的材料、桩的形式，以支撑树木的株数计算。

高大的树木，特别是带土球栽植的树木应当支撑，这在多风地方尤其重要。立好支柱可以保证新植树木浇水后，不被大风吹斜倾倒或被人流活动损坏。支柱的材料，各地不同。北方地区多用坚固的竹竿及木棍；沿海地区为防台风也有用钢筋水泥柱的。不同地区可根据需要和条件运用适宜的支撑材料，既要实用也要注意美观。

(13) 草绳绕树干工程量，按不同树干胸径，以绕树干的草绳长度计算，计量单位：m。

(14) 假植工程量，按不同乔木（裸根）胸径，以假植乔木株数计算；或按不同灌木（裸根）冠丛高，以假植灌木的株数计算。

(15) 水车浇水，按栽植不同类别的不同品种、规格，以株、米、平方米、株丛计算。

3. 掘苗按不同土质、苗木或箱体规格分别以株计算。

土质即土壤的性质，一般分为黏土、砾土、砂土三大类。

箱体用于带土球移植的苗木。当土球规格过大（如直径超过1.3m时），为了安全，用方箱包装，此方箱即为箱体。

4. 运苗按不同苗木或箱体规格以株计算。

5. 起挖乔木（带土球）工程量，按不同土球直径，以起挖乔木的株数计算。起挖乔木（裸根）工程量，按不同乔木胸径，以起挖乔木的株数计算。

6. 起挖灌木（带土球）工程量，按不同土球直径，以起挖灌木的株数计算。起挖灌木（裸根）工程量，按不同冠丛高度，以起挖灌木的株数计算。

7. 起挖竹类（散生竹）工程量，按不同竹类胸径，以起挖竹类的株数计算。起挖竹类（丛生竹）工程量，按不同竹类根盘丛径，以起挖竹类的丛数计算。

三、绿地喷灌

绿地喷灌是适用范围广又较节约用水的园林和苗圃温室的灌溉手段。由于喷灌可以使水均匀地渗入地下避免径流，因而特别适用于灌溉草坪和坡地，对于希望增加空气湿度和淋湿植物叶片的场所尤为适宜；对于一些不宜经常淋湿叶面的植物则不应使用。适量的喷灌还可避免土壤中的养分流失，但进行不充分的喷灌则会造成土壤表层经常处于不透气状态，下层不能获得足够的水分，从而使植物的吸收根系集中于地表附近，不利于吸收养分和抵抗干旱、酷热、严寒，有些大乔木下层的根系甚至会窒息死亡。

（一）绿地喷灌工程图例（表 2-10）

绿地喷灌工程图例

表 2-10

序号	名 称	图 例	说 明
1	永久螺栓	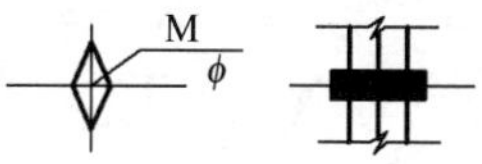	
2	高强螺栓	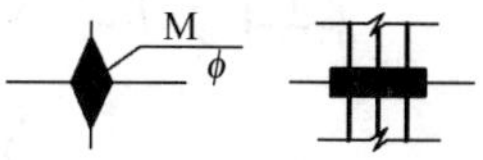	1. 细"十"线表示定位线
3	安装螺栓	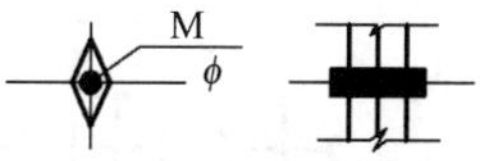	2. M 表示螺栓型号
4	胀锚螺栓	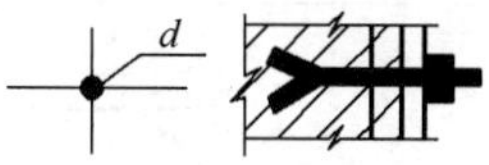	3. φ 表示螺栓孔直径
5	圆形螺栓孔	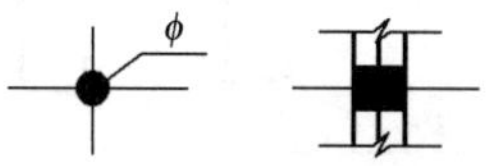	4. d 表示膨胀螺栓、电焊铆钉直径
6	长圆形螺栓孔	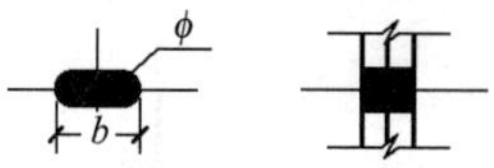	5. 采用引出线标注螺栓时，横线上标注螺栓规格，横线下标注螺栓孔直径
7	电焊铆钉	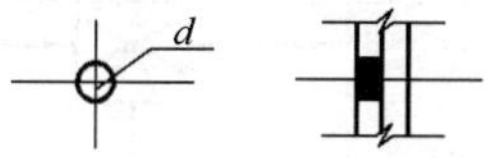	

序号	名 称	图 例	说 明
8	偏心异径管	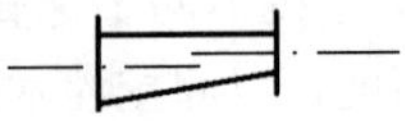	
9	异径管		
10	乙字管		
11	喇叭口	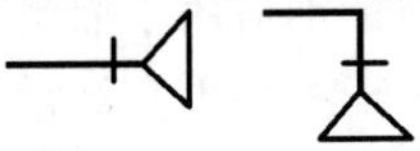	
12	转动接头	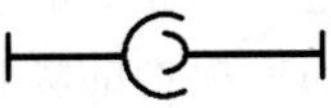	
13	短 管	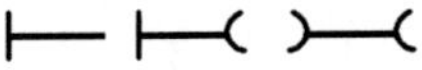	
14	存水弯	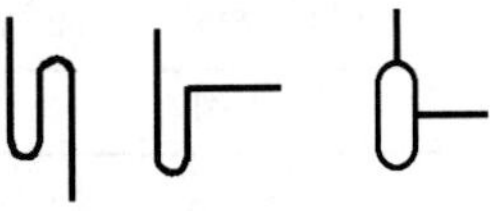	
15	弯 头	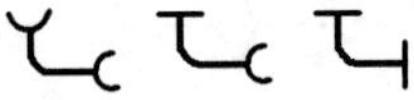	
16	正三通		
17	斜三通		
18	正四通		
19	斜四通	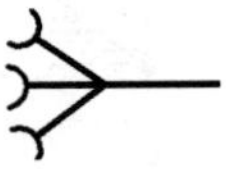	
20	浴盆排水件	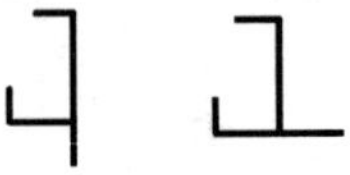	
21	闸 阀		
22	角 阀	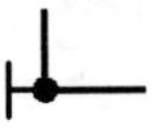	
23	三通阀	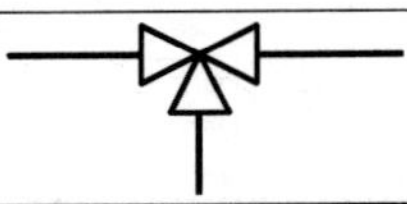	

序号	名　称	图　　例	说　明
24	四通阀		
25	截止阀		
26	电动阀		
27	液动阀		
28	气动阀		
29	减压阀		左侧为高压端
30	旋塞阀	平面　　　系统	
31	底　阀		
32	球　阀		
33	隔膜阀		
34	气开隔膜阀		
35	气闭隔膜阀		
36	温度调节阀		
37	压力调节阀		
38	电磁阀		

序号	名　称	图　　例	说　明
39	止回阀		
40	消声止回阀		
41	蝶　阀		
42	弹簧安全阀		左为通用
43	平衡锤安全阀		
44	自动排气阀	平面　　系统	
45	浮球阀	平面　　系统	
46	延时自闭冲洗阀		
47	吸水喇叭口	平面　　系统	
48	疏水器		
49	法兰连接		
50	承插连接		
51	活接头		
52	管　堵		

序号	名　称	图　　例	说　明
53	法兰堵盖		
54	弯折管	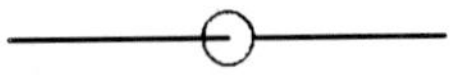	表示管道向后及向下弯转90°
55	三通连接	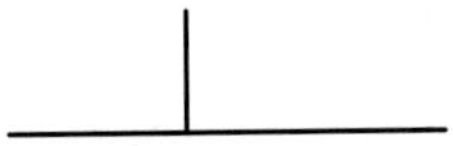	
56	四通连接	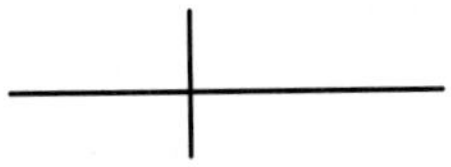	
57	盲　板		
58	管道丁字上接	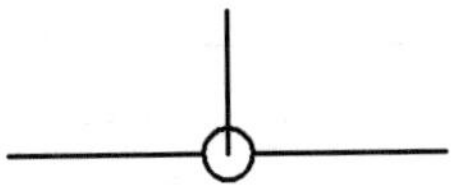	
59	管道丁字下接	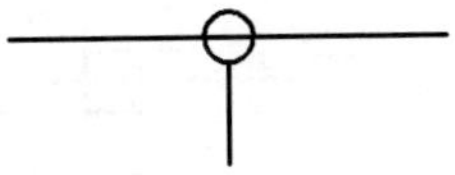	
60	管道交叉	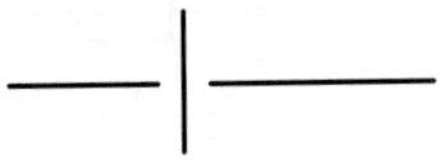	在下方和后面的管道应断开
61	温度计		
62	压力表		
63	自动记录压力表		
64	压力控制器		
65	水　表		

序号	名　称	图　　例	说　明
66	自动记录流量计	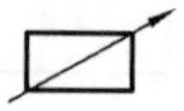	
67	转子流量计		
68	真空表		
69	温度传感器	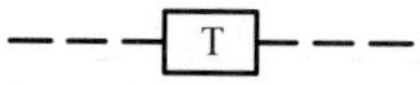 — — — T — — —	
70	压力传感器	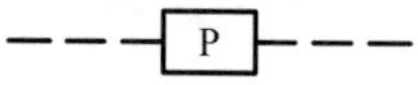 — — — P — — —	
71	pH 值传感器	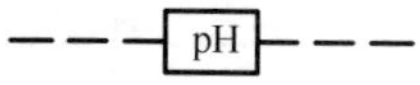 — — — pH — — —	
72	酸传感器	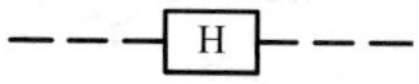 — — — H — — —	
73	碱传感器	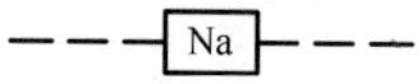 — — — Na — — —	
74	余氯传感器	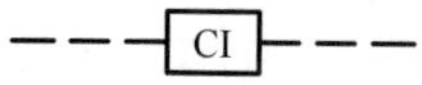 — — — CI — — —	

（二）工程内容

绿地喷灌包括管道安装、埋设、阀门安装、水表安装、喷嘴安装、给水井砌筑、铁栏杆安装等。

1. 管道安装

喷灌管道种类很多，按不同使用方式分有固定管道和移动管道；按材料分有金属管道和非金属管道。金属管道有铸铁管、钢管、薄壁钢管和铝合金管；非金属管道有预应力钢筋混凝土、石棉水泥管和塑料管。塑料管有聚氯乙烯管、聚乙烯管、改性聚丙烯管、维塑软管和锦塑软管等。管件有三通、四通、异径直能管、渐缩管、45°及90°弯头、堵头、法兰、活接头、外接头等。各种材料制成的管道，由于其物理力学性质的不同，适用于不同的使用条件。金属管、石棉水泥管、钢筋混凝土管、硬塑料管可埋在地下作为固定管道。在园林绿地喷灌中，目前常用硬塑料管道埋在地下。铝合金管、薄壁钢管、塑料软管装上快速接头可作为移动式管道。

管道种类及其特点如下所述：

(1) 铸铁管。承压能力强，一般为 1MPa。工作可靠，寿命长（约 30～60 年），管体齐全，加工安全方便。但其重量大、搬运不便、价格高。使用 10～20 年后内壁生铁瘤，内径变小，阻力加大，输水能力下降。

(2) 石棉水泥管。用 75%～85% 的水泥和 15%～25% 的石棉纤维混合后制成。承压 0.6MPa 以下、价格较便宜、重量较轻、输水性能比较稳定、加工性好、耐腐蚀、使用寿命长。但质地较脆、不耐冲击、运输中易损坏、质地不均匀、横向拉伸能力低，在温度变化作用下易发生环向断裂，使用时应用较大的安全系数。

(3) 钢管。承压能力大，工作压力 1MPa 以上，韧性好、不易断裂、品种齐全、铺设安装方便。但价格高、易腐蚀、寿命比铸铁管短，约 20 年左右。

(4) 硬塑料管。喷灌常用的硬塑料管有聚氯乙烯管、聚乙烯管、聚丙烯等。承压能力随壁厚和管径不同而不同，一般为 0.4～0.6MPa。硬塑料管耐腐蚀、寿命长、重量小、易搬运、内壁光滑、水力性能好、过水能力稳定、有一定韧性、能适应较小的不均匀沉陷。但受温度影响大、高温变形、低温变脆、受光热老化后强度逐渐下降，工作压力不稳定、膨胀系数较大。

(5) 钢筋混凝土管。有自应力和预应力两种。可承受 0.4～0.7MPa 的压力，使用寿命长、节省钢材、运输安装施工方便、输水能力稳定、接头密封性好、使用可靠。但自重大、质脆、耐冲击性差、价格高。

(6) 薄壁钢管。用 0.7～1.5mm 的钢带卷焊而成。重量较轻、搬运方便、强度高、承压能力大、压力达 1MPa、韧性好、不易断裂、抗冲击性好、使用寿命长，约 10～15 年。但价格较高。可制成移动式管道，但重量较铝合金和塑料移动式管道重。

(7) 涂塑软管。主要有锦纶塑料软管和维纶塑料软管两种，分别是以锦纶丝和维纶丝织成管坯，内处涂上聚氯乙烯制成。其重量轻、便于移动、价格低。但易老化、不耐磨、强度低、寿命短，可使用 2～3 年。

(8) 铝合金管。承压能力较强，一般为 0.8MPa，韧性好、不易断裂，耐酸性腐蚀、不易生锈，使用寿命较长，水性能好、内壁光滑。但价格较高、不耐冲击、耐磨性较钢管差，不耐强碱腐蚀。

管道的安装因管道类型的不同而不同，下面介绍同种安装方法：

(1) 孔洞的预留与套管的安装。在绿地喷灌及其他设施工程中，地层上安装管道应在钢筋绑扎完毕时进行。工程施工到预留孔部位时，参照模板标高或正在施工的毛石、砖砌体的轴线标高确定孔洞模具的位置，并加以固定。遇到较大的孔洞，模具与多根钢筋相碰时，须经土建技术人员校核，采取技术措施后进行安装固定。对临时性模具应便于拆除，永久性模具应进行防腐处理。预留孔洞不能适应工程需要时，要进行机械或人工打孔洞，尺寸一般比管径大两倍左右。钢管套管应在管道安装时及时套入，放入指定位置，调整完毕后固定。铁皮套管在管道安装时套入。

(2) 管道穿基础或孔洞、地下室外墙的套管要预留好，并校验符合设计要求，室内装饰的种类确定后，可以进行室内地下管道及室外地下管道的安装。安装前对管材、管件进行质量检查并清除污物，按照各管段排列顺序、长度，将地下管道试安装，然后动工，同时按设计的平面位置、与墙面间的距离分出立管接口。

（3）立管的安装应在土建主体的基础上完成。沟槽按设计位置和尺寸留好。检验沟槽，然后进行立管安装，栽立管卡，最后封沟槽。

（4）横支管安装。在立管安装完毕、卫生器具安装就位后可进行横支管安装。

镀锌钢管安装工程内容有钢管、管架制作安装、水压试验、消毒冲洗和刷漆。

钢管是管道安装中最重要最常用的一种管道。其制作工艺包括放样、画线、截料、平直、钻孔、拼装、焊接、成品矫正、除锈、刷防锈漆及成品堆放。

钢管分为焊接钢管和无缝钢管两种。焊接钢管指通过焊接而连接固定的一类钢管。又分直缝钢管和螺旋卷焊钢管。钢管的优点是强度高、耐振动、重量轻、长度大、接头少和加工接口方便等；缺点是易生锈、不耐腐蚀、内外防腐处理费用大、价格高等。所以，通常只在管径过大、水压过高以及穿越铁路、河谷和地震地区使用。普通钢管的工作压力不超过 1.0MPa；加强钢管的工作压力可达到 1.5MPa；高压管可用无缝钢管。室外给水用的钢管管径为 100～220mm 或更大，长 4～10m。钢管一般采用焊接或法兰接口，小管径可用丝扣连接。

管架制作安装：

（1）放样：在正式施工或制造之前，制作成所需要的管架模型，作为样品。

（2）画线：检查核对材料；在材料上画出切割、刨、钻孔等加工位置；打孔；标出零件编号等。

（3）截料：将材料按设计要求进行切割。钢材截料的方法有氧割、机切、冲模落料和锯切等。

（4）平直：利用矫正机将钢材的弯曲部分调平。

（5）钻孔：将经过画线的材料利用钻机在作有标记的位置制孔。有冲击和旋转两种制孔方式。

（6）拼装：把制备完成的半成品和零件按图纸的规定，装成构件或部件，然后经过焊接或铆接等工序成为整体。

（7）焊接：将金属熔融后对接为一个整体构件。

（8）成品矫正：将不符合质量要求的成品经过再加工后达到标准，即为成品矫正。一般有冷矫正、热矫正和混合矫正三种。

镀锌钢管指外表镀有一层锌的钢管。此类钢管能有效地防水、防热、防氧化、防污染、防腐蚀，是一类应用普遍、经久耐用的钢管。

2. 丝扣阀门安装

（1）丝扣阀门安装工程内容有场内搬运、外观检查、清理污锈、阀门安装、法兰制安及水压试验。

1）场内搬运

场内搬运包括从机器制造厂把机器搬运到施工现场的过程。在搬运中注意人身和设备安全，严格遵守操作规范，防止意外事故发生及机器损坏、缺失。

2）外观检查

外观检查是从外观上观察，看机器设备有无损伤、油漆剥落、裂缝、松动及不固定的地方，有效预防才能使施工过程顺利进行，并及时更换、检修缺损之处。

3）水压试验

管道安装后应作水压试验，它是检验管道安装质量，进行管道验收的主要内容之一。水压试验按其目的分为强度试验和严密性试验两种。管道应分段进行水压试验，每个试验管段的长度不宜大于 1km，非金属管道应短一些。试验管段的两端均应以管堵封住，并加支撑撑牢，以免接头撑开发生意外。埋设在地下的管道必须在管道基础检查合格且回填土不小于 0.5m 后进行水压试验。架空、明装及安装在地沟内的管道，应在外观检查合格后进行试验。管道在测压前，应先向试验管段充水，并排除管内空气。管内充水时间满足规定后，即可进行强度试验。埋设在地下的管道在进行水压试验时，用试压泵将试验管段开压到试验压力，恒定时间至少 10min，检查管道、附件和接口，如未发现管道、附件和接口破坏以及较严重的渗漏现象，则认为强度合格，即可进行渗水量测量试验——严密性试验。严密性试验方法为：用试验泵将水压升到试验压力，关闭试压泵的 1 号阀。记录压力下降 98kPa 所需的时间 T_1（min）；打开 1 号阀再将管道压力提高到试验压力，迅速关闭 1 号阀后，立即打开 4 号阀向量水槽放水，记录压力下降 98kPa 所需的时间 T_2（min），同时测量在此段时间内放出的水量 V（L），则试验管段的渗水量 q 可按下式计算：$q = V / (T_2 - T_1)$（L/min）。若在试验时管道未发生破坏，且渗水量不超过规定的数值，则认为试验合格。管径不大于 400mm 的埋地压力管道在进行强度试验时，按规范规定，先升压到试验压力，观测 10min，如压力降不大于 49Pa，且管道未发生破坏，即可将压力降至工作压力，再进行外观检查，如无渗漏现象即为试验合格。

丝扣阀门安装时阀门用活接头连接，其定额用镀锌活接头计算。套用镀锌活接头安装。

（2）丝扣法兰阀门安装工程内容有场内搬运、外观检查、消除污锈、阀门安装、水压试验、加垫、紧螺栓、法兰安装等。

1）加垫

加垫指在阀门安装时，因为管材和其他方面的原因，在丝扣固定时，需要垫上一定形状或大小的铁或钢垫，这样有利于固定和安装。垫料要按不同情况而定，其形状因需要而定，确保加垫之后，安装连接处没有缝隙。

2）丝扣法兰

丝扣法兰即螺纹方式连接的法兰。这种法兰与管道不直接焊接在一起，而是以管口翻边为密封接触面，套法兰起紧固作用，多用于铜、铅等有色金属及不锈耐酸管道上。其最大优点是法兰穿螺栓时非常方便，缺点是不能承受较大的压力。也有的是用螺纹与管端连接起来，有高压和低压两种。它的安装执行活头连接项目。

（3）焊接法兰阀门安装工程内容有场内搬运、外观检查、清除污锈、阀门安装、水压试验、加垫、紧螺栓、法兰安装等。

1）螺栓

螺栓按加工方法不同，分为粗制和精制两种。粗制螺栓的毛坯用冲制或锻压力法制成，钉头和栓杆都不加工，螺纹用切削或滚压方法制成，这种螺栓因精度较差，多用于土建钢、木结构中。精制螺栓用六角棒料车制而成螺纹且所有表面均经过加工；精制螺栓又分为普通精制螺栓和配合螺栓，由于制造精度高，机械中应用较广。螺柱头一般为六角形，也有方形，这样便于拧紧，它与螺母配合使用，起到连接固定的作用。在拧紧过程中，螺母朝一个方向（一般为顺时针）转动，直到不能再转动为止，有时还需要在螺母与钢材间垫上一垫片，有利于拧紧，防止螺母与钢材磨损及滑丝。

2）阀门安装

阀门是控制水流、调节管道内的水量和水压的重要设备。阀门通常放在分支管处、穿越障碍物和过长的管线上。配水干管上装设阀门的距离一般为 400～1000m，并不应超过三条配水支管。阀门一般设在配水支管的下游，以便关阀门时不影响支管的供水。在支管上也设阀门。配水支管上的阀门不应隔断 5 个以上消防栓。阀门的口径一般和水管的直径相同。给水用的阀门包括闸阀和蝶阀。

① 闸阀也叫闸板门，是给水管上最常见的阀门。闸阀由闸壳内的闸板上下移动来控制或截断水流。根据阀内闸板的不同，分为楔式和平行式两种。根据闸阀使用时阀杆是否上下移动，可分为明杆和暗杆两种。明杆式闸阀的阀杆随闸板的启闭而升降，从阀杆位置的高低可看出阀门开启程度，适用于明装的管道；暗杆式闸阀的闸板在阀杆前进方向留一个圆形的螺孔，当闸阀开启时，阀杆螺丝进入闸板孔内而提起闸板，阀杆仍不露出外面，有利于保护阀杆，通常适用于安装和操作地位受到限制之处。在选用闸阀时，除考虑口径和形式外，还要注意工作压力、传动方式和价格等。给水管网中的阀门宜用暗杆，一般手动操作，口径较大时，也可用电动阀门。

② 蝶阀具有结构简单、尺寸小、重量轻、90°回转开启迅速等优点，价格同闸阀差不多，目前应用也较广。它是由阀体内的阀板在阀杆作用下旋转来控制或截断水流的。按照连接形式的不同，分为对夹式和法兰式。按照驱动方式不同分为手动、电动、气动等。此外还有止回阀、排气阀、泄水阀等。

3）焊接法兰阀门

焊接法兰指以焊接方式连接的碳钢法兰安装。使用焊接法兰的阀门叫做焊接法兰阀门。此类法兰有平焊法兰和对焊法兰。

① 平焊法兰是最常用的一种。这种法兰与管子的固定形式，是将法兰套在管端，焊接法兰里口和外口，使法兰固定，适用公称压力不超过 2.5MPa。用于碳素钢管道连接平焊法兰，一般用 Q235 和 20 号钢板制造；用于不锈耐酸管钢管道上的平焊法兰应用与管子材质相同的不锈耐酸钢板制造。平焊法兰密封面，一般都为光滑式，密封面上加工有浅沟槽。

② 对焊法兰，也称高颈法兰和大尾巴法兰，它的强度大，不易变形，密封性能较好，有多种形式的密封面，适用的压力范围很广。

3. 水表安装

水表是一种计量建筑物或设备用水量的仪表。室内给水系统中广泛使用流速式水表。流速式水表是根据在管径一定时，通过水表的水流速度与流量成正比的原理来测量的。

（1）流速式水表按叶轮构造不同，分旋翼式和螺翼式两种。旋翼式的叶轮转轴与水流方向垂直，阻力较大，起步流量和计量范围较小，多为小口径水表，用以测量较小流量。螺翼式水表叶轮转轴与水流方向平行，阻力较小，起步流量和计量范围比旋翼式水表大，适用于流量较大的给水系统。

1）旋翼式水表按计数机件所处的状态又分为干式和湿式两种。干式水表的计数机件和表盘与水隔开，湿式水表的计数机件和表盘浸没在水中，机件较简单，计量较准确，阻力比干式水表小，应用较广泛，但只能用于水中无固体杂质的横管上。湿式旋翼式水表，按材质又分为塑料表与金属表等。

2）螺翼式水表依其转轴方向又分为水平螺翼式和垂直螺翼式两种，前者又分为干式和湿式两类，但后者只有干式一种。湿式叶轮水表技术规格有具体规定。

（2）水表安装应注意表外壳上所指示的箭头方向与水流方向一致，水表前后需装检修门，以便拆换和检修水表时关断水流；对于不允许断水或设有消防给水系统的，还需在设备旁设水表检查水龙头（带旁通管和不带旁通管的水表）。水表安装在查看方便、不受暴晒、不致冻结和不受污染的地方。一般设在室内或室外的专门水表井中，室内水表井及安装在资料上有详细图示说明。为了保证水表计量准确，螺翼式水表的上游端应有8～10倍水表公称直径的直线管段；其他型水表的前后应有不小于300mm的直线管段。水表口径的选择如下：对于不均匀的给水系统，以设计流量选定水表的额定流量，来确定水表的直径；用水均匀的给水系统，以设计流量选定水表的额定流量，确定水表的直径；对于生活、生产和消防统一的给水系统，以总设计流量不超过水表的最大流量决定水表的口径。住宅内的单户水表，一般采用公称直径为15mm的旋翼式湿式水表。

4. 喷嘴安装

小喷嘴指公称直径小于20mm的喷嘴。

全园式喷嘴可绕环360°转动，喷嘴水流方向灵活，喷灌时方便，适合于安装在固定式喷头上。

定向式喷嘴是固定的，弯头不能转头，与转动式喷头结合起来，可向不同方向喷灌。

一般来说，园林喷灌可以部分采用农业、林业喷灌喷嘴。但由于园林灌溉的特殊性，喷洒范围应较严格控制，不应喷到人行道上；运动场等场所的喷洒设施不应露出地面等。因此，对园林喷灌的喷嘴应有特殊要求。目前国内外已研制和生产出了符合各种园林绿地景观等需要的园林专用喷嘴，可供选用。

（1）喷嘴的分类：

1）按工作压力分类。喷嘴可分为微压、低压、中压、高压喷嘴。微压喷嘴压力为0.05～0.1MPa，射程1～2m。微压喷嘴的工作压力很低，雾化好，适用于微灌系统。低压喷嘴（亦称近程喷嘴）压力为0.1～0.2MPa，射程2～15m。耗能少，水滴打击强度小。主要用于菜地、苗圃小苗区、温室、花卉等。中压喷嘴压力为0.1～0.5MPa，射程15～42m。其特点是喷洒均匀性好，喷灌强度适中，水滴大小适中，适用范围广。果园、草坪、菜地、农业大田作物、苗圃地、经济作物及各种类型土壤均有适宜的型号可供选择。高压喷嘴压力大于0.5MPa，射程大于42m。其特点是喷洒范围大，效率高、耗能也高、水滴大。适用于喷洒质量要求不高的大田、牧草及林木等。

2）按结构形式和喷洒特性分类。喷嘴可分为旋转式（或称旋转射流式、射流式）、固定式（或称散水式、固定散水式或温射式）、喷洒孔管三种。

（2）喷嘴的结构及工作原理：

1）旋转式喷嘴。指绕自身铅垂线旋转的喷头，水流呈集中射流状。其特点是边喷洒边旋转。这种喷嘴射程较远，流量范围大，喷灌强度低、均匀度高，是目前农、林、园林绿地使用很广的一种形式。旋转式喷嘴的结构形式很多，根据旋转驱动机构的结构和原理的不同又分为摇臂式、叶轮式、反作用式、水涡流驱动等。

2）固定式喷嘴。指喷洒时其零件无相对运动的喷嘴。其特点是结构简单、工作可靠、要求工作压力低。喷洒时，水流在全圆周或部分圆周同时向四周散开，故射程短。近喷嘴处喷灌强度比平均喷灌强度大得多。一般雾化比较好，但多数喷嘴水量不均。可在公园绿地、苗圃、温室等处使用，也可装在行喷机上。埋藏散水式喷嘴主要用于草坪喷灌。固定式喷嘴按工作原理分为折射式和缝隙式两类。另外，草坪喷灌常用地埋伸缩散水式喷嘴。总之，喷嘴是流道的最后部分，内壁一般为圆锥形，水流流经喷嘴时流速增大，其作用是将水的压能最大限度地变为动能而喷射出去。喷嘴是影响流量、射程和喷洒质量的部件。

5. 给水井砌筑

（1）给水井砌筑技术要点

1）在已安装完毕的排水管的检查井位置，放出检查井中心位置线，按检查井半径摆出井壁砌墙位置。

2）在检查井基础面上，先铺砂浆后再砌砖，一般圆形检查井采用一砖墙砌筑。采用内缝小外缝大的摆砖方法，外灰缝塞碎砖，以减少砂浆用量。每层砖上下皮竖灰缝应错开。随砌筑随检查弧形尺寸。

3）井内踏步，应随砌随安随坐浆，其埋入深度不得小于设计规定。踏步安装后，在砌筑砂浆未达到规定强度前，不得踩踏。混凝土检查井井壁的踏步预制或现浇时安装。

4）排水管管口伸入井室30mm，当管径大于30mm时，管顶应砌砖圈加固，以减少管顶压力，当管径大于或等于1000mm时，拱圈高应为250mm；当管径小于1000mm时，拱圈高应为125mm。

5）砖砌圆形检查井时，随砌随检查井直径尺寸，当需收口时，若四面收进，则每次收进应不超过30mm，若三面收进，则每次收进最大不超过50mm。

6）排水检查井内的流槽，应在井壁砌到管顶时进行砌筑。污水检查井流槽的高度与管顶齐平；雨水检查井流槽的高度为管径的1/2。当采用砖砌筑时，表面应用1:2水泥砂浆分层压实抹光，流槽应与上下游管道接顺。

7）砌筑检查井的预留支管，应随砌随安，预留管的管径、方向、标高应符合设计要求。管与井壁衔接处应严密不得漏水，预留支管口宜用低标号砂浆砌筑，封口抹平。

（2）抹面、勾缝技术要求

砌筑检查井、井室和雨水口的内壁应用原浆勾缝，有抹面要求时，内壁抹面应分层压实，外壁用砂浆严密搓缝。其抹面、勾缝、坐浆、抹三角灰等均采用1:2水泥砂浆，抹面、勾缝用水泥砂浆的砂子应过筛。抹面要求：当无地下水时，污水井内壁抹面高度抹至工作顶板底；雨水井抹至底槽顶以上200mm。其余部分用1:2水泥砂浆勾缝。当有地下水时，井外壁抹面，其高度抹至地下水位以上500mm。抹面厚度20mm。抹面时用水泥板搓平，待水泥砂浆初凝后及时抹光、养护。勾缝一般采用平缝，要求勾缝砂浆塞入灰缝中，应压实拉平深浅一致，横竖缝交接处应平整。

（3）井口、井盖的安装

检查井、井室及雨水口砌筑安装至规定高程后，应及时浇筑或安装井圈，盖好井盖。安装时砖墙顶面应用水冲刷干净，前铺砂浆。按设计高程找平，井口安装就位后，井口四周用1:2水泥砂浆嵌牢，围成45°三角。安装铸铁井口时，核正标高后，井口周围用C20细石混凝土筑牢。

在低温地区的寒冷季节，给水井防冻是有必要的。在外界温度较低的情况下，对给水井表面加盖或采取相关的防冻措施，使其不会发生冰冻现象，从而保证水量的供给。

6. 绿地围牙、栏杆安装

栏杆是绿地喷灌及其他设施外部设置的垂直构件。主要承担人们扶倚的侧向推力，以保障人身安全，还可以对整个建筑物起装饰美化作用。栏杆形式有实体、空花和混合式，一般材料有砖砌、钢筋混凝土和金属，在金属栏杆中以铁为材料的居多。铁栏杆在安装时应注意做好防腐措施，清洗除锈后，应在上面涂刷一层或数层油漆，以防止水分、空气、矿物质等的腐蚀。同时铁栏杆要固定结实，防止脱落。固定连接方式一般采用焊接。

绿地围牙、铁栏杆安装工程内容：

（1）挖槽、干铺围牙、回填土、余土外运、围牙勾缝等。

1）挖槽

槽系指墙基下地槽，地沟系指管道沟，工程量按体积以立方米计算，按挖土深度不同分别执行相应地槽、地坑定额。

2）干铺围牙

为了隔离施工现场，防止施工过程中造成交通运输的不便，以及防止人畜伤亡，而设置的护卫墙。

① 绿地预制混凝土围牙

绿地预制混凝土围牙是将预制的混凝土块（混凝土块的形状、大小、规格依具体情况而定）埋置于种植有花草树木的地段，对种植有花草树木的地段起围护作用，防止人员、牲畜和其他可能的外界因素对花草树木造成伤害的保护性设施。

② 树池预制混凝土围牙

树池预制混凝土围牙是将预制的混凝土块（混凝土块的形状、规格、大小依树的大小和装饰的需要而定）埋置于树池的边缘，对树池起围护作用的保护性设施。

3）回填土

在建筑过程中，基础工程完成后，或为了达到室内垫层以下的设计标高，都必须进行土方回填。回填土一般在距离5m内取用，故常称就地回填，分为人工回填土和机械回填土碾压两种。机械回填土碾压按施工图纸的图示尺寸，以立方米为单位计算，其土方体积应乘以1.10系数。人工回填土可分为松填和夯填两种。夯填包括碎土、平土和打夯。松填则不包括打夯工序。夯实填土和松填土方的工程量分别以立方米为计量单位。室外地槽、地坑回填土，按地槽、地坑挖土量减去地槽、地坑内设计室外地坪以下建筑物被埋置部分所占体积。设计室外标高以下埋设的基础及垫层等体积，一般包括：基础垫层、墙基础、柱基础和管道基础等砌筑工程体积。

4）余土外运

把施工过程中没有利用的土向施工场外运输称为余土外运。运输方式有人工运输和机械运输。单位工程总挖方量大于总填方量时的多余土方运至堆土场；取土系指单位工程总填方量大于总挖方量时，不足土方从堆土场取回运至填土地点。

手推车是施工工地上普遍使用的水平运输工具，具有小巧、轻便等优点。除了一般的地面水平运输，还能在脚手架、施工栈道上使用；也可与塔吊、井架等配合使用，解决垂直运输的需要。

5）围牙勾缝

是指砌好围牙之后，先用砖凿刻修砖缝，然后用勾缝器将水泥砂浆堵塞于灰缝之间。缝的形状有凸缝、平缝和凹缝之分。勾缝时应作的准备工作：

① 清除围牙上粘结的砂浆、泥浆和杂物等，并洒水润湿。

② 开凿眼缝，并对缺棱掉角的部位用与墙面相同颜色的砂浆修补平整。

③ 将脚手眼内清理干净并洒水湿润，用与围牙相同的砖补砌严密。

（2）清理现场、挖坑、铁栏杆安装、刷油漆、回填土、余土外运。

1）清理现场

在施工之前，应清理障碍物，把一些垃圾、砖块等有碍交通、行动和施工的物体清理干净，并且平整场地，把人畜等隔离出去。

2）挖坑

有用铁锹或铲子人工倾斜45°挖起土方和用机械挖坑等两种方法。

3）栏杆安装

绿地栏杆是保护绿地和对绿地进行分隔的园林小品，高度依空间尺度的需要来确定，为营造不同的风格、氛围，可选择砖、钢、铁、木、竹等材质。其中铁栏杆因浇铸造型富于变化、装饰性强、耐腐蚀而倍受青睐。较之石栏杆通透，比之钢栏杆稳重、气派，能预制又宜用于室外，故应用最为广泛。但造价不菲。

4）管道铁件

管道铁件是为了保证管网能够正常运行、消防和维修管理工作而装设的附件，种类有阀门、止回阀、排气阀、泄水阀、水锤清除设备和消火栓等。

（三）统一规定

1.管道安装，分管道安装（指在地表铺设）与管道埋设，执行时应根据设计要求分别列项。

无论是地上管道还是地下管道，施工埋设的首要问题是坐标、标高要准确。因而，在测量标高时要将原始基准点查清，并对已有的建筑物进行校核。

（1）埋地敷设。埋地敷设不占用有效空间，不需要设管道支架、建造成本低、施工简单。

1）埋地管道主要适用于室外给排水、输油、煤气等管道。室外管道的埋设深度由土壤的冰冻深度及地面荷载情况确定。通常以管顶在冰冻线以下 20～30cm 为宜。覆土不小于 0.7～1.0m 的深度。如局部管道必须埋设在冰冻线以上时，要采取保温措施。

2）埋地管道应按设计要求做好防腐处理。在运输、下管时应采取相应的措施保护防腐层。

3）埋地管道互相交叉或管道与电缆交叉时，应有 25cm 以上的垂直距离。在平行敷设时，不允许上下重叠排列。

4）易燃、易爆和剧毒管道穿过地下构筑物时，应设置套管，同时套管两端要伸到地下构筑物以外。

（2）地沟敷设。当管道不适于埋地敷设或根数较多时，可采取地沟敷设，如热力管道。管沟的形式一般有以下三种：

1）通行地沟：一般来说管道在六根以上应采用通行地沟。通行地沟的过人通道一般高为 1.8m。即人可站在沟中进行安装、检验。为使维修人员进出方便，在装有套管伸缩器及其他需要维修的管道配件处应设置人孔。人孔间距在有蒸汽管时不超过10m，无蒸汽管时不超过200m。

2) 半通行地沟：管道数量不多，维修量小的情况下可采用半通行地沟。半通行地沟内的管道可沿地沟一侧或两侧敷设。其通道的宽度不应小于0.6m左右。如果管道较长应在其中间设置人孔或小室以便维修人员出入。

3) 不通行地沟：这种方式耗资少。对管道配件少、维修量小的管道采用这种形式较为经济、合理。不通行地沟的管道宜采用水平单层排列，以便利于安装和维修。地沟中的管道在交叉换位，标高相同而相交时，应遵循：液体介质管道应从下面绕行，气体介质管道应从上面绕行的原则，以免影响管道的正常运行。

（3）架空敷设：

1) 室外架空敷设是将管道敷设于地面上的独立支架或带横梁的桁架上，也可以敷设于栽入墙体的支架上。沿墙敷设是最简单的一种方法，厂区的管架敷设应尽量利用建筑物外墙和其他永久性建筑物。但当管径推力较大时不宜采用此种方法。架空敷设支架可采用砖砌、钢筋混凝土预制或现浇，以及钢制。目前我国广泛采用混凝土支架，它不仅坚固耐用，能承受较大的纵向推力，且与钢支架比较还可以节约大量钢材。架空敷设分为三种：

① 低支架敷设：为防止地面水浸泡管道，这种支架底部与地面间距通常为0.5～1.0m。这种形式由于管道高度较低，受推力而形成的力矩较小，所以柱基和柱断面比较小，可节省材料。

② 中支架敷设：在行人繁多、有大车通行处采用支架方式，其净高在2.5～4m。

③ 高支架敷设：用于通行汽车或火车，净空高度一般为4～6m。

2) 室内架空敷设应尽量沿设备、墙、柱、梁及其他构筑物敷设。

① 沿墙敷设：一般立管均贴墙壁敷设，干管应让过立管后沿墙敷设。其优点是安装方便、占空间少、管架材料省。但沿墙敷设的管道不宜太多，管道推力不可过大。

② 楼板下敷设：管道可吊在楼板上，但每个吊架的负荷不得超过100kg。楼板下敷设可以使管道少走弯路，可在现浇混凝土结构施工中预埋铁件。

③ 靠柱敷设：此方式敷设对管道是适宜的。柱子承受荷载较大，能承受管道的水平推力便于安装固定支架。但柱子的间距过大，敷设小管径管道在两柱之间还需要设置吊架。

④ 沿地面敷设：沿地面敷设应安装在较隐蔽的地方，以免挡路，妨碍使用功能，管底标高一般比地面高10～15mm。若局部管道必须通过通道时，则在通道处应设保护措施。

2. 管道安装与埋设均已包括铺设、水压试验、消毒冲洗等全部操作过程。

消毒冲洗指给水管道试压合格后，应分段连通，进行冲洗、消毒，用以排除管内污物和消灭有害细菌，使管内出水符合《绿地灌溉条件》。经检验合格后，方可交付使用。

（1）冲洗要求

1) 管道冲洗。一般以上游管道的自来水为冲洗水源，冲洗后的水可通过临时放水口排至附近河道或排水管道。安装放水口时，其冲洗管道接口应严密，并设有闸阀、排气管和放水截门等，弯头处应进行临时加固。冲洗水管可比被冲洗的水管管径小，但断面不宜小于被冲洗管直径的1/2。冲洗水的流速不小于1.0m/s。冲洗时尽量避开用水高峰时间，不能影响周围的正常用水。冲洗应连续进行，直至检验合格后停止冲洗。

2）冲洗步骤及注意事项：

① 准备工作：同自来水管理部门商定冲洗方案，如冲洗水量、冲洗时间、排水路线和安全措施等。

② 开闸冲洗：放水冲洗时应先开出水闸阀，再开来水闸阀，注意排水，并派专人监护放水路线和安全措施等。

③ 检查放水口水质：观察放水口水的外观，至水质外观澄清，化验合格为止。

④ 关闭闸阀：冲洗后，尽量使来水闸阀、出水闸阀同时关闭，如做不到，可先关闭出水闸阀，但留几扣暂不关死，等来水闸阀关闭后，再将出水闸阀关闭。

⑤ 化验：冲洗完毕后，管内应存水 24h 以上，再取水化验，色度、浊度合格后进行管道消毒。

（2）管道消毒

管道消毒的目的是为了消灭新安装管道内的细菌，使水质达到饮用水标准。消毒液通常采用漂白粉溶液，其氯离子浓度不低于 2mg/L。消毒液由试验管段进口注入。灌注时可少许开启来水闸阀和出水闸阀，使清水带着消毒液流经全部管段，从放水口检验出规定浓度的氯为止。然后关闭进出水闸阀，将管道用含氯水浸泡 24h 后，再次用清水冲洗，直至水质管理部门取样化验合格为止。

3. 阀门安装均已包括场内搬运、外观检查、清除污锈及水压试验等全部过程。

常见的清除污锈的处理方法有以下几种：

（1）手工除锈：通常是用钢丝刷或砂布将管道的表面锈污刷掉。这种方法目前仍大量采用，也是最简单的方法。操作应特别注意焊药皮和焊渣的处理，因为焊渣更具有腐蚀性。在施工过程中，施焊完毕不清理就刷油的做法是不负责任的表现，必须克服和纠正。

（2）机械除锈：当除锈工作量较大时，可采用机械除锈的方法，此方法宜广泛采用。目前工地所用的除锈机多是自行设计的，故多种多样。常见的有外圆除锈及软轴内圆除锈机，以清除管内外壁的铁锈。

（3）喷砂除锈：它不但能去掉金属表面的铁锈、污物，还能去掉旧的漆层。金属表面经过喷砂处理后变得粗糙，能增强油漆层对金属表面的附着力，效果较好。

4. 法兰阀门安装，定额中已综合法兰、垫片、螺栓、螺母的安装费和本身价值。

（1）法兰

法兰种类很多，对各种法兰简要介绍如下：

1）平焊法兰。平焊法兰是最常用的一种。这种法兰与管子的固定形式，是将法兰套在管端，焊接法兰口和外口，使法兰固定，适用公称压力不超过 2.5MPa。用于碳素钢管道连接的平焊法兰，一般用 Q235 和 20 号钢板制造；用于不锈钢耐酸钢管道上的应用与管子材质相同的不锈耐酸钢板制造。平焊法兰密封面，一般都为光滑式，密封面上加工钢有浅沟槽。通常统称为水线。

2）对焊法兰。也称高颈法兰和大尾巴法兰，它的强度大，不易变形，密封性能较好，有多种形式的密封面，适用的压力范围很广。光滑式对焊法兰，其公称压力为 2.5MPa 以下，规格范围为 10~800mm。凹凸式密封面对焊法兰，由于凹凸密封面严密性强，承受的压力大，每副法兰的密封面，必须一个是凹面，另一个是凸面，不能搞错。榫槽式密封面对焊法兰，这种法兰密封性能好，结构形式类似凹凸式密封面法兰，也是一副法兰必须两个配套使用。梯形槽式密封面对焊法兰，这种法兰在石油工业管道中比较常用，承受压力大，常用的公称压力为 6.4MPa、16.6MPa。上述各种密封对焊法兰，只是按密封面的形式不同，而加以区别的。从安装的角度来看，不论是哪种形式的对焊法兰，其连接方法是相同的，因而所耗用的人工、材料和机械台班，基本上也是一致的。

3）管口翻边活动法兰（也称卷边松套法兰）。这种法兰与管道不直接焊接在一起，而是以管口翻边为密封接触面，套法兰起紧固作用，多用于铜、铅等有色金属及不锈钢耐酸钢管道上。其最大优点是由于法兰可以自由活动，法兰穿螺栓时非常方便，缺点是不能受较大的压力。

4）焊环活动法兰（也称焊环松套法兰）。它是将与管子材质相同的焊环，直接焊在管端，利用焊环作密封面，其密封面有光滑式和榫槽式两种。焊环法兰多用于管壁较厚的不锈钢管和钢管法兰的连接。法兰的材料为 Q235、Q255 碳素钢。

5）螺纹法兰。是用螺纹与管端连接的法兰，有高压和低压两种。低压螺纹法兰，包括钢制和铸铁制造两种，随着工业的发展，低压螺纹法兰已被平焊法兰所代替，除特殊情况下，基本不采用。高压螺纹法兰，密封面由管端与透镜垫圈形成，对螺纹与管端垫圈接触面的加工要求精密度很高。

6）其他法兰

①对焊翻边短管活动法兰，其结构形式与翻边活动法兰基本相同，不同之处是它不在管端直接翻边，而是在管端焊成一个成品翻边短管，其优点是翻边的质量较好，密封面平整。

②插入焊法兰，其结构形式与平焊法兰基本相同，不同之处在于法兰口内有一环形凸台，平焊法兰没有这个凸台。插入焊法兰适用压力在 1.6MPa 以下，其规格范围为 15～80mm。

③铸铁两半式法兰，这种法兰可以灵活拆卸，随时更换。它是利用管端两个平面紧密结合以达到密封效果，适用压力较低的管道。

（2）螺栓

常用的螺栓材料有 Q215、Q235 等碳素钢。

（3）螺母

所有螺栓和双头螺栓连接都需要和螺母配合使用，螺母材料比配用螺栓材料略软为宜。

（4）垫片

垫片的用途是保护被连接件的表面不被擦伤，增大螺母与连接件的接触面积，以及遮盖被连接件的表面不平，材料是 Q215、Q235 钢，粗制垫圈没有倒角，精制垫片带有倒角，当被连接件表面倾斜时，为避免在拧紧和传力时螺栓受到弯曲，要采用斜垫片。

5. 水表分丝接和焊接，定额中已包括水表安装与刷漆。

（1）丝接

即管道之间连接不采用法兰而是采用如抱箍、插条等方法。在使用插条连接时，为了保证接口处严密，需采用密封胶带粘贴。

（2）焊接

焊接是一种重要的金属加工工艺。焊接是指通过加热、加压或同时加热、加压，使两个分离的固态物体产生原子或分子间的结合和扩散，形成永久性连接的一种工艺方法。焊接方法的种类很多，通常分为三大类。

1）熔化焊：利用局部加热的方法，将焊件的结合处加热到熔化状态，冷凝后彼此结合为一体。

2）加压焊：在焊接过程中，使被焊金属达到原子或分子间的结合，从而连接在一起。

3）钎焊：焊件经适当加热，但未达到熔点，钎料熔点比焊件低，同时加热到熔化，润湿并填充在焊件连接处的间隙中。液态钎料凝固后形成钎缝。在钎缝中，钎料和母材相互扩散、溶解，形成牢固的结合。常见的钎焊方法有烙铁钎焊、火焰钎焊等。

（3）刷漆

1）刷漆的方法是在经过除锈且干燥的防腐材料表面均匀涂上一层油漆，其目的是保持干燥，使管道等不受大气、地下水、管道本身的介质腐蚀以及电化学腐蚀。

2）刷漆的作用是防锈、保温、防水和美化等，对保护管道、钢铁铸件非常重要。

3）常用的油漆有以下几种

①樟丹防锈漆：用于钢铁表面第一层，能防止钢铁表面生锈，和其他油漆粘结力较好。

②银粉漆：一般用于面漆，它主要起美观作用。

③沥青底漆：是用70％的汽油与30％的沥青配制而成。当金属不加热而涂刷沥青时应先涂刷底漆，它能使沥青和金属面很好地粘结在一起。

④沥青黑漆：市场有成品出售，使用方便。阀门等防锈漆均是这种材料。

6. 绿地喷灌安装均已包括场内搬运、外观检查、切管、套丝、上喷嘴等全部操作过程。

（1）切管

管子安装之前，根据所要求的长度将管子切断。常用切断方法有锯断、刀割、气割等。施工时可根据管材、管径和现场条件选用适当的切断方法。切断的管口应平正，无毛刺，无变形，以免影响接口的质量。

（2）套丝

管道安装工程中，要加工管端使之产生螺纹以便连接。螺纹加工过程叫套丝。一般可分为手工和机械加工两种方法，即采用手工纹板和电动套丝机。这两种套丝机结构基本相同，即纹板上装有四块板牙，用以切削管壁产生螺纹。套出的螺纹应端正，光滑无毛刺，无断丝缺口，螺纹松紧度适宜，以保证螺纹接口的严密性。

（3）上喷嘴

喷嘴是喷头的最后一部分。其安装方式因喷头类型的不同而不同，固定式和转动式喷头的喷嘴安装大同小异。

7. 水井砌筑包括挖填土方、砌砖、垫层、勾缝、抹水泥井圈和铸铁井盖。

（1）挖填土方

挖填土方前，应符合下列规定：

1）预制混凝土或钢筋混凝土圆形管道的现浇混凝土基础强度，接口抹带或预制物件现场装配的接缝水泥砂浆强度不小于 $5N/mm^2$。

2) 现场浇筑混凝土管道的强度达到设计规定。

3) 混合结构的矩形管道或拱形管道，其砖石砌体水泥砂浆强度达到设计规定；当管道为矩形时，应在安装盖板以后再挖填土方。

4) 现场浇筑的预制构件、现场装配的钢筋混凝土拱形管道或其他拱形管道，已采取措施保证回填时不发生位移，不产生裂缝和不失稳。

5) 钢管、铸铁管、球墨铸铁管、预应力混凝土管等压力管道；水压试验前，除接口外，管道两侧及管顶以上回填高度不应小于 0.5m；水压试验合格后，及时回填其余部分；管径大于 900mm 的钢管道，必要时应采取措施控制管顶的竖向变形。

6) 土方回填时，应将井内的砖、石、木块等杂物清除干净。

7) 采用集水井明沟排水时应保持排水沟畅通，沟槽内不得有积水，严禁带水作业；采用井点降低地下水位时，其动水位应保持在最低填面以下不小于 0.5m。挖填土方还包括还土、摊平、夯实、检查等工序。

（2）砌砖

绿地喷灌及其他施工工程中大多采用普通黏土砖砌筑而成。砌筑井室用砖应采用普通黏土砖，其强度不应低于 MU7.5，并应符合国家现行《普通黏土砖》标准的规定。机制普通黏土砖的外形为直角平行六面体，标准尺寸为 240mm×115mm×53mm。在砌筑时考虑灰缝为 10mm，则 4 块砖长、8 块砖宽和 16 块砖厚的长度均为 1m，砌砖体 1m³ 需砖512 块，每块砖重约为 2.5kg。圆形井砌筑的技术要点参见 P37 给水井砌筑技术要点。

（3）垫层、勾缝

垫层和勾缝的技术要求有以下几点：

1) 砌筑水井、井室和雨水口的内壁应用原浆勾缝，有垫层要求时，内壁垫层应分层压实，外壁用砂浆搓缝应严密。其垫层、勾缝、坐浆、抹三角灰等均采用 1∶2 水泥砂浆，垫层、勾缝用水泥砂浆的砂子应过筛。

2) 垫层要求：当无地下水时，井外壁垫层，其高度抹至地下水位以上 500mm。垫层厚度 200mm，垫层时用水泥板搓平，待水泥砂浆初凝后及时抹光、养护。

3) 勾缝一般采用平缝，要求勾缝砂浆塞入灰缝中，应压实拉平深浅一致，横竖缝交接处应平整。

4) 铸铁井盖

水井、井室及雨水井砌筑安装至规定高程后，应及时浇筑或安装井圈，盖好井盖。安装时砖墙顶面应用水冲刷干净，并铺砂浆。按设计高程找平，井口安装就位后，井口四周用 1∶2 水泥砂浆嵌牢，井口四周围成 45°三角。安装铸铁井口时，核正标高后，井口四周用 C20 细石混凝土筑牢。

（四）工程量计算规则

1. 管道安装，按管线设计长度分管径以延长米计算。

2. 阀门安装，分材质、规格型号、连接方式以个计算。

闸门有闸阀、球阀、给水阀、弯头阀、竖管收接控制阀等。

（1）闸阀用得较多，阻力小，开关省力；但结构较复杂，密封面易损伤而造成止水功能降低，结构高度大。

（2）球阀多用于开关控制喷头。结构简单、重量轻、阻力小；但开关速度不易控制，易引起水锤。

（3）给水阀是装于干管与支管之间或者固定管与移动管之间的一种给水阀门。分上、下阀体与固定管出口连接，上阀体为阀门开关，与移动管道连接。上阀体可在360°内任意转动而适应各方向管道的需要。

（4）简易变头阀是为了方便水泵出口与管道连接，另外在竖管与支管连接处设有竖管快接控制阀，便于快速拆装竖管，竖管拆下后可自动封闭支管出口。

（5）安全阀的作用是当管道内压力升高时自动开启，起防止水锤的作用。

（6）减压阀是当系统内压力超过正常压力时，自动打开降低压力，保证系统在正常压力下工作。

（7）空气阀的作用是当管路系统内有空气时，自动打开排气；当管内产生局部真空时，在大气压力下打开出水口，使空气进入管道，防止负压破坏。

3．水表按图示数量以组计算。

4．喷嘴安装，按不同型号以个计算。

5．水表井、闸门井以座计算。

6．绿地、树池围牙按延长米计算。

7．绿地栏杆，按图示尺寸用量，以吨计算。

四、绿化工程示例

【例2】如图2-7所示为某局部绿化示意图，整体为草地及踏步，踏步厚度120mm，其他尺寸见图中标注，试求铺植的草坪工程量。

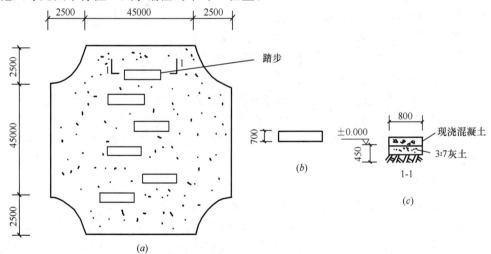

图2-7 某局部绿化示意图

（a）平面图；（b）踏步平面图；（c）1-1剖面图

【解】（1）清单工程量：

$$S = \left[(2.5 \times 2 + 45)^2 - \frac{3.14 \times 2.5^2}{4} \times 4 - 0.8 \times 0.7 \times 6 \right] m^2$$

$$= (2500 - 19.625 - 3.36) \, m^2$$

$$= 2477.02 m^2$$

【注释】大正方形的面积［边长为（2.5×2＋45）m］减去四周四个四分之一圆形的面积（圆形半径为2.5m），再减去中部六个踏步的面积（踏步长0.8m，宽0.7m），即为所求的草坪的工程量。

清单工程量计算见表2-11。

清单工程量计算表　　　　　　　　　　　表2-11

项目编码	项目名称	项目特征描述	计量单位	工程量
050102012001	铺种草皮	铺种草坪	m²	2477.02

（2）定额工程量同清单工程量。

【例3】如图2-8所示为某地绿篱（绿篱为双行，高50cm），试求其工程量。

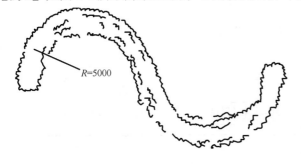

图2-8　某地绿篱示意图

【解】（1）清单工程量：

绿篱按不同篱高以长度"m"计算。

$L＝2\pi R×2＝2×3.14×5.0×2m＝62.8m$

清单工程量计算见表2-12。

清单工程量计算表　　　　　　　　　　　表2-12

项目编码	项目名称	项目特征描述	计量单位	工程量
050102005001	栽植绿篱	篱高50cm，2行	m	62.80

（2）定额工程量同清单工程量。

第二节　园路、园桥工程

一、园路工程

园路是构成园林平面地形的一种要素，在园林工程设计中占有重要地位。园路是狭长形的带状铺装地面，是联系各景区、景点及活动中心的纽带，具有分散人流，引导游览之功能，同时也可供游人散步和休息之用。同时还需满足园林建设、养护管理、安全防火和职工生活对交通运输的需要，是园林绿化构图中的重要组成部分。园路本身与植物、山石、水体、亭、台、楼、阁、榭、廊、花架一样都能起展示景物和点缀风景的作用，因此，配布合适与否，直接影响到公园的布局和利用率，所以需要把道路的功能作用和艺术性结合起来，精心设计，因景设路，因路得景，做到步移景异。一般园路可分为主干道、次干道和游步道三种类型。主干道是园林绿地道路系统的骨干，与主要出入口，各功能分区以及主要风景点相联系，也是各区的分界线。次干道一般由主干道分出，是直接联系各区及风景点的道路，便于将人流迅速分散到各个所需去处。游步道是引导游人深入景点、寻胜探幽的道路。一般设在山丘、峡谷、小岛、丛林、水边、花间或草地上。

（一）园路及地面

工程图例见表2-13。

<table>
<tr><td colspan="5" align="center">工程图例与绘图　　　　　　　　　　　表 2-13</td></tr>
<tr><th>序号</th><th>名称</th><th>图例</th><th>说明</th></tr>
<tr><td>1</td><td>道路</td><td></td><td></td></tr>
<tr><td>2</td><td>铺装路面</td><td></td><td></td></tr>
<tr><td>3</td><td>台阶</td><td></td><td>箭头指向表示向上</td></tr>
<tr><td>4</td><td>铺砌场地</td><td></td><td>也可依据设计形态表示</td></tr>
</table>

1. 绘制园路平面图

单条园路的绘制范围，如城市游憩林荫道及其他绿化街道，宜超出道路红线范围以外20～50m。绘制范围内的交叉口，人行道、车行道、绿化带、建筑等都要明确绘出。整个园路路网系统的平面图，则要将该处园林绿地用地范围内的地形、水体、场地、建筑、绿化等基本的环境与地形要素全部绘出。平面图图纸的上部应标明指北的方向标。

绘图时，先用细的点划线在描好的现状地形图上画出道路中心线，然后用粗实线绘出道路红线（即边线）、人行道与车行道的分界线，用细实线绘出绿化带、边沟、雨水口、路灯、桥涵、园林建筑出入口等。最后，将园路设计的各种尺寸要素完整地标注出来，一些技术要求、说明，用简明的文字注出。

园路平面设计图的示例，见图2-9。

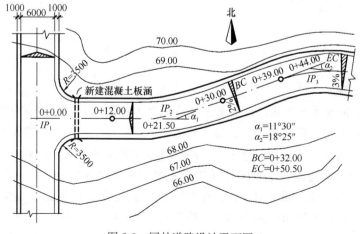

图 2-9　园林道路设计平面图

66

2. 园路横断面图绘制

在进行道路横断面图绘制时，首先要先了解它的两种不同的图示方式即：标准横断面和施工横断面，区别见表 2-14 所示。

标准横断面和施工横断面 表 2-14

	标准横断面	施工横断面
概念说明	它是指在各个路段上所进行的设计横断面	依照道路纵断面设计所确定下来的设计高差，桩号和设计标准横断面，在厘米方格纸上绘制出简图，它是在现状的横断面图的基础上进行的，并且是被作为进行施工放样和进行土石方量计算的一个依据
比例尺	一般情况下采用 1 : 100 或 1 : 200	一般情况下采用：1 : 100 或 1 : 200
图形绘制时应注意事项	应绘制出园路的路拱、绿化带、红线宽度等基本要素。园路不同，其设计要求也有所不同，对于有的园路还要绘制出人行道、车行道、分车带、边沟、边坡、路肩等。对于园路铺装路面的部分，其道路剖切线要用粗线绘制出来	在一般情况下，所绘制出的若干个施工横断面图是按照园路中线桩的编号顺序，从左至右，从上而下地进行布置的
图形		

3. 绘制园路纵断面图

在进行园路的纵断面图形的设计时，一般情况下需绘制出的内容有：土质剖面图、桥涵的位置、孔径的大小和结构类型、道路中心线的纵坡设计线、地面线、竖曲线及其组成要素，起点、中点、终点的标高以及道路的交点、地下水位高程，已埋地下管线所在位置及地下水位高程等，同时也要对沿线的水准点、高程进行标注。

（二）工程内容

园路及地面工程包括垫层、路面、地面、台阶、路牙等。

1. 垫层

垫层是承重和传递荷载的构造层。垫层工程内容包括底层平整及原材料处理，洒水拌合、分层铺设、找平压实、养护、砂浆调制运输等过程。垫层起排水、隔水、防冻、防污和扩散应力的作用。当路基水温状况不良和土基湿软时，应在路基与基层之间加设垫层。垫层可采用颗粒材料（如沙砾、煤渣等）或无机结合料稳定粗粒土等铺筑，垫层应比基层每侧至少宽出 25cm，或与路基同宽。

垫层的功能是改善土基的湿度和温度状况，以保证面层和基层的强度、刚度和稳定性不受土基水温状况变化所造成不良影响，另一方面的功能是将基层传下的车辆荷载应力加以扩散，以减小土基产生的应力和变形。同时也能阻止路基土挤入基层中，影响基层结构的性能。修筑垫层的材料，强度要求不一定高，但水稳定性和隔温性能要好。

底层平整是指填挖土方使底层土地平坦整齐。

拌和是将两种或两种以上的混合物混合搅拌均匀。

铺设就是将上面拌和好的垫层材料铺垫在素土基础上。

找平是将所铺设的垫层材料整平。

压实是利用人力或打夯机的作用，使上面找平后的垫层材料变得密实。

养护是指混凝土浇筑后的初期，在凝结硬化过程中进行湿度和温度控制，以利于混凝土获得设计要求的物理力学性能。

砂浆调制就是将沙子和胶结材料（水泥、石灰膏、黏土等）加水按一定比例混和调制。运输就是将按一定比例拌和好的砂浆运到现场工地上。

（1）灰土垫层

灰土垫层是用消石灰和黏土（或粉质黏土、粉土）的拌和料铺设而成。应铺在不受地下水浸湿的基土上，其厚度一般不小于100mm。

1）材料要求

① 消石灰是采用生石灰块，在使用前3～4d予以消解制成的，并加以过筛，其粒径不得大于5mm，不得夹有未熟化的生石灰块，也不得含有过多水分。

② 土料直接采用就地挖出的土，不得含有有机杂质，使用前应过筛，其粒径不得大于15mm。

③ 灰土的配合比（体积比）一般为2∶8或3∶7。

2）施工要点

① 灰土拌和料应保证比例准确、拌和均匀、颜色一致。拌好后及时铺设夯实。

② 灰土拌和料应适当控制含水量。

③ 灰土拌和料应分层铺平夯实，每层虚铺厚度一般为150～250mm，夯实到100～150mm。

④ 人工夯实可采用石夯或木夯，夯重40～80kg，路高400～500mm，一夯压半夯。

⑤ 每层灰土的夯打遍数应根据设计要求的干密度在现场试验确定。

⑥ 上下两层灰土的接缝距离不得小于500mm。在施工间歇后和继续铺设前，接缝处应清扫干净，并应重叠夯实。

⑦ 夯实后的表面应平整。经适当晾干后，方可进行下道工序的施工。

⑧ 灰土的质量检查，宜用环刀（环刀体积不小于200cm³）取样，测定其干密度。

（2）砂垫层

砂垫层是用沙铺设而成，砂垫层的厚度不小于60mm。

1）材料要求

沙中不得含有草根等有机杂质，冻结的沙不得使用。

2）施工要点

① 用表面振捣器捣实时，每层虚铺厚度为200～500mm，最佳含水量为15％～20％，要使振捣器往复振捣。

② 用内部振捣器捣实时，每层虚铺厚度为振捣器的插入深度，最佳含水量为饱和，插入间距应按振幅大小决定，振捣时不应插至基土上。振捣完毕后，所留孔洞要用沙

填塞。

③ 用木夯或机械夯实时，每层虚铺厚度为 150～200mm，最佳含水量为 8％～12％，一夯压半夯全面压实。

④ 用压路机碾压时，每层虚铺厚度为 250～300mm，最佳含水量为 8％～12％，要往复辗压。

⑤ 砂垫层的质量检查，可用容积不小于 200cm³ 的环刀取样，测定其密度，以不小于该沙料在中密状态下的干密度数值为合格，砂在中密状态的干密度一般为 1.55～1.60g/cm³。

（3）天然级配砂石垫层

天然级配砂石垫层是用天然砂石铺设而成，其厚度不小于 100mm。

1）材料要求

① 沙和石子不得含有草根等有机杂质，冻结的沙和冻结的石子均不得使用。

② 石子的最大粒径不得大于垫层厚度的 2/3。

2）施工要点

砂石垫层的质量检查，可在垫层中设置纯砂检查点，在同样施工条件下，按砂垫层质量检查方法及要求检查。其他要点均参照砂垫层施工要点。

（4）素混凝土垫层

素混凝土垫层是用不低于 C15 的混凝土铺设而成的，其厚度不应小于 60mm。

1）材料要求

① 水泥可采用硅酸盐水泥、普通硅酸盐水泥、矿渣硅酸盐水泥、火山灰质硅酸盐水泥和粉煤灰硅酸盐水泥。

② 砂的质量应符合《普通混凝土用砂质量标准及检验方法》。

③ 石的质量应符合《普通混凝土用碎石或卵石质量标准及检验方法》，石的粒径不得大于垫层厚度的 1/4。

④ 水宜用饮用水。

2）施工要点

① 混凝土的配合比，应通过计算和试配决定，混凝土浇筑时的坍落度宜为 1～3cm。

② 混凝土应拌和均匀。

③ 浇筑混凝土前，应消除淤泥和杂物，如基土为干燥的非黏性土，应用水湿润。

④ 捣实混凝土宜采用表面振动器，表面振动器的移动间距，应能保证振动器的平板覆盖已振实部分的边缘，每一振处应使混凝土表面呈现浮浆和不再沉落。

⑤ 垫层边长超过 3m 的应分仓进行浇筑，其宽度一般为 3～4m。分隔缝应结合变形缝的位置，按不同材料的地面连接处和设备基础的位置等划分。

⑥ 混凝土浇筑完毕后，应在 12h 以内用草帘加以覆盖和浇水，浇水次数应能保持混凝土具有足够的润湿状态，浇水养护日期不少于 7d。

⑦ 混凝土强度达到 1.2MPa 后，才能在其上做面层。

2. 路面、地面

路面是指在路基顶面的行车部分用各种小石块、土、混凝土或沥青等材料铺筑而成的层状结构物。

路面结构层有利于保护路基，避免了直接经受车辆和大气的破坏，使之长期处于稳定状态。由于行车荷载和自然因素对路面的影响，随深度的增加而逐渐减弱。因此对路面材料的强度、抗变形能力和稳定性的要求也随深度的增加而逐渐降低，为了适应这一特点，路面结构通常是分层铺筑的，按照使用要求、受力状况、土基支撑条件和自然因素影响程度的不同，分成若干层次，通常按照各个层位功能的不同，划分为三个层次，即面层、基层和垫层。

路面、地面工程内容包括：清理底层、砂浆调制、运输、坐浆、铺设，找平，灌缝，模板制作、安装、拆除，混凝土搅拌、运输、压实、抹平、养护等全过程。

清理底层是指清除底层上存在的一些有机杂质和粒径较大的物件，以便进行下一道工序。

灌缝是利用各种适当的填缝材料，向变形缝内填塞嵌灌，使材料充满缝隙，以达到建筑的要求。

模板指浇灌混凝土工程用的模型板，一般用木料或钢材制成。

混凝土搅拌是将按配合比配制的水泥、砂、石子、水放在搅拌机中搅拌形成混凝土拌合物。

压实指要求混凝土层密实，使其中不含气泡，且整体保持一致的硬度。

抹平指将水泥浆面层抹平。

养护是在水泥砂浆面层刷好后采取相应的措施以确保水泥砂浆面层的顺利形成。

（1）水泥方格砖路面

水泥方格砖路面是直接用水泥砂浆做成方格砖铺设路面。

1）材料要求

① 水泥宜采用硅酸盐水泥、普通硅酸盐水泥；

② 砂应用中砂和粗砂，含泥量不大于3％；

③ 如用石屑代砂其粒径宜为3～6mm，含泥量不大于3％。

2）施工要点

① 水泥砂浆面层宜在垫层或找平层的混凝土或水泥砂浆抗压强度达到1.2MPa后铺设。

② 垫层或找平层表面应粗糙、洁净、湿润。

③ 水泥砂浆应采用机械搅拌，搅拌不少于2min，要拌合均匀，颜色一致，其稠度（以标准圆锥体深入度计）不应大于3.5cm。

④ 铺设时，预先用木板隔成宽小于3m的条形区段，并以木板作为厚度标准。抹平工作应在初凝前完成，压光工作应在终凝前完成。

⑤ 水泥砂浆面层铺好后一天内应以砂或锯末覆盖。并在7～10d内每天浇水不少于1次。

⑥ 水泥石屑浆面层的施工按水泥砂浆面层的要求。

（2）异型水泥砖路面

异型水泥砖路面是指用水泥砂浆做成各种不同形状的砖块铺设路面。材料要求与施工要点同上。

（3）豆石麻石混凝土路面

豆石麻石混凝土路面即采用水泥豆石浆或水泥麻石浆抹面的地面。水泥豆石浆是采用水泥：豆石＝1：1.25所配合而成的。

麻石：规格为197mm×76mm，采用砂浆粘贴或干粉型粘贴剂粘贴。

（4）铺预制混凝土块

预制混凝土块以水泥为胶结材料，以砂、碎石（卵石）、炉渣、煤矸石等为骨料，加水做成薄块状，用于铺筑路面。

1）材料要求

① 水泥可采用硅酸盐水泥、普通硅酸盐水泥、矿渣硅酸盐水泥、火山灰质硅酸盐水泥。

② 砂、石的质量应符合《普通混凝土用砂、石质量及检验方法标准》。

2）施工要点

① 混凝土的配合比，应通过计算和试配决定，混凝土浇筑时的坍落度宜为1～3cm。

② 混凝土应拌和均匀。

③ 混凝土浇筑完毕后，应在12h以内用草帘覆盖和浇水。浇水养护日期不少于7d。

（5）水泥面层

水泥面层是指直接用水泥砂浆抹面。

1）材料要点

① 水泥宜用硅酸盐水泥、普通硅酸盐水泥，强度等级分别不低于42.5MPa和32.5MPa。（如用石屑代砂时，水泥强度等级不低于42.5MPa）。

② 砂应用中砂或粗砂，含泥量不大于3%。

③ 如用石屑代砂其粒径宜为3～6mm，含泥量不大于3%。

2）施工要点

① 水泥砂浆面层宜在垫层或找平层的混凝土或水泥砂浆抗压强度达到1.2MPa后铺设。

② 垫层或找平层表面应粗糙、洁净、湿润。在预制钢筋混凝土板上铺设，如表面光滑应予凿毛。

③ 水泥砂浆应用机械搅拌，搅拌时间不少于2min，要拌合均匀，颜色一致，其稠度（以标准圆锥体沉入度计）不应大于3.5cm。

④ 铺设时，预先用木板隔成小于3m的条形区域，并以木板作为厚度标准，先刷水灰比为0.4～0.5的水泥砂浆，随刷随铺水泥砂浆，随铺随拍实，用刮尺找平，用木抹抹平，铁抹压光。抹平工作应在初凝前完成，压光工作应在终凝前完成。

⑤ 通过管道处水泥砂浆面层因局部过薄，必须采取防止开裂的措施，符合要求后，方可继续施工。

⑥ 水泥砂浆面层铺好后一天内应以砂或锯末覆盖，并在7～10d内每天浇水不少于一次。如温度高于15℃时，最初3～4d内每天浇水最少两次。

⑦ 水泥石屑浆面层的施工按水泥砂浆面层的要求，其配合比为1：2，水灰比为0.3～0.4。要做好压光和养护工作。

（6）卵石面层

素墁卵石面层是用大小卵石间隔铺成；拼花卵石面层选用精雕的砖、细磨的瓦和经过严格挑选的各色卵石拼凑成的路面。

1）材料要求

① 水泥宜采用硅酸盐水泥、普通硅酸盐水泥，其强度等级分别不低于 42.5MPa 和 32.5MPa。

② 卵石粒径不大于面层厚度的 2/3。

2）施工要点

① 在铺设面层时，应将下一层清理干净，夯实。

② 细石混凝土要捣实压平。

（7）拌石或片石蹬道

拌石或片石蹬道是用预制混凝土条板或片石铺筑成上山的蹬道。

片石是指厚度在 5～20mm 之间的装饰性铺地材料，常用的主要有大理石、花岗岩、马赛克等。

（8）碎大理石板路面

碎大理石板路面指用砂浆或其他粘结剂将大理石与基层牢接形成路面。结合层一般为砂、水泥砂浆或沥青玛蹄脂。砂结合层厚度为 20～30mm；水泥砂浆结合层厚度为 10～15mm；沥青玛蹄脂的结合层厚度为 2～5mm。

（9）蓝机砖地面垫浆

蓝机砖为机制标准青砖，其规格为 240mm×120mm×60mm，砖墁地时，用 30～50mm 厚细砂土或 3：7 灰土作找平垫层。有平铺和侧铺两种铺设方式，但一般采用平铺方式；铺地砖纹亦有多种样式。

（10）预制磨石地面

预制磨石用水泥将彩色石屑拌合，经成型、研磨、养护、抛光后制成。

白水泥是一种带白色的硅酸盐水泥。用含有氧化铁、氧化锰等成分的少数的原料制成，在制作过程中须避免着色杂质的混入。白水泥主要用作建筑装饰涂料。

（11）大理石地面

大理石是大理岩的俗称，又称云石。大理岩属于变质岩，是由石灰岩或白云岩变质而成。主要矿物成分为方解石、白云石、化学成分主要为 CaO、MgO、CO_2，并含有少量 SiO_2 等。具有等粒、不等粒斑状结构。天然大理岩具有纯黑、纯白、纯灰、浅灰、绿、米黄等多种色彩，并且斑纹多样，千姿百态，朴素自然。

大理岩石质细腻，光泽柔润，绚丽多彩，磨光后具有优良的装饰性。大理石属于高级装饰材料，大理石镜面板材主要用于大型建筑或要求装饰等级高的建筑，如商店、宾馆、酒店、会议厅等室内墙面、柱面、台面及地面。但由于大理石的耐磨性相对较差，故在人流较大的场所不宜作为地面装饰材料。大理石也常加工成栏杆、浮雕等装饰部件。

大理石成品保护即地面层做好后对面层的防护。保护方法如下：

1）地面完工后，应在表面覆盖锯末或席子。

2）当室内其他项目尚未完工并足以破坏地面时，应在面层上粘贴一层纸，现浇 8～10mm 厚石膏加以保护（配合比为石膏粉：水：纤维素＝3：1：0.003～0.005，先将纤维与水拌合均匀后浇抹），可有效防止重物撞击面层造成的损伤。

（12）糙墁方砖地面

1）普通砖

普通砖的原料以砂质黏土为主，其主要化学成分为二氧化硅，氧化铝及氧化铁等。

2）青砖

若砖在氧化气氛中烧成后，再在还原气氛中闷窑，促使砖内的红色高价氧化铁还原成低价氧化铁，即得青砖。青砖较红砖结实，耐碱耐久，但价格较红砖贵。青砖一般在土窑中烧成。

3）普通黏土砖

平铺指砖的平铺形式一般采用"直行"、"对角线"或"人字形"铺法。在通道内宜铺成纵向的人字纹，同时在边缘的行砖应加工成45°角。

铺砌砖时应挂线，相邻两行的错缝应为砖长的1/3～1/2。

倒铺指采用砖的侧面形式铺砌。

4）尺二方砖、尺四方砖、尺七方砖

尺二方砖、尺四方砖、尺七方砖三种砖是以古代尺（清营造尺）规格命名的方砖。尺二方砖是长宽方向均为一尺二，按清营造尺的规格为1.2×1.2×0.2（尺）。而清营造尺一尺为320mm，故尺二方砖为384mm×384mm×64mm。尺四方砖是长宽方向均为一尺四，即清营造尺规格为1.4×1.4×0.2（尺），换算公制为448mm×448mm×64mm。上述两种砖有一扩大规格，即二尺二方砖和二尺四方砖，清营造尺为2.2×2.2×0.35（尺）和2.4×2.4×0.45（尺），换算公制为704mm×704mm×112mm和768mm×768mm×114mm。尺七方砖为1.7×1.7×0.25（尺）即为540mm×540mm×80mm。它们多用于地面、檐墙和搏风等部位。

3. 台阶

台阶踏步，是为了解决地势高差而设计的，当一段路面的坡度大于12°，则必须设计台阶。台阶在园林中除了本身的功能外，还具有装饰的作用。根据行人在踏步上行走的规律，一步踏的踏面宽度应设计为28～38cm，适当再加宽一点也可以，但不宜宽过60cm；二步踏的踏面可以宽90～100cm。每一级踏步的宽度最好一致，不要忽宽忽窄。每一级踏步的高度也要统一起来，不得高低相间。一级踏步的高度一般情况下应设计为10～16.5cm。低于10cm时行走不安全，高于16.5cm时行走较吃力。儿童活动区的梯级道路，其踏步高应为10～12cm，踏步宽不超过45cm。一般情况下，园林中的台阶梯道都要考虑伤残人轮椅车和自行车推行上坡的需要，要在梯道两侧或中带设置斜坡道。梯道太长时，应当分段插入休息缓冲平台；使梯道每一段的梯级数最好控制在25级以下；缓冲平台的宽度应在1.58m以上，太窄时不能起到缓冲作用。在设置踏步的地段上，踏步的数量至少应为2～3级，如果只有一级而又没有特殊的标记，则容易被人忽略，致人绊跤。

依材质的不同可分为以下三大类：

（1）砖石阶梯踏步

以砖或整形毛石为材料，M2.5混合砂浆砌筑而成。砖踏步表面设计可用1：2水泥砂浆抹面，也可做成水磨石踏面，或用花岗石、防滑釉面地砖作为贴面装饰。

（2）混凝土踏步

一般先将斜坡上素土夯实，坡面用1：3：6三合土（加碎砖）或3：7灰土（加碎砖石）作垫层并筑实，厚6～10cm。然后在其表面用C10混凝土现浇做踏步。

（3）剁假石

是一种人造石料，用石屑、石粉、水泥等加水拌合而成。抹在建筑物的表面，半凝固后用斧子剁出像经过细凿的石头那样的纹理。

台阶工程内容包括：模板制作、安装、拆装、码垛、混凝土搅拌、运输、浇捣、养护。基础清理，材料运输、砌浆调制运输，砌筑砖、石，抹面压实，赶光，剁斧等。

（1）模板

由于水泥、砂石、水及外加剂经过搅拌机拌出的混凝土具有一定流动性，需要浇筑在与构件形状尺寸相同的模型内，经过凝结硬化，才能成为所需的结构构件。模板就是使钢筋混凝土结构或构件成型的模型。

（2）模板的制作

预制木模板注意要求刨光，配制木模板尺寸时，要考虑模板拼装接合的需要，适当加长或缩短一部分长度，拼制木模板，板边要找平，刨直，接缝严密，使其不漏浆。木料上有节疤、缺口等疵病的部位，应放在模板反面或者截去。备用的模板要遮盖保护，以免变形。

（3）模板的安装和拆装

模板的安装和拆装要求最省工，机械使用最低，混凝土质量最好，收到最好的经济效益。拆模后注意模板的集中堆放，不仅利于管理，而且便于后续的运输工作顺利进行。场外运输在模板工程完工后统一进行，以便于节约运费。

（4）浇捣

浇筑捣实，将拌和好的混凝土拌合物放在模具中经人工或机械振捣，使其密实，均匀。

（5）养护

（6）基础清理

基础清理是清理基层上存在的一些有机杂质和粒径较大的物体，以便进行下一道工序。

（7）材料运输

（8）砌筑砖石

砌筑用砖分为实心砖和承重黏土空心砖两种，根据使用材料和制作方法的不同，实心砖又分为烧结普通砖、蒸养灰砂砖、粉煤灰砖和矿渣砖等。承重黏土空心砖的规格为190mm×190mm×90mm，240mm×115mm×90mm，240mm×180mm×115mm 三种。砌筑用石分为毛石和料石两类。毛石又分为乱毛石和平毛石。乱毛石指形状不规则的石块；平毛石指形状不规则，但有两个平面大致平行的石块。毛石的中部厚度不小于150mm。料石按其加工面的平整程度分为细料石、半细料石、粗料石和毛料石四种。

（9）抹面（即抹平）

（10）混凝土台阶

混凝土台阶是用现浇混凝土浇筑的踏步形成台阶。

【例4】某公园圆亭台阶4个，长3.5m，用600mm×150mm×20mm的花岗石贴面，颜色为灰色，如图2-10所示。

试求：①台阶混凝土的工程量；②台阶下3：7灰土的工程量。

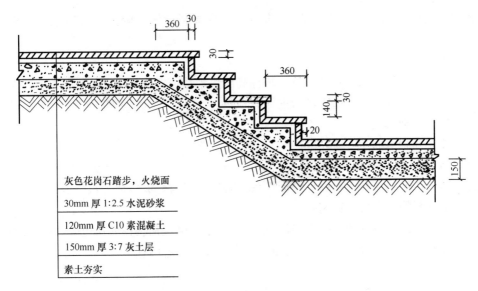

图 2-10　圆亭台阶剖面图

【解】清单工程量：

在计算台阶饰面和台阶混凝土项目时时均按设计图示尺寸以台阶（包括最上层踏步边沿加 300mm）水平投影面积计算。这是台阶工程量计算的统一规定。

工程量计算：

（1）台阶混凝土：

$S =$ 台阶水平投影面积 $= 3.5 \times 0.36 \times 4 \times 4 m^2 = 20.16 m^2$

【注释】台阶长 3.5m，踏步宽度为 0.36m，共 4 阶，4 个入口。

（2）台阶下 3：7 灰土：

$V =$ 台阶长 × 斜宽 × 厚 $= 3.5 \times 0.36 \times 4 \times 0.15 \times 4 m^3 = 3.02 m^3$

【注释】台阶长 3.5m，宽为 0.36m，共 4 阶，则投影面积可求。灰土垫层厚度为 0.15m。共 4 个入口。

说明：上面两个计算式中最后一个"4"是指圆亭 4 个入口的台阶个数。

清单工程量计算见表 2-15。

清单工程量计算表　　　　　　　　　　　　　　　　表 2-15

序号	项目编码	项目名称	项目特征描述	计量单位	工程量
1	010404001001	垫层	3：7 灰土垫层	m³	3.02

定额工程量同清单工程量。

（11）砌机砖台阶

砌机砖台阶是用标准机制砖与水泥砂浆砌筑而成的台阶。

（12）砌毛石台阶

砌毛石台阶是选用合适的毛石，用水泥砂浆砌筑而成的台阶。

4. 路牙

路牙铺装在道路的边缘，起保护路面的作用，有用石材凿打成正方形或长条形的，也有按设计用混凝土预制的，也可直接使用砖。

路牙工程内容包括挖槽沟、灰土基础、砂浆调制运输、砌路牙、回填、勾缝等全过程。

（1）槽沟

槽沟的挖土深度，均按自然地坪平均标高减去地槽或槽沟底面平均标高之差计算。自然地坪标高是指工程开挖前施工场地的原有地坪。

（2）灰土基础（垫层）

（3）砂浆调制运输

（4）砌路牙

路牙铺装在道路边缘，起保护路面作用，有用石材凿打成整形为长条形的，也有按设计用混凝土预制的，也可直接用砖。

1）混凝土块路牙：按设计用混凝土预制的长条形砌块铺装在道路边缘，保护路面。

2）机砖路牙：用机械标准砖铺装路牙，有立栽和侧栽两种形式。

（5）回填

把挖起来的土重新填回去。

（6）勾缝

勾缝指用勾缝器将水泥砂浆填塞于砖墙灰缝之内。

5. 路面铺装

依据路面铺装材料、园路使用功能和路面装饰特点，把园路的路面铺装形式分为片材贴面铺装、板材砌块铺装、砖石镶嵌铺装、砌块嵌草铺装、整体现浇铺装。

具体见表 2-16。

路 面 铺 装　　　　　　　　　　　　　　　　表 2-16

路面铺装类型	使用范围	铺装材料	示例图
片材贴面铺装	在一般情况下，多用在庭园、屋顶花园、小游园等面积不大的地方，这类铺地一般都在整体现浇的水泥混凝土路面上采用	常用的片材主要包括：大理石、花岗石、陶瓷广场砖、釉面墙地砖以及马赛克等	
板材砌块铺装	它适用于一般的草坪路、岸边小路、散步游览道、城市游憩林荫道和街道上的人行道等	整形的板材、方砖、预制的混凝土砌块都可用以铺作路面。这一类的铺装材料都可作为道路的结构面层	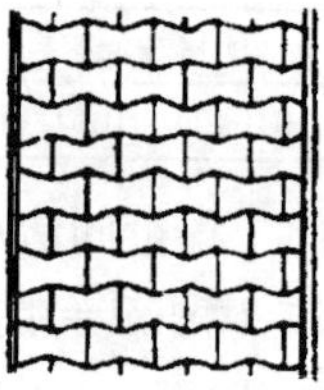
砌块嵌草铺装	用在人流量不太大的公园散步道、草坪道路、小游园道路或庭院内道路等处，一些铺装场地如停车场等，也可以采用这种路面	预制混凝土砌块和草皮	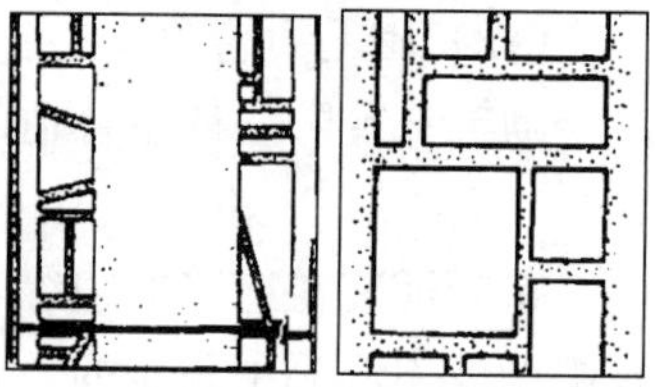

路面铺装类型	使用范围	铺装材料	示例图
砖石镶嵌铺装	常用在人流不多的庭院道路和局部园林游览道上	用砖、石子、瓦片、碗片等材料通过拼砌镶嵌的方法，将园路的结构面层做成具有美丽图案纹样的路面。一般情况下用立砖、小青瓦、瓦片来镶嵌出线条纹样	
整体现浇铺装	适宜于风景区通车干道、公园主园路、次园路或一些附属道路	沥青混凝土路面和水泥混凝土路面	混凝土路面

（三）统一规定

1. 本章定额中的园路是指庭园内的行人甬路、蹬道和带有部分踏步的坡道。对厂、院及住宅小区内的道路则不适用。

（1）甬道

甬道是园林中对着主要建筑物的路，多用砖石砌成。

（2）蹬道

蹬道指在天然岩坡或石壁上，凿出踏脚的踏步或穴，或用条石、石块、预制混凝土条板、树桩以及其他形式铺筑成的山道。

对于地形陡峭的地段，可结合当时的地形或者利用露岩进行设置蹬道。当纵坡大于 60% 时应该做防滑处理措施，并且设立扶手栏杆等。如图 2-11 所示。

（3）坡道

坡道是整体呈坡形趋势的道路。坡道多为单面坡形式。有些大型公共建筑，为考虑车辆能在出入口处通行，常采用台阶与坡道相结合的形式。或在有残疾人轮椅车通行的建筑门前，应在有台阶的地方增设坡道，以方便出入。坡道的坡度宜在 1：8～1：12 之间。

图 2-11　蹬道

室内坡道不宜大于 1：8，室外坡道不宜大于 1：10；供轮椅使用的坡道不应大于 1：12。当坡度大于 1：8 时须做防滑处理一般做锯齿状或做防滑条。

坡道也是由面层结构层和基层组成，要求材料耐久性及抗冻性好，且表面耐磨。常见结构层有混凝土或石块等，面层以水泥砂浆居多，基层也应注意防止不均匀沉降和冻胀土的影响。总之，台阶虽小，但花样繁多，装饰意义不小，结合环境要求，需要认真设计。

（4）踏步

踏步就是台阶，台阶本身具有一定的韵律感，尤其是螺旋形的楼梯相当于音乐中的旋律。故在园林中，台阶造型十分丰富，基本上可分为规则式与拟自然式两类。同时按取材不同，还可分为石阶、混凝土阶、钢筋混凝土阶、竹阶、木阶、草皮阶等等。可与假山、挡土墙、花台、树池、池岸、石壁等结合，以代替栏杆，能给游人带来安全感，又能掩蔽裸露的台阶侧面，使台阶有整体感和节奏感。有时为了强调主题而筑平台或基座，地面与平台基座之间也需用台阶过渡。

石阶踏步是指以砖或整形毛石为材料，M2.5 混合砂浆砌筑台阶与踏步，砖踏步表面按设计可用 1∶2 水泥砂浆抹面，也可做成水磨石踏面，或者用花岗石、防滑釉面地砖作贴面装饰。一般情况下，园林中的台阶梯道都要考虑伤残人轮椅车和自行车推行上坡的需要，要在梯道两侧或中带设置斜坡道。

混凝土踏步是指在斜坡上用素土夯实，坡面用 1∶3∶6 三合土（加碎砖）或 3∶7 灰土（加碎砖石）作垫层并筑实，厚 6～10cm；其上采用 C15 混凝土现浇做踏步。踏步表面的抹面可按设计进行。每一级踏步的宽度、高度以及休息缓冲平台、轮椅坡道等的设置要求，都与砖石阶梯踏步相同，可参照进行设计。

2. 本定额用于山丘坡道时，其垫层、路面、路牙等项目，分别按相应定额子目的人工费乘以系数 1.4，材料费不变。

（1）垫层分类

垫层分刚性和柔性（又称非刚性）两类。刚性垫层一般是 C15 的混凝土捣成，它适用于薄而大的整体面层和块状面层；柔性垫层一般是用各种松散材料，如砂、炉渣、碎石、灰土等加以压实而成，它适用于较厚的块状面层。

（2）路面铺砌

由于铺砌材料不同，图案和纹样极其丰富。传统的铺砌方法有：

1）用砖铺砌成席纹、人字纹、间方纹及斗纹式等。

2）以砖瓦为图案界线，镶以各色卵石或碎瓷片，其可以拼合成的图案有六方式、攒六方式、八方间六方、套六方式、长八方式、海棠式、八方式、四方间十字方式等。

3）香草边式，香草边是用砖为边，用瓦为草的砌法，中间铺砖或卵石均可。

4）球门式，用卵石嵌瓦，仅此一式可用。

5）波纹式用废瓦检取厚薄，分别砌之，波头宜用厚的，波旁宜镶薄的。

6）乱石路即用小乱石砌成石榴子形，是一种比较坚实、雅致的路。路有曲折高低，从山上到谷口都宜用这种方法。有人用卵石间隔砌成花纹，这样反而不坚实。

7）卵石路应用在不常走的路上，同时要用大小卵石间隔铺成为宜。

8）砖卵石路面被誉为"石子画"，它是选用精雕的砖、细磨的瓦和经过严格挑选的各色卵石拼凑成的路面，图案内容丰富，美不胜收，成为我国园林艺术的特点之一。

9）用乱青板石攒成冰裂纹，这种方法宜铺在山之崖、水之坡、台之前、亭之旁，可灵活运用。砌法不拘一格，破方砖磨平之后，铺之更佳。

10）块料路面，简朴大方、防滑，能减弱路面反光强度，美观舒适。

11）机制石板路，选深紫色、深灰色、灰绿色、绛红色、褐红色等岩石，用机械磨砌成为 15cm×15cm，厚为 10cm 以上的石板，表面平坦而粗糙，铺成各种纹样或色块，既耐磨又美观。

12）整体路面，平整度较好，耐压、耐磨，便于清扫，但它大多为灰色和黑色，色彩不够理想。

13）嵌草路面。

14）草路路面，其优点是柔软舒适，没有路面反光和热辐射；其缺点是不耐用，且管理费工。

3. 墁卵石路面定额是按本地一般常用卵石和简单图案编制的，卵石的单价包括了选、洗卵石的加工费用。设计或建设单位如指定使用外地卵石或特定的色泽、粒径、拼花图案时，应按建设工程材料预算价格的编制原则另编卵石预算单价。其中选、洗的加工费用，仍按本地执行。

（1）卵石

卵石是岩石经自然风化、水流冲击和摩擦所形成的卵形、圆形或椭圆形的石块。它表面光滑，直径 5～150mm，是一种天然的建筑材料，用于铺路、制混凝土等。

（2）选、洗卵石

按照工程的要求对卵石的质地、粒径、色泽进行选择称为选卵石；洗卵石就是用一定型号的筛盛装卵石，用水强力冲洗，兼有清洁和粒径选择的作用。

4. 拼花卵石面层，以卵石、瓦片兼墁简单图案（如拼字、宝瓶、栀花、古钱、方胜等）为准。如作细（如人物、花鸟、瑞兽等）活，应按有关规定另作单位估价补充。遇有卵石路面层加铺其他料面层者，应分别按各自的相应定额执行。

5. 园路、地面、台阶的土方项目，应按土方工程相应定额执行。

6. 蹬道道边挡土墙，除山石挡土墙执行假山工程的相应定额外，其他砖石挡土墙按砖石工程的相应定额执行。

广义地讲，园林挡墙应包括园林内所有能起到阻挡作用的，以砖石、混凝土等实体性材料修筑的竖向工程构筑物，根据基本的功能作用，园林挡墙类构筑物可以分为四类，即挡土墙、假山石陡坎、隔音挡墙和背景（障景）挡墙。在山区、丘陵区的园林中，挡土墙是最重要的地上构筑物，而在平原地区的园林中，挡土墙也常常起着十分重要的作用。

（四）工程量计算规则

1. 垫层按设计图示尺寸，以体积计算。但园路垫层宽度：带路牙者，按路面宽度加20cm计算；无路牙者，按路面宽度加 10cm 计算；蹬道有山石挡土墙者，按蹬道宽度加120cm计算；蹬道无山石挡土墙者，按蹬道宽度加 40cm 计算。

2. 园路土基整理路床工程量，按整理路床面积计算，计量单位：$10m^2$。

3. 路面（不含蹬道）和地面，按设计图示尺寸以面积计算，坡道路面带踏步者，其踏步部分应予扣除，并另按台阶相应定额计算。

4. 园路面层工程量，按不同面层材料、面层厚度、面层花式，以面层的铺设面积计算，计量单位 $10m^2$。

5. 路牙，按单侧长度以延长米计算。

6. 混凝土或砖石台阶，按设计图示尺寸以体积计算。

二、园桥工程

园桥最基本的功能就是联系园林水体两岸上的道路，使园路不至于被水体阻断。由于它直接伸入水面，能够集中视线，就自然而然地成为某些局部环境的一种标识点，因而园桥能够起到引导游人视线的作用，可作为导游点进行布置。低而平的长桥、栈桥还可以作为水面的过道和水面游览线，把游人引到水上，拉近游人与水体的距离，使水景更加迷人。

园林中的园桥既有园路的特征和功能，又有建筑的特征。在进行设计时，既要考虑它的使用功能又要考虑到它的造型美观与周围环境相协调等方面的内容。由于所处的环境不同因而园桥的造型形式颇多，结构形式也颇多。常见的有以下 9 种，分别为：亭桥、栈桥、拱桥、平曲桥、廊桥、浮桥、汀步、吊桥、平桥，具体情况见表 2-17 所示。

园 桥 分 类   表 2-17

类型	内容简介	示例图
亭桥	它是以桥面较高的拱桥或平桥为基础，在其上修建一亭子，就称为亭桥。它常见于园林水景中。作用是：①供游人观赏的景物点。②可作为停留其中的游客向外观景的观赏点	
栈桥	它更多的是独立地设置在水面上或地面上，架长桥为道路是它的最根本特点	
拱桥	它在园林中应用非常广泛，并且是园林造景中用桥的主要形式，最常见的是砖拱桥和石拱桥，但也有少见的钢筋混凝土拱桥。优点：①价格便宜，施工方便；②立体形象较突出，造型可有很大变化；③圆形桥孔在水中的倒影也是一种美丽的景观	

类型	内容简介	示例图
平曲桥	其基本情况与一般平桥相同，但平面形状为左右转折的折线形，不为一字形，由于转折数不同，可分为九曲桥、七曲桥、五曲桥以及三曲桥等。转折角多为90°的直角，但也有120°的钝角，偶尔也有150°转角，桥面设计效果最好的是低而平	
廊桥	这种桥的建造形式，造景作用以及观景作用都与亭桥相似。与其区别的是：①它除了与亭桥相同的在平桥上修建风景建筑外，还在平曲桥上进行。②其建筑是利用长廊的形式	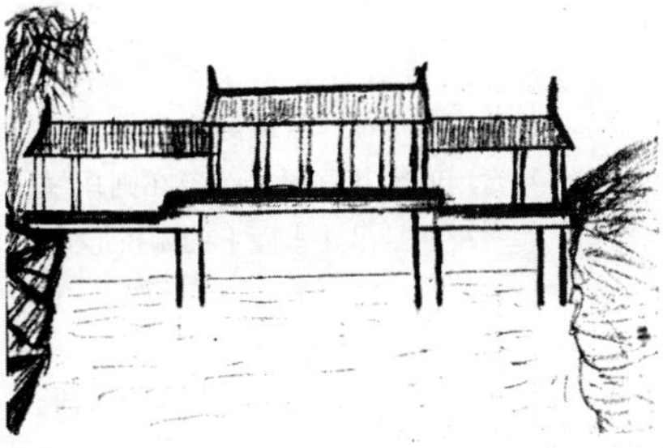
浮桥	它适用于水位不便于人为控制的有涨落的水体中，将桥面架在整齐排列的舟船或浮筒上，即可成为浮桥	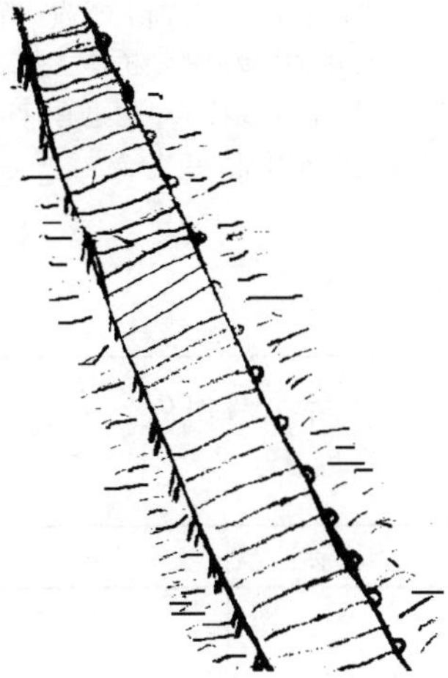

类型	内容简介	示例图
汀步	它是一种特殊的桥，说它特殊是因为它只有桥墩没有桥面，而是采用线状排列的混凝土墩、砖墩、步石或预制的汀步构件。布置的位置在：草坪上，沙滩上、沼泽区、浅水区，形成可以行走的一个通道。所以也可以说是一种特殊的路	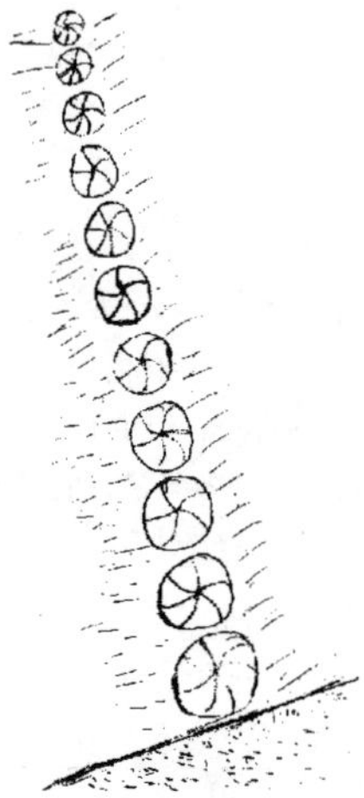
吊桥	它常用在风景区的山沟上或河面上。结构材料过去常用麻绳和竹索，而现在则用铁链和钢索，它是一种将桥面悬吊在水面上的园桥形式	
平桥	常见的有石桥、木桥、钢筋混凝土桥等，它结构简单桥面平整，平面形状为一字形，通常桥边不做栏杆或只做成矮护栏，桥体主要结构部分是木梁、钢筋混凝土直梁或石梁，但也有只用平整石板，钢筋混凝土板作桥面而不用直梁	

（一）步桥工程图例（表2-18）

步桥工程图例

表2-18

序号	名　称	截　面	标　注	说　明
1	等边角钢	$\llcorner$	$\llcorner b \times t$	b 为肢宽 t 为肢厚

82

序号	名　称	截　面	标　注	说　明
2	不等边角钢	$\llcorner_B$	$\llcorner_{B \times b \times t}$	B 为长肢宽 b 为短肢宽 t 为肢厚
3	工字钢	I	IN　　QIN	轻型工字钢加注 Q 字 N 工字钢的型号
4	槽钢	[	[N　　Q[N	轻型槽钢加注 Q 字 N 槽钢的型号
5	方钢	▨b	☐b	
6	扁钢	▭b	—$b \times t$	
7	钢板	—	$\dfrac{-b \times t}{l}$	$\dfrac{宽 \times 厚}{板长}$
8	圆钢	⊘	$\phi\ d$	
9	钢管	○	$DN \times \times$ $d \times t$	内径（外径）×壁厚
10	薄壁方钢管	☐	B☐$b \times t$	
11	薄壁等肢角钢	$\llcorner$	B$\llcorner$$b \times t$	
12	薄壁等肢卷边角钢	a	B$b \times a \times t$	
13	薄壁槽钢	h	B[$h \times b \times t$	薄壁型钢加注 B 字 t 为壁厚
14	薄壁卷边槽钢	a	B[$h \times b \times a \times t$	
15	薄壁卷边 Z 型钢	h　a	B$h \times b \times a \times t$	
16	T 型钢	T	TW×× TM×× TN××	TW 为宽翼缘 T 型钢 TM 为中翼缘 T 型钢 TN 为窄翼缘 T 型钢
17	H 型钢	H	HW×× HM×× HN××	HW 为宽翼缘 H 型钢 HM 为中翼缘 H 型钢 HN 为窄翼缘 H 型钢

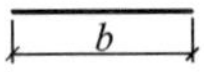

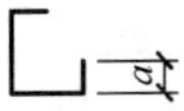

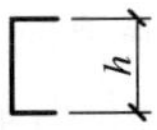

（二）工程内容

步桥工程内容包括桥基、桥身、桥面、栏杆等。

1. 桥基、桥身

桥基是介于墩身与地基之间的传力结构。桥身指桥的上部结构，包括人行道、栏杆与灯柱等部分。

（1）基础与拱碹工程内容有：混凝土桥基础、模板制作、安装、拆除、钢筋成型绑扎、混凝土搅拌、运输、浇捣、养护等。

砌拱碹：清理底层、砂浆调制、运输、搭拆碹胎、砌筑灌浆等全过程。

1）模板安装

模板是施工过程中的临时性结构，对梁体的制作十分重要。桥梁工程中常用空心板梁的木制芯模构造。

模板在安装过程中，为避免壳板与混凝土粘接，通常均需在壳板面上涂以隔离剂，如石灰乳浆、肥皂水或废机油等。

2）钢筋成型绑扎

在钢筋绑扎前要先拟定安装顺序。一般的梁肋钢筋，先放箍筋，再安下排主筋，后装上排钢筋。

3）混凝土搅拌

混凝土一般采用机械搅拌，上料的顺序是先石子，次水泥，后砂子。人工搅拌只用于少量混凝土工程的塑性混凝土或硬性混凝土。不管采用机械或人工搅拌，都应使石子表面包满砂浆、拌合料混合均匀、颜色一致。人工拌合应在铁板或其他不渗水的平板上进行，先将水泥和细骨料拌匀，再加入石子和水；如需掺外加剂，应先将外加剂调成溶液，再加入拌合水中，与其他材料拌匀。

4）浇捣

当构件的高度（或厚度）较大时，为了保证混凝土能振捣密实，就应采用分层浇筑法。浇筑层的厚度与混凝土的稠度及振捣方式有关，在一般稠度下，用插入式振捣器振捣时，浇筑层厚度为振捣器作用部分长度的 1.25 倍；用平板式振捣器时，浇筑厚度不超过 20cm。薄腹 T 梁或箱形的梁肋，当用侧向附着式振捣器振捣时，浇筑层厚度一般为 30～40cm。采用人工捣固时，视钢筋密疏程度，通常取浇筑厚度为 15～25cm。

5）养护

混凝土终凝后，在构件上覆盖草袋、麻袋、稻草或砂子，经常洒水，以保持构件经常处于湿润状态。这是 5℃以上桥梁施工的自然养护。

6）灌浆

石活安装好后，先用麻刀灰对石活接缝进行勾缝（如缝子很细，可勾抹油灰或石膏）以防灌浆时漏浆。灌浆前最好先灌注适量清水，以湿润内部空隙，有利于灰浆的流动。灌浆应在预留的"浆口"进行，一般分三次灌入，第一次要用较稀的浆，后两次逐渐加稠，每次相隔约 3～4h 左右。灌完浆后，应将弄脏的石面洗刷干净。

（2）细石安装

石活的连接方法一般有三种，即：构造连接、铁件连接和灰浆连接。

构造连接是指将石活加工成公母榫卯、做成高低企口的"磕绊"、剔凿成凸凹仔口等形式，进行相互咬合的一种连接方式。

铁件连接是指用铁制拉接件，将石活连接起来，如铁"拉扯"、铁"银锭"、铁"扒锔"等。铁"拉扯"是一种长脚丁字铁，将石构件打凿成丁字口和长槽口，埋入其中，再灌入灰浆。铁"银锭"是两头大，中间小的铁件，需将石构件剔出大小槽口，将银锭嵌入。铁"扒锔"是一种两脚扒钉，将石构件凿眼钉入。

灰浆连接是最常用的一种方法，即采用铺垫坐浆灰、灌浆汁或灌稀浆灰等方式，进行砌筑连接。灌浆所用的灰浆多为桃花浆、生石灰浆或江米浆。

细石安装工程内容有砂浆调制、运输、截头打眼、拼缝安装、灌缝净面、搭拆烘炉、碹胎及起重架等全过程。

1）砂浆

一般用水泥砂浆，运输砂浆时，要保证砂浆具有良好的和易性，和易性良好的砂浆容易在粗糙的表面抹成均匀的薄层，砂浆的和易性包括流动性和保水性两个方面。对于配制构件的接头、接缝加固、修补裂缝应采用膨胀水泥。

2）金刚墙

金刚墙是指在古建筑中凡是券脚下隐蔽而作为骨撑的垂直承重墙。如搏风砖后面的背里墙体、单面做花瓦或其他构件装饰的背后砖体、陵寝建筑中的地下墙体等，都叫金刚墙。在现代称为桥墩，有分水金刚墙和两边金刚墙两种。它的高度和做法随所使用的对象或按设计要求而定。

3）碹石

碹石古时多称券石，在碹外面的称碹脸石，在碹脸石内的叫碹石，主要是加工面的多少不同，碹脸石可雕刻花纹，也可加工成光面。

4）檐口和檐板

建筑物屋顶在檐墙的顶部位置称檐口。钉在檐口处起封闭作用的板称为檐板。

5）型钢

型钢指断面呈不同形状的钢材的统称。断面呈L形的叫角钢，呈U形的叫槽钢，呈圆形的叫圆钢，呈方形的叫方钢，呈工字形的叫工字钢，呈T形的叫T字钢。

将在炼钢炉中冶炼后的钢水注入锭模，烧铸成柱状的是钢锭。

（3）混凝土构件

混凝土构件制作的工程内容有模板制作、安装、拆除、钢筋成型绑扎、混凝土搅拌运输、浇捣、养护等全过程。

模板制作要注意以下几点：

1）木模板配制时要注意节约，考虑周转使用以及以后的适当改制使用；

2）配制模板尺寸时，要考虑模板拼装结合的需要；钉子长度一般宜为木板厚度的2～2.5倍；

3）直接与混凝土相接触的木模板宽度不宜大于20cm；工具式木模板宽度不宜大于15cm梁和板的底板，如采用整块木板，其宽度不加限制；

4）混凝土面不做粉刷的模板，一般宜刨光；

5）配制完成后，不同部位的模板要进行编号，写明用途，分别堆放。

安装主要是用定型模板和配制以及配件支承件根据构件尺寸拼装成所需模板。及时拆除模板，将有利于模板的周转和加快工程进度，拆模要把握时机，应使混凝土达到必要的强度。拆模时要注意以下几点：

1）拆模时不要用力过猛过急，拆下来的木料要及时运走、整理。

2）拆模程序一般是后支的先拆，先支的后拆，先拆除非承重部分，后拆除承重部分，重大复杂模板的拆除，事先应预先制定拆模方案。

3）定型模板，特别是组合式钢模板要加强保护，拆除后逐块传递下来，不得抛掷，拆下后，即清理干净，板面涂油，按规格堆放整齐，以利于再用。如背面油漆脱落，应补刷防锈漆。

混凝土构件安装的工程内容有砂浆调制运输、构件场内运输、安装、座浆、搭拆支架等全过程。

在园林工程木材中，宽度是厚度 3 倍以下的称为枋材，3 倍以上的称为板材。

2. 桥面

桥面指桥梁上构件的上表面。通常布置要求为线型平顺，与路线顺利搭接。城市桥梁在平面上宜做成直桥，特殊情况下可做成弯桥，如采用曲线形时，应符合线路布设要求。桥梁平面布置应尽量采用正交方式，避免与河流或桥上路线斜交。若受条件限制时，跨线桥与通航河道上斜度均不宜超过 15°。

桥面混凝土构件的工程内容有模板制作、安装、拆除，钢筋成型绑扎，混凝土搅拌、运输、浇捣、养护，构件运输安装等全过程。

桥面细石安装工程内容有砂浆调制、运输，截头拼缝，安装灌缝，净面，搭拆烘炉及起重架子等全过程。

平桥板一般是钢筋混凝土或预应力混凝土板。

如意石指桥面两端入口处的面石，是桥面与路面的分界石。

仰天石指位于桥面两边的边缘石。在桥长两头的仰面石叫"扒头仰天"，正中带弧形的叫"罗锅仰天"。

踏步形成楼梯坡度，分为踏面（供行走时踏脚的水平部分）和踢面（形成踏步高差的垂直部分）。

梁桥的桥面通常由桥面铺装、防水和排水设施、伸缩缝、人行道、栏杆、灯柱等构成。

（1）桥面铺装

桥面铺装的作用是防止车轮轮胎或履带直接磨耗行车、道板，分散车轮的集中荷载；保护主梁免受雨水浸蚀。因此桥面铺装的要求是：具有一定强度，耐磨，防止开裂。

桥面铺装一般采用水泥混凝土或沥青混凝土，厚 6～8cm，混凝土强度等级不低于行车道板混凝土的强度等级。在不设防水层的桥梁上，可在桥面上铺装厚 8～10cm 有横坡的防水混凝土，其强度等级亦不低于行车道板的混凝土强度等级。

（2）桥面排水和防水

桥面排水是借助于纵坡和横坡的作用，使桥面水迅速汇向集水碗，并从泄水管排出桥外。横向排水是在铺装层表面设置 1.5‰～2‰的横坡，横坡的形成通常是铺设混凝土三角垫层构成，对于板桥或就地建筑的肋梁桥，也可在墩台上直接形成横坡，而做成倾斜的桥面板。

当桥面纵坡大于2‰而桥长小于50m时，桥上可不设泄水管，而在车行道两侧设置流水槽以防止雨水冲刷引道路基，当桥面纵坡大于2‰但桥长大于50m时，应沿桥长方向12～15m设置一个泄水管，如桥面纵坡小于2‰，则应将泄水管的距离减小至6～8m。

桥面防水是将渗透过铺装层的雨水挡住并汇集到泄水管排出。一般可在桥面上铺8～10cm厚的防水混凝土，其标号一般不低于桥面板混凝土强度等级。当对防水要求较高时，为了防止雨水渗入混凝土微细裂纹和孔隙，保护钢筋时，可以采用"三油三毡"防水层。

（3）伸缩缝

为了保证主梁在外界变化时能自由变形，就需要在梁与桥台之间，梁与梁之间设置伸缩缝（也称变形缝）。伸缩缝的作用除保证梁自由变形外，还能使车辆在接缝处平顺通过，防止雨水及垃圾泥土等渗入，其构造应方便施工安装和维修。

常用的伸缩缝有：U形镀锌铁皮式伸缩缝、钢板伸缩缝、橡胶伸缩缝。

（4）人行道、栏杆和灯柱

城市桥梁一般均应设置人行道，人行道一般采用肋板式构造。

栏杆是杆梁的防护设备，城市桥梁栏杆应该美观实用、朴素大方，栏杆高度通常为1.0～1.2m，标准高度是1.0m。栏杆柱的间距一般为1.6～2.7m，标准设计为2.5m。

城市桥梁应设照明设备，照明灯柱可以设在栏杆扶手的位置上，也可靠近边缘石处，其高度一般高出车道5m左右。

（5）梁桥的支座

梁桥支座的作用是将上部结构的荷载传递给墩台，同时保证结构的自由变形，使结构的受力情况与计算简图相一致。

梁桥支座一般按桥梁的跨径、荷载等情况分为：简易垫层支座、弧形钢板支座、钢筋混凝土摆柱、橡胶支柱。桥面的一般构造详见图2-12。

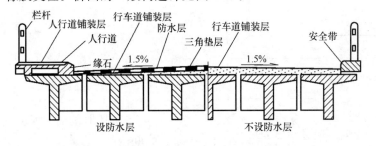

图2-12 桥面的一般构造

3. 栏杆安装

栏杆安装工程内容有砂浆调制运输、成品、截头安装、灌缝净面、搭拆烘炉及起重架子等全过程。

（1）祔杖栏板

祔杖栏板是指在两栏杆柱之间的栏板中，最上面为一根圆形模杆的扶手，即为祔杖，其下由雕刻云朵状石块承托，此石块称为云扶，再下为瓶颈状石件称为瘿项。支立于盆臀之上，再下为各种花饰的板件。

（2）罗汉板

罗汉板是指只有栏板而不用望板的栏杆，在栏杆端头用抱鼓石封头。

位于雁翅桥面里端拐角处的柱子叫"八字折柱"，其余的栏杆柱都叫"正柱"或"望柱"，简称栏杆柱。

（3）栏杆地栿

栏杆地栿是栏杆和栏板最下面一层的承托石，在桥长正中带弧形的叫"罗锅地栿"，在桥面两头的叫"扒头地栿"。

【例5】某公园有一石桥，具体基础构造如图2-13所示，桥的造型形式为平桥，已知桥长10m，宽2m，试求园桥的基础工程量（该园桥基础为杯形基础，共有3个）。

【解】（1）清单工程量

项目编码：050201006　　　项目名称：桥基础

工程量计算规则：按设计图示尺寸以体积计算。

1）垫层采用灰土处理，要分层碾压，使密实度达到95%以上，工程量＝3×2.5×2×0.2m³＝3m³

2）杯形混凝土基础：

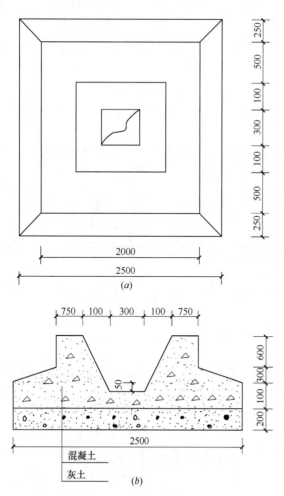

$$工程量 = \left\{ 2.5 \times 2 \times 0.1 + 1.5 \times 2 \times 0.6 \right.$$

$$+ \frac{0.3}{6} \times [2.5 \times 2 + 2 \times 1.5$$

$$+ (2.5 + 2)(2 + 1.5)]$$

$$- \frac{(0.6 + 0.3 + 0.05)}{6}$$

$$\times [0.3^2 + 0.5^2 + (0.3$$

$$\left. + 0.5)^2)] \right\} m^3$$

$$= (0.5 + 1.8 + 1.19 - 0.16) m^3$$

$$= 3.33 m^3$$

3个杯形基础工程量＝3.33×3m³＝9.99m³

【注释】杯形基础底部长2.5m，宽2m，垫层上部0.1m的厚度为规则立方体，则体积可知。棱台上部长2m，宽1.5m，高0.6m也为规则的立方体，体积可知。

杯形基础的工程量＝垫层以上的立方体体积＋棱台体积＋棱台之上的立方体体积－中部凹下的棱台体积。外部棱台的大口长为2.5m，宽为2m，小口的长为2m，宽为1.5m，高度为0.3m。则

图2-13　石桥基础构造图
（a）平面图；（b）剖面图

棱台体积可求 $0.3/6 \times [(2.5 \times 2) + (2 \times 1.5) + (2.5 + 2) \times (2 + 1.5)]$m³。

内部棱台的大口长为 0.5m，宽为 0.5m，小口的长为 0.3m，宽为 0.3m，高为 $0.6 + 0.3 + 0.05$。则内部棱台的体积为 $(0.6 + 0.3 + 0.05)/6 \times [0.5^2 + 0.3^2 + (0.3 + 0.5)^2]$m³。则杯形基础的体积可知。

清单工程量计算见表 2-19。

清单工程量计算表 表 2-19

项目编码	项目名称	项目特征描述	计量单位	工程量
050201006001	桥基础	杯形基础	m³	9.99

（2）定额工程量：

园桥为混凝土杯形基础，其工程量为 9.99m³，计算方法同清单工程量(套用定额 7-1)。

说明：（1）桥基础按图示尺寸以"m³"计算；（2）计算杯形等不规则形状的基础工程量时，可采用图形分割法来分块计算。

（三）统一规定

1. 步桥是指建筑在庭园内的、主桥孔洞 5m 以内、供游人通行兼有观赏价值的桥梁。凡在庭园外建造的桥梁，均不适用。

步桥是一种特殊的桥，与一般桥梁工程中的桥不同。

2. 步桥桥基是按混凝土桥基编制的，已综合了条型、杯型和独立基础因素，除设计采用桩基础时按有关规定编制补充单位估价计算外，其他类型的混凝土桥基，均不得换算。

（1）条形基础：也称带形基础，是指当建筑物为砖或石墙承重时，承重墙下一般采用通常的长条形基础，它是由柱下的独立基础串联而成的。条形基础具有较好的纵向整体性，可减缓局部不均匀下沉，这种基础可以承受较大的荷载。

一般中、小型建筑常采用砖、混凝土、石或三合土等材料的刚性条形基础，当建筑物为框架结构桩承重时，若柱间距较小或地基较弱，也可采用柱下条形基础，将柱下的基础连接在一起，使建筑物具有良好的整体性。柱下条形基础还可以有效地防止不均匀沉降。

（2）独立基础：指当建筑物为框架结构或单层排架结构承重时，且柱间距较大，因此常采用方形或矩形的基础，这种基础便称为独立基础，有时也称为柱墩式基础。

独立基础按其断面形式，可分为阶梯形基础、锥形基础和杯形基础等，其优点是可减少土方工程量，便于管道穿过，节约材料。但独立基础间无构件连接，整体性较差，因此适用于土质均匀、荷载均匀的框架结构建筑。

（3）杯形基础：它是独立基础的一种形式。是指当柱采用预制构件时，则基础做成杯口形，柱插入并嵌固在杯口内，故此称为杯形基础。

（4）桩基础：它是由若干根设置在地基中的桩柱或某种构件物或某种材料，主要承接上部的构筑物或建筑物的结构荷载，主要用以提高地基的承载能力的一种基础形式。在修造工程建筑物时，若地基表层的土质较差，而深处有较好的土层可作持力层，采用浅基础不能满足地基承载力和变形的要求，又没有条件做其他人工地基或经济条件受到限制时，常常采用桩基础。桩基础具有承载力高、沉降量小的特点，既能适应不同结构形式、地基条件、荷载性质的要求，又有利于结构的防震抗灾，加之机械施工较为方便，因而桩基的应用较为广泛。一般在河道上架桥、在城市修筑立交桥、在软弱地基上建造储水构筑物（如水池、水塔）及其附属构筑物（如泵房、管道）时，常采用桩基础，在管道施工中，当混凝土管基落在软土层上，或因施工排水不当造成地基土扰动或遇超挖较大的情况时，常采用短木桩或钢筋混凝土预制短桩、现浇混凝土短桩处理 2m 深度以内的软土地基。

桩基础的分类见图 2-14。

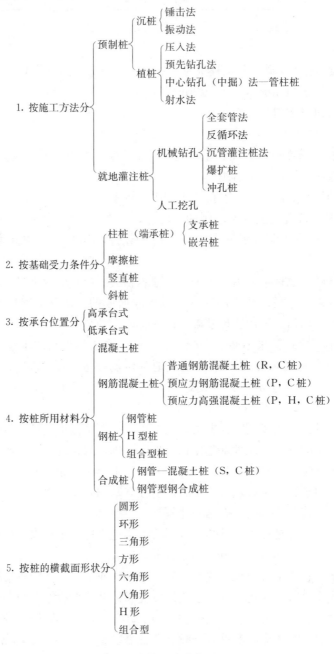

图 2-14　桩基础分类图

3. 步桥的混凝土预制构件，是按现场预制、土法吊装编制的。如采用工厂预制构件时，可按"1996年建设工程材料预算价格"第四册工厂制价格计算，构件运输按相应子目执行，但如使用机械吊装，其安装费不变，仍执行本定额。

混凝土预制构件：是在进行现场施工安装之前完成的，在进行预制时必须按照所进行预制构件的工程施工图纸以及土建工程的有关要求，尺寸等进行预先下料，加工和进行部件组合或者在预制加工厂定购各种构件也可以。优点：可加快施工进度和提高机械化强度，从而缩短工期。缺点：土建工程在施工尺寸上要求准备度高。

4. 步桥的土方、垫层、砖石基础、找平层、桥面、墙面勾缝、装饰、金属栏杆、防潮防水等项目，按有关章节的相应子目执行。

所谓装饰就是一种再创造的艺术活动，它主要是对建筑物结构的全部或局部所进行的一系列修饰，点缀以及打扮，给人一种美的感觉。

（1）防潮

防潮是为了防止土壤中水分沿基础墙上升和勒脚部位的地面水影响墙身而采取的措施。对房屋的防潮，一般在室内地坪与室外地坪之间连续设置一层防潮层。防潮层的标高与房屋底层地面构造有关，但至少高出人行道或散水表面100~150mm，避免雨水溅及勒脚时引起潮湿。

防潮层的材料和具体做法：

1）防水砂浆防潮层：具体做法是抹一层25mm厚1：2.5水泥砂浆，掺入适量的防水剂，一般为水泥用量的5%，以代替油毡等防水材料。

2）油毡防潮层：在防潮层部位先抹20mm厚砂浆找平层，然后做一毡二油，油毡的宽度应比找平层每侧宽10mm，油毡沿长度方向铺设，其搭接长度应大于100mm。

3）混凝土防潮层：由于混凝土本身具有一定的防水性能，所以在防潮层的部位浇筑一层60mm厚细石混凝土带，内配3ϕ6钢筋或3ϕ8钢筋。

4）采用防水砂浆砌三皮砖，作为防潮层。

防水对位于非冰冻地区的桥梁要作适当的防水，可在桥面上铺筑8~10cm厚的防水混凝土铺装层。

（2）栏杆

金属栏杆是指布置在楼梯段、平台边缘或走廊等边缘外，有一定刚度和安全性的保护设施。它一般多用方钢、圆钢、扁钢等型钢焊接而成。方钢多为15~25mm，圆钢为ϕ16~ϕ25，扁钢多为（30~50）mm×（3~6）mm，钢管多为ϕ20~ϕ50，栏杆高度900~1100mm，栏杆垂直件的空隙不应大于110mm。

栏杆与楼段的连接通常有三种方法：在楼段与栏杆的对应位置预埋铁件焊接；预留孔洞用细石混凝土填实；电锤钻孔膨胀螺栓固定。

（3）墙面勾缝

墙面勾缝指在砌砖墙时，利用砌砖的砂浆随砌随勾，达到合格为准。

墙面勾缝分为原浆勾缝和加浆勾缝。砖墙面勾缝应做的准备工作有：

1）清除墙面上粘结的砂浆、泥浆和杂物等，并洒水调湿；

2）开凿眼缝，并对缺棱掉角的部位用与墙面相同颜色的砂浆修补平整；

3）将脚手眼内清理干净并洒水湿润，用与原墙相同的砖补砌严密。

砖墙面勾缝一般采用 1∶1 水泥砂浆（1∶1 指水泥与细砂之比），也可用砌筑砂浆，随砌随勾，缝的深度一般为 4～5mm。墙面勾缝应横平竖直，深浅一致。搭接平整并压实抹光，不得有丢缝、开裂和粘结不平等现象。

采用原浆勾缝，其砂浆与原砌筑体砂浆相同，工料乘以系数 0.55，加浆勾缝的砂浆为 1∶1 水泥砂浆，每 100m² 需水泥砂浆 0.25m³。

（4）砖石基础

基础指位于建筑物或构筑物与地基之间的传力结构。砖石基础指用砖石作为材料的基础。

砖石基础施工简单、造价低、适用面广。砖筑时，基底应先铺 100mm 厚砂或 200mm 厚砂石作为垫层。砖的强度要求不低于 MU7.5，砂浆一般为 M5 或 M2.5。若砌成台阶形，一般为二皮一收或二间隔收。

5. 石桥桥身的砖石背里和毛石金刚墙，分别照砖石工程的砖石挡土墙和毛石墙定额子目执行。

毛石是指由人工采用撬凿法和爆破法直接开采出来或间接稍加修整得到的不规则石块。

古建筑一般对墙体外表要求很严格，故墙体分为里外两层，砌筑里层的墙面叫"背里"。

在桥梁工程中，用来固土护坡的墙称为挡土墙。根据材料的不同，有砖石挡土墙、混凝土挡土墙等。

6. 预制混凝土望柱，按预制混凝土花架制作和安装定额子目执行。

在园林工程中支撑亭等园林小品建筑的柱称为望柱，所用材料可以是砖石，也可以是混凝土或预应力混凝土等。

花架是由刚性材料构成，供攀缘植物攀附的具有一定形状的格架；是一种具有观赏价值的园林设施。可遮阳，供游人休息。造园设计时可将其作为背景，或为了增加景观层次利用其分隔空间。

7. 石桥的金刚墙细石安装项目中，已综合了桥身各部位金刚墙的因素，不论雁翅金刚墙、分水金刚墙和两边的金刚墙，均按本定额执行。

金刚墙是一种加固性质的墙，一般在装饰面墙的背后保证其稳固性。（金刚二字来源于佛教，在佛身边的侍从力士称为金刚），因此古建筑对凡是看不见的加固墙都称为金刚墙。

毛石金刚墙：毛石金刚墙就是用毛石材料砌成的，对建筑起加固作用的围墙。

雁翅金刚墙：是指在装饰面墙的前后保证其稳固性的加固墙。

8. 石桥桥身的撞磉石项目，按金刚墙细石安装定额子目执行。

9. 细石安装项目中均已包括细石安装损耗，是根据常用的青白石和花岗石两种石料编制的，如设计或建设单位采用其他石料时，除砖磉石、汉白玉石料可按青白石相应子目（含安装损耗率）执行，并将石料成品单价予以换算外，其他石料均不适用。

花岗石是花岗岩的俗称，有时也称麻石。它属于深成火成岩，是火成岩中分布最广的岩石，其主要矿物组成为长石、石英和少量云母等。主要化学成分为 SiO_2，约占 65%～75%。花岗岩为全晶质，按晶粒大小分为细晶、粗晶和伟晶，但以细晶结构为好。通常有灰、白、黄、粉红、红、纯黑等多种颜色，具有很好的装饰性。优质的花岗石应是石英和长石含量高，云母含量少，并且晶粒细小，构造致密，无风化迹象。

花岗石的孔隙率低，吸水率为 0.1%～0.7%，耐磨性好，抗风化性及耐久性高，耐酸性好，但不耐火，使用年限为数十年至数百年，常用的花岗石品种有济南青、白虎涧、将军红、莱州白、芝麻青、泰安绿、长清花、夏门白、石山红、笔山石、日中石、雪花青、梅花红、墨玉、云黑梅等。

汉白玉是大理石中的名贵品种，虽全国许多地方都有出产，但以产于北京房山的最负盛名。它是古老的碳酸类岩石（距今 5.7 亿年）与后期花岗岩侵入体接触，在高温条件下变质而成。汉白玉的矿物结晶颗粒很细，极为均匀，粒径为 0.1～0.25mm 的居多数。色彩鲜艳洁白（乳白、玉白色），质细腻而坚硬、耐风化，是大理石中可用于室外的不多品种之一。汉白玉易加工成材，磨光后光泽绚丽，不但是建筑装饰工程的高档饰面材料，也是工艺美术、雕塑等艺术造型的上乘材料。

青白石也是一种比较贵重的水层变质岩，色青带灰白，因色彩和花纹的不同，有不同的名称，南方地区多称为：青石、青白石等；北方地区称为：青石白茬、艾叶青、砖碴石、豆瓣绿等。它质感细腻、质地较硬、表面光滑、不易风化。多用于高级建筑的柱顶石、阶条石、铺地石、拦板和石雕等。

10. 细石安装如设计要求采用铁锔子或铁银锭时，其铁锔子或铁银锭应另列项目，套用相应子目执行。

11. 石桥的抱鼓安装，按栏板安装定额子目执行。

抱鼓石即滚墩石，一般用于台阶和垂带尽端，还用于独立柱垂花门上，它是以柱为中心两面对称的，专门用来稳定独立柱，镌刻有托泥、主角、卷子花、鼓子及浮雕图案等。在抱鼓石中间凿有插入柱子的通透圆孔，使柱子穿过圆孔埋入基础之中。

12. 石桥的栏板（包括抱鼓）、望柱安装定额以平直为准，遇有斜栏板、斜抱鼓及其相连的望柱安装，另按斜形栏板、望柱安装定额执行。

13. 河底（桥底）海墁作乱铺块石者，按乱铺块石路面定额子目执行。

14. 对于望柱、栏板、抱鼓和碹脸等石料加工成品安装，在竣工验收前的成品保护。已经根据一般保护措施，包括在安装定额子目内，不得另行计取。

15. 预制构件安装用的坐浆，按有关章节找平层的相应子目执行。

坐浆：指在园林工程中铺垫在基层上面的一层砂浆，可以用来找平。

（四）工程量计算规则

1. 桥基础按设计图示尺寸以体积计算。

2. 现浇混凝土柱（桥墩）、梁、门式梁架、拱碹等，均按设计尺寸以体积计算。

桥墩指多跨桥梁的中间支承结构物，它除承受上部结构的荷重外，还要承受流水压力、水面以上的风力以及可能出现的冰荷载、船只、排筏和漂浮物的撞击力。

建筑物的上部荷载通过梁传给柱，梁是一种传递荷载的中间支承结构物。

我国传统屋顶的结构形式，以柱和梁形成梁架来支承檩条，并利用檩条及连系梁（枋），使整个房屋形成一个整体的骨架。

3. 现浇桥洞底板，按设计图示厚度，以面积计算。

4. 预制混凝土拱碹、望柱、平桥板的制作和安装，均按设计图示尺寸以体积计算。

5. 砖石拱碹砌筑和内碹石安装，均按设计图示尺寸以体积计算。

6. 金刚墙方整石、碹脸石和水兽（螭首）石安装，均按设计图示尺寸，分别以体积计算。

7. 挂檐贴面石，按设计图示尺寸以面积计算。

在园林工程中一般采用人造大理石作为贴面石。

8. 型钢锔子、铸铁银锭安装，以个计算。

铸铁是含碳量大于 2.0% 的铁碳合金。

角钢分等边角钢和不等边角钢。等边角钢的型号是以角钢单边宽度厘米数来命名，如 2.5 号角钢代表的是单边宽度为 25mm 的等边角钢。不等边角钢以长边宽度和短边宽度的厘米数值的比例命名型号，如 4/2.5 号角钢，代表长边宽度为 40mm，短边宽度为 25mm 的不等边角钢。装饰工程中常用的等边角钢的规格为 2～5 号，厚度为 3mm 和 4mm。

型钢是普通碳素结构钢或普通低合金钢经热轧而成的异型断面钢材，在建筑装饰工程中常用作为钢构架、各种幕墙的钢骨架、包门包柱的骨架等。角钢是用途最为广泛的型钢，其较易加工成型，截面惯性矩较大，刚度适中，焊接方便，施工便利。

9. 仰天石、地伏石、踏步石、牙子石安装，均按设计图示尺寸以延长米计算。

地伏石指一般用于台基栏杆下面或须弥座平面上栏杆栏板下面的一种特制条石。

10. 河底海墁、桥面石安装，按设计图示面积、不同厚度，以面积计算。

桥面两边仰天石里皮之间的海墁石叫"桥板石"或"路板石"。桥宽正中心，沿桥长的一路叫"桥心石"；在桥心两边的叫"两边桥面石"；在桥栏杆八字柱至牙子石里皮，左右斜捌角部分的叫"雁翅桥面"。

11. 石栏板（含抱鼓）安装，按设计底边（斜栏板按斜长）长度，分别按块计算。

12. 石望柱安装，按设计高度，分别以根计算。

13. 预制构件的接头灌缝，除杯型基础按个计算外，其他均按构件的体积计算。

14. 预制桥板支撑，按预制桥板的体积计算。

预制桥板支撑指由预制混凝土板搭成的桥边。

（五）石作配件的预算编制

1. 石作配件的工程量计算

（1）鼓磴、覆盆柱顶石的工程量计算

鼓磴、覆盆柱顶石都是一种较固定的形式。鼓磴石分圆形和方形，因此，按其直径、见方尺寸和厚度，以每 10 个为单位进行计算。覆盆柱顶石一般都为圆形，故按直径和厚度大小，以每 10 个为单位进行计算。

（2）磉石、抱鼓石和砷石的工程量计算

磉石分：150cm×150cm×30cm 内、100cm×100cm×20cm 内、80cm×80cm×16cm 内、60cm×60cm×15cm 内等四种规格，因此其工程量可按看面的见方尺寸和厚度，以每 10 块为单位进行计算。

抱鼓石和砷石的外形也基本固定，因此，抱鼓石（体积在 0.15m³ 内）和砷石（体积在 0.12m³ 内）的制作安装工程量，也以每 10 个为单位进行计算。

2. 石作配件预算中的注意事项

（1）鼓磴、覆盆柱顶石、抱鼓石、砷石等定额，是以表面为准进行编制的，如设计要求雕刻花纹和线脚者，应按石浮雕部分的相应子目，另行列项计算。

（2）鼓磴、覆盆柱顶名、砷石等定额均包括制作和安装，如果制作与安装要分开计算者，定额规定：鼓磴制作人工费按90％，安装人工费按10％；覆盆式柱顶石和磉石的制作人工费按94％，安装人工费按6％进行分开计算。因此，套用定额基价时，应注意基价的调整。

三、驳岸、护坡、山石台阶砌筑

砌筑工程是建筑工程中的一个重要分部工程，定额包括砌砖、砌石两部分。目前所用的砌体材料有：标准砖、各类砌块、毛石、料石等。砌体结构有就地取材、价格便宜、耐火、耐久、保温隔热的优点。但也存在许多缺点，一般砌体的强度较低，材料用量多，结构自重大，抗弯、拉、剪的强度较差。

山石驳岸、护坡、山石台阶踏步的作用：

1. 山石驳岸是用石块筑成，用来保护海岸、河岸等不受浪冲击的建筑。

2. 山石护坡是用石块筑成，保护坡地或其他具有坡度的景观不坍塌的构筑物。

3. 山石台阶踏步是用山石筑成的一级一级供人上下的构筑物，多在大门前或坡道上。

（一）驳岸挡土墙工程图例（表2-20）

驳岸挡土墙工程图例
表 2-20

序号	图 例	名 称	序号	图 例	名 称
1	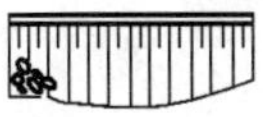	护坡	7	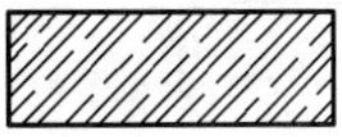	天然石材
2	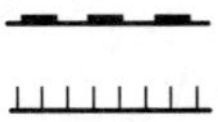	挡土墙	8	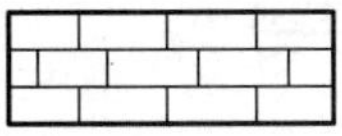	毛石
3	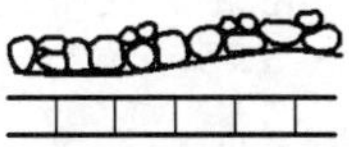	驳岸	9	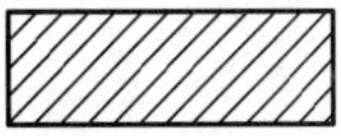	普通砖
4	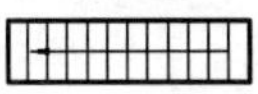	台阶	10	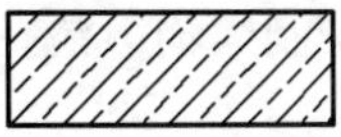	耐火砖
5	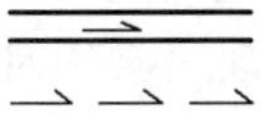	排水明沟	11	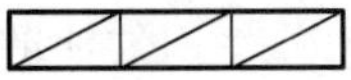	空心砖
6	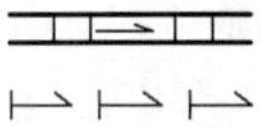	有盖的排水沟	12	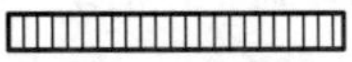	饰面砖

序号	图　例	名　　称	序号	图　例	名　　称
13	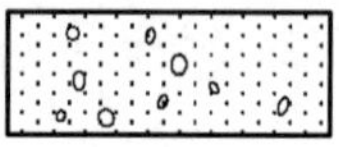	混凝土	19	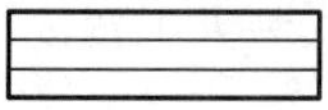	胶合板
14	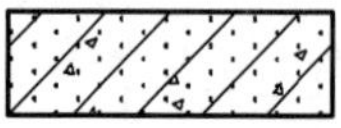	钢筋混凝土	20	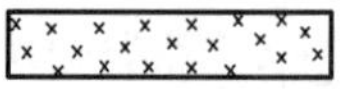	石膏板
15	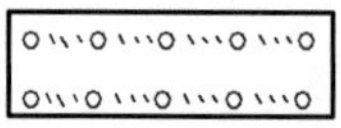	焦渣、矿渣	21		多孔材料
16	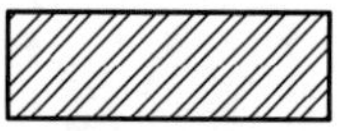	金属	22	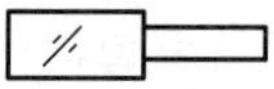	玻璃
17		松散材料	23	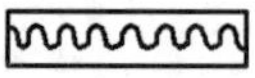	纤维材料或人造板
18	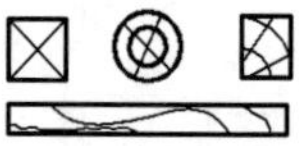	木材			

（二）工程内容

砖石工程包括基础、沟渠、驳岸、砖柱、围墙挡土墙、护坡、混凝土及布瓦花饰等。

1．砌砖

砌砖工程内容包括：砌砖包括砂浆调制运输、运砌砖、安放预埋件、基础（包括清理基槽）等全过程。

勾缝包括砂浆调制运输、清扫墙面、刻瞎缝、补缺角等全过程。

（1）砂浆调制运输

调运砂浆时，要保证砂浆具有良好的和易性，和易性良好的砂浆容易在粗糙的砖石底面上铺抹成均匀的薄层，而且能够和底面紧密粘结。砂浆的和易性包括流动性和保水性两个方面，铺砂浆即把砂浆均匀地铺抹在底层上。清理基槽指在砌筑前，必须对基槽进行清理，以免灰尘掺入砂浆影响质量。

（2）清扫墙面

清扫墙面指清除墙面上粘结的砂浆、泥浆和杂物等，并洒水润湿。

（3）刻瞎缝、补缺角

刻瞎缝、补缺角指开凿瞎缝，并对缺棱掉角的部位用与墙面相同颜色的砂浆修补平整，并将脚手眼内清理干净并洒水湿润，并用与原墙相同颜色的砌块砖补砌严密。

（4）砖基础

砖基础所需的材料为：水泥砂浆 M5，普通黏土砖，水。

（5）内外墙

凡位于建筑物内部的墙称内墙，内墙的主要作用是分隔房间。

凡位于建筑物外界四周的墙称为外墙。外墙是房屋的外围护结构，起着挡风、阻雨、保温、隔热等作用。

（6）弧形墙

弧形墙如弧拱过梁，将立砖和侧砖相间砌筑，使灰缝上宽下窄相互挤压便形成了拱的作用。弧拱高度不小于 120mm，当拱高为(1/8～1/12)L 时，跨度 L 为 2.5～3m；当拱高为(1/5～1/6)L 时，跨度 L 为 3～4m。砌成砖拱主要在于砂浆，要求砂浆能连接牢固。规定砖拱过梁的砌筑砂浆标号不低于 M10，砖标号不低于 MU7.5。定额规定所用的砂浆为水泥混合砂浆 M5，换算时，只要将水泥混合砂浆 M5 改为 M7.5，其用量定额不变。在砌筑弧形墙时还需要支模板，以保证其形状。

（7）空花墙

空花墙指某些不粉饰的清水墙土方砌成有规则花案的墙，一般为梅花图样，空花墙多用于围墙等。

空花墙每隔 2～3m 要立砖柱，以保证空花墙的稳定性。空花墙的空花部分均在墙上方 1/3～1/2 处。空花墙既省砖（相同体积的空花墙用砖量一般少于空斗墙），又美观大方，适用于较高的围墙。

（8）沟渠驳岸

沟渠驳岸是用砌材对沟渠的水岸进行铺垫，防止水岸的水土流失和坍落。

（9）砖柱

砖柱即砖砌的独立柱子。依墙而砌的砖柱即附墙砖柱又叫砖垛。砖柱根据截面形状分为方砖柱、圆砖柱及多边形砖柱。方砖柱根据截面尺寸分为：周长在 1.2m 以内，1.8m 以内，1.8m 以上。砖柱如砖墙一样，亦有清水与混水之分。计算工程量时，分别套用清水与混水定额。方砖柱周长在 1.2m 以内的截面尺寸为 240mm×240mm，如图 2-15 所示。

第一皮　　第二皮

图 2-15　240mm×240mm 砖柱

（10）砌砖

砌砖一般采用的有三一砌筑法。即一铲灰，一块砖，一揉压。

勾砖缝采用原浆勾缝，其砂浆与原浆相同，砂浆为 1:1 水泥砂浆。

2. 砌石

砌石工程内容有砌石：包括清槽底、选面料、运砌石料及砂浆调制运输等全过程。

勾缝：包括砂浆调制运输清扫墙面、刻瞎缝、勾缝、补角等全过程。

（1）清槽底

清槽底指石在砌筑前，必须对基槽进行清理，以免灰尘掺入砂浆影响质量。选面料指选择料石，一般可用细料石、粗料石。调运砂浆过程中要保证砂浆的和易性。

（2）石基础

石基础有毛石基础与料石基础之分。毛石基础是用毛石与砂浆砌筑而成。毛石是由爆破直接获得的石块。其形状不规则，石块中部厚度应不少于150mm。毛石有乱毛石和平毛石，乱毛石系指形状不规则的石块；平毛石系指形状不规则，但有两个平面大致平行的石块。

毛石基础的断面形式有阶梯形和梯形等。毛石基础的顶面宽度应比墙厚大约宽200mm，每阶高度一般为300～400mm，并至少砌二皮毛石，上级阶梯的石块应至少砌下级阶梯的1/2，相邻阶梯的毛石应相互错缝搭砌。

毛石基础砌筑前，应先检查基槽的尺寸和标高，清除杂物，砌阶梯形基础还应定出立线和卧线。砌第一层石块时，基底要坐浆，石块大面向下，砂浆不必铺满，应离外边约4～5cm，厚度为20～30mm。基础的最上一层石块，宜选用较大的毛石砌筑。毛石基础的每天可砌高度应不超过1.2m。

（3）挡土墙

砌筑毛石挡土墙时，毛石的中部厚度不宜小于20cm，每砌3～4皮为一个分层高度，每个分层高度应找平一次，外露面的灰缝厚度不得大于40mm。两个分层高度间的错缝不得小于80mm。

（4）麻刀

麻刀即为细碎麻丝。要求坚韧、干燥、不含杂质，使用前剪成20～30mm长，敲打松散，每100kg石灰膏约掺1kg麻刀。

（5）勾石缝

石墙面勾缝事先要剔缝，将灰缝剔深20～30mm，墙身用水喷洒湿润。不整齐处应修整整齐，勾缝砂浆宜用1：1～1：1.5水泥砂浆M10。也可用水泥石灰砂浆或掺入麻刀、纸筋等的石灰或青灰浆。

墙面勾缝应横平竖直、深浅一致、搭接平整并压实抹光，不得有丢缝、开裂和粘贴不平等现象。勾缝完毕后，应清扫墙面。勾缝形式有平缝、半圆凹缝、半圆凸缝、平凹缝、平凸缝、三角凸缝等，常用平缝或凸缝。料石墙面勾缝应做到横平竖直，毛石墙面勾缝应保持其自然缝走向。

3. 沟渠

沟渠是园林内给水排水的一种基础设施。

4. 驳岸

驳岸即园林水景岸坡的处理。一般有假山石驳岸、石砌驳岸、阶梯状台地驳岸和挑檐式驳岸。假山石驳岸是园林中最常用的水岸处理方式，是用山石，不经人工整形，顺其自然石形砌筑成崎岖、曲折、凹凸变化的形式，如图2-16所示。石砌驳岸是先将水岸整成斜岸。用不规则的岩石砌成虎皮状的护坡，用以加固水岸或用条石护坡，修成整齐的坡面，适用于水位涨落不定或暴涨暴落的水体，如图2-17所示；亦有直上直下的岸，如图2-18所示。阶梯状台地驳岸适用于水岸与水面高差很大、水位不稳定的水体，将高岸修筑成阶梯式台地，如图2-19所示，可使高差降低，又能适应水位涨落。挑檐式驳岸，水面延伸到岸檐下，如图2-20所示。

5. 围墙

围墙即围绕房屋、园林、场院等拦挡用的墙。围墙一般用1/2砖或1砖砌筑。不需抹面砂浆，只需砌筑砂浆。围墙所用的砂浆为M5水泥混合砂浆，其工程量以面积计算。

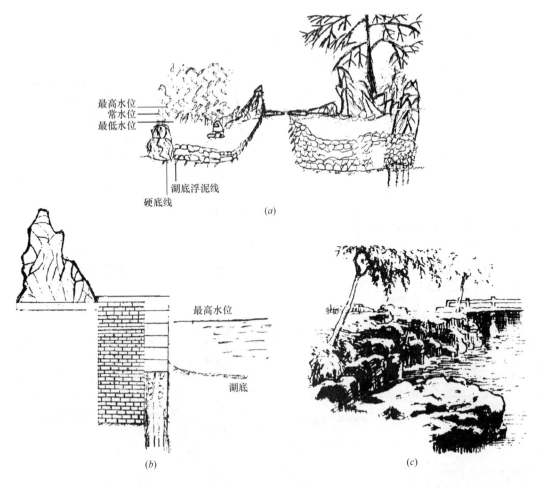

最高水位
常水位
最低水位

湖底浮泥线

硬底线

(a)

最高水位

湖底

(b)

(c)

图 2-16　假山石驳岸

（a）假山石驳岸示例（一）；（b）假山石驳岸示例（二）；（c）假山石（黄石）驳岸示例（三）

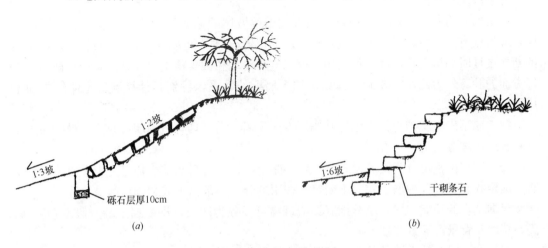

1:2坡

1:3坡

砾石层厚10cm

(a)

1:6坡

干砌条石

(b)

图 2-17　石砌斜坡

（a）条石、块石护坡结构示意；（b）斜坡护坡结构示意

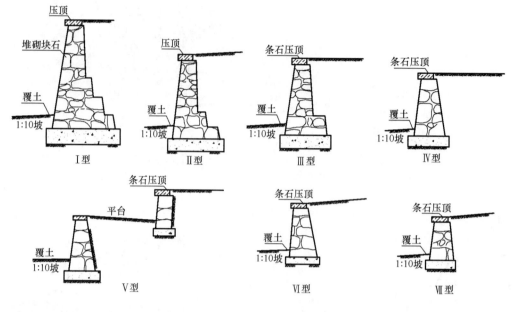

图 2-18　垂直驳岸（Ⅰ～Ⅶ）型

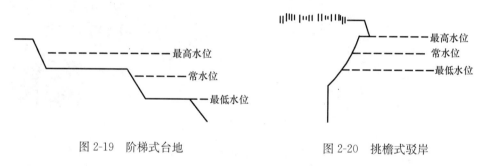

图 2-19　阶梯式台地　　　　　图 2-20　挑檐式驳岸

6.挡土墙

挡土墙（简称挡墙）是支挡路基填土或山坡坡体的墙式结构物，在设置挡土墙的地段，应根据有关资料和设计要求选定挡土墙的位置、形式和构造，并绘制布置图。挡土墙的断面设计时如果没有标准图可套用，就应进行滑动和倾覆稳定以及基底和墙身截面应力等方面的验算。为此，需要确定作用于挡土墙上的力系，特别是计算墙后土体的主动土压力。

挡土墙不仅能支挡土体而承受其侧压力的作用，它还具有阻挡墙后土体下滑，保护路基和收缩边坡等功能。

挡土墙按位置可分为路肩墙、路堤墙和路堑墙；按材料和结构特点分为重力式、薄壁式、锚定式、垛式和加筋土式挡土墙等；按用途分为路基挡土墙和园林挡土墙等。

根据基本的功能作用，园林挡墙类构筑物可以分为四类，即：挡土墙、假山石陡坎、隔音挡墙和背景（障景）挡墙。

园林中一般的挡土墙及其构造情况可有如下几类。

（1）重力挡土墙

它是园林中常用的一类挡土墙，它是借助于墙体的自重来维持土坡的稳定。通常用砖、不加钢筋混凝土、毛石建成。在用混凝土时，墙顶宽度不小于 200mm，这样便于灌浇和捣实。它有三种断面形式：直立式、倾斜式、台阶式。如图 2-21 所示。

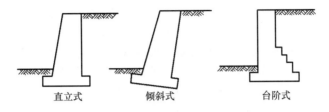

图 2-21　重力式挡土墙的几种断面形式

（2）半重力挡土墙

在墙体除了使用少量钢筋以减少混凝土的用量和减少由于气候变化或收缩所引起的可能开裂外，其他各方面均与重力挡土墙类似，如图 2-22 所示。

（3）悬臂式挡土墙

通常作"L"形或倒"T"形，高度不超过 7～9m 时较经济，根据所进行设计的要求，悬臂的脚可向墙内侧伸出，也可伸出墙外，或者两面均伸出。如果墙的底部折入墙的内侧时，那么它的位置在所支承的土壤下面。其优点是利用上面土壤的压实，使墙体的自重增加。底脚折向墙外时，主要优点是：施工方便，但是常常为了稳定而要有某种形式的底脚。如图 2-23。

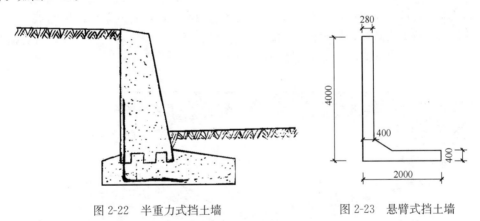

图 2-22　半重力式挡土墙　　　　　图 2-23　悬臂式挡土墙

（4）扶垛式挡土墙

它的普通形式是在基础板和墙面板之间有垂直的间隔支承物，墙的高度在 10m 以内，扶垛间距最大可达墙高的 2/3，最小不小于 2.5m。扶垛壁在墙后的，称为后扶垛墙；若在墙前设扶垛壁，则叫前扶垛墙。扶垛式挡土墙的主要尺寸和悬臂式相似，高度小于或等于 10m，底部由趾板、踵板和立壁三部分组成，常用宽度 $B=(1/2～2/3)H$，扶壁间的净距 $L=(1/3～1/2)H$，底板厚 $=1/12H$，立壁厚 $=1/24H$，最小厚度为 30cm。（其中 H 指高度）。

主要尺寸确定后即可计算作用在挡土墙上的外力，包括墙和土的自重体力、土压力、超载，作用在底板上的地基反力以及其他特殊荷载。扶垛式挡墙内力计算属于高次静不定，必须对结构计算做若干假定，可不必过于精细，计算单元和施工缝（伸缩缝）长度有关，一般地区可取 $L=15\sim30\text{m}$，设肋板即扶壁的净距为 l，伸缩缝在跨中断开，则可视墙面板在肋板处固定，在两端为悬臂。

（5）桩板式挡土墙

桩板式挡土墙是钢筋混凝土结构，由桩及桩间的挡土板两部分组成的，锚固段有锚固作用和被动土抗力，用来维护挡土墙的稳定。桩板式挡土墙适宜于土压力大，墙高超过一般挡土墙限制的情况，地基强度的不足可由桩的埋深得到弥补。桩板式挡土墙可作为路堑、路肩和路堤挡土墙使用，也可用于治理中小型滑坡，多用于岩石地基。

由于土的弹性抗力较小，设置桩板式挡土墙后，桩顶处可能产生较大的水平位移或转动，因而一般不用于土质地基，若需用于土质地基，一般应在桩的上部（一般可在桩顶下 $0.29H$ 处）设置锚杆，以减小桩的位移和转动，来提高挡土墙的稳定性。

桩板式挡土墙作路堑墙时，可先设置桩，然后开挖路基，挡土板可以自上而下安装，这样既保证了施工安全，又减少了土石方开挖工程量。

（6）砌块式挡土墙

它是用预先制成的预制混凝土砌块按一定花式、图案拼装而成的挡土墙，该挡土墙高度以不大于 1.5m 为佳。砌体可做成实心，也可做成空心（孔径不宜过大）。如用空心砌块砌筑的挡土墙，可在空穴里填充石块或土壤，可在上面种植花草，极具自然特色。

对于典型的挡土墙通过其"坡脚"扩展的墙基，按一定间距设置钢筋进行加固。墙基的深度取决于墙前的土坡是否压实，是否保持原状，是否准备栽树，通过加固钢筋和混凝土后墙相连，面对坡地的石块，略微后缩，以增加稳定性，墙背的防水涂层和坡形的压顶使得挡土墙不受水的破坏，排水措施则防止墙后水的聚集，如墙后设置石块以及在滴水洞下挖掘水道。挡土墙平面图、立面图如图 2-24 所示。

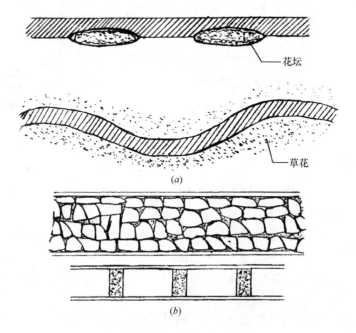

图 2-24　挡土墙平面图、立面图

（a）挡墙平面轮廓图；（b）挡墙立面轮廓图

7. 护坡

如河湖坡岸不采用岸壁直墙也并非陡直时，则要用各种方式和材料护坡。护坡的目的是为了防止滑坡，减少地面水和风浪的冲刷，以保证岸坡的稳定。

（1）铺石、护坡

先进行整理岸坡，选用直径为 18～25cm 的块石，长宽比最好为 2∶1 的长方形石料。要求吸水率小，石料比重大。块石护坡（如图 2-25 所示）还应有足够的透水性，从而减少土壤从护坡上面流失，还需要在块石下面设倒滤层垫层，并在护坡坡脚设挡板。

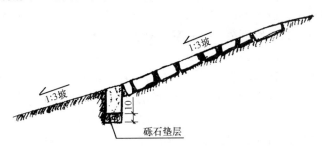

图 2-25 块石护坡结构图

在水流流速不大的情况下，块石可设在砂层或砾石层上。否则应以碎石层作倒滤的垫层。如果水深超过 2m 时则考虑下部护坡用双层铺石。

在有冻土的地区园林浅水缓坡岸，如风浪不大，只需作单层块石护坡，有时还可用条石或块石干砌。坡脚支撑也可相对简化些。

（2）编柳抛石护坡

采用新截取的柳条成"十"字交叉编织。编柳空格内抛填厚 20～40cm 的块石。在块石下设 10～20cm 厚的砾石层目的是利于排水和减少水土流失。柳格平面尺寸为 0.3×0.3m² 或 1×1m²，厚度为 30～50cm，柳条发芽便成为保护性能较强的护坡设施。

（3）草皮护坡

护坡由低缓的草坡构成，如图 2-26 所示。由于护坡低缓，能够很好地突出水体平坦辽阔的特点。而且坡岸上青草绿茵，景色自然优美。这种护坡广泛地应用于园林湖池水体。岸坡土壤最好以轻质黏土为主。

（4）卵石及贝壳岸坡

将大量的砾石，卵石与贝壳按一定级配与层次堆积于斜坡的岸边，这样既可适应池水涨落和冲刷，又能带来自然风采，

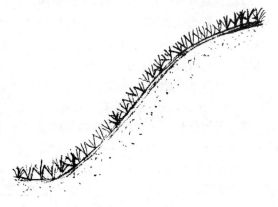

图 2-26 草皮护坡

有时也可将卵石或贝壳粘于混凝土上，组成形形色色的花纹图案，能增加观赏的效果。

对于大、中型园林水体来说，只要岸边用地条件能够满足需要，就应当尽量采用草皮岸坡。因为它景色自然优美，工程造价不高，很适于岸坡工程量较大的情况。

设计要点为：在水体岸坡常水位线以下层段，采用砌块石或浆砌卵石做成斜坡岸体，

常水位以上，则做成低缓的土坡，土坡用草皮覆盖，或用较高的草丛布置成草丛岸坡，草皮缓坡或草丛缓坡上，还可以点缀一些低矮灌木，可进一步丰富水边景观。

8. 混凝土

混凝土是指以水泥为胶结材料，将砂、石、水（外加剂、掺合料）按设计比例配合，经搅拌、成型、养护而得的一种人造石材。

混凝土由水泥、水、砂、石四种基本材料组成。其中，水泥和水形成水泥浆，填充砂粒间的空隙并包裹在砂颗粒的表面形成水泥砂浆，而水泥砂浆又填充石子间的空隙并把石子包裹起来形成混凝土。按不同的方法分类，它包括很多类型的混凝土，如有重混凝土、轻混凝土、结构混凝土、道路混凝土、耐酸混凝土、防辐射混凝土、真空混凝土、离心混凝土、碾压混凝土、素混凝土、纤维混凝土等。

混凝土是当代主要的建筑材料之一，它在技术性能和经济效果上具有以下优点：

（1）原材料丰富。混凝土中砂石材料约占 80%，资源十分丰富，易于就地取材，且能源消耗较少，成本较低。

（2）性能可以调整。组成材料的品种和数量改变时，可以制成不同性能的混凝土，以满足工程的不同要求。

（3）良好的可塑性。混凝土拌和物具有可塑性，便于浇筑成各种形状和尺寸的构件或整体结构物。

（4）硬化后混凝土具有高强、耐火、耐久性能。

混凝土的主要缺点是：自重大、抗拉强度低、易干裂，硬化前需要较长时间的养护。

混凝土是一种广泛应用于土木工程的材料，它不仅可以用于普通工业民用建筑，还可用于国防建设，不仅可修筑道路路面、机场跑道，还可用于修筑桥涵、水工构筑物等。

9. 布瓦、花饰

布瓦是一种用来遮阳、挡雨的人造饰面材料。以黏土为主要原料，即现在的青瓦。

布瓦一共有五个规格，可按下列所述进行选定：

（1）一般小式建筑的屋顶，可按椽径尺寸确定筒瓦宽度，选择近似尺寸的规格，宜大不宜小，如椽径为 9.6cm 时，则应选用 3 号（筒瓦宽度为 10.3cm）；如椽径为 12cm 时，可选用 2 号瓦（筒瓦宽度为 12.2cm）。

（2）对牌楼、影壁、院墙、砖石小门楼等，按檐口高确定：3.6m 以下者，用 10 号瓦；3.6m 以上者，用 2 号瓦或 3 号瓦。

（3）采用合瓦、干槎瓦屋顶的，按椽径大小确定：椽径 8cm 以下者，用 3 号瓦；椽径 8~10cm 者，用 2 号瓦；椽径 10cm 以上者，用 1 号瓦。

花饰按其材料不同，有纸质花饰、塑料花饰、石膏花饰、水泥花饰、金属花饰等。花饰安装应牢固，其质量要求及允许偏差应符合以下要求：

（1）条形花饰的水平和垂直允许偏差，每米不得大于 1mm，全长不得大于 3mm；

（2）单独花饰位置的允许偏差，不得大于 10mm；

（3）花饰表面应光洁，图案清晰，接缝严密，不得有裂缝、翘曲、缺棱掉角等缺陷；

（4）浮雕花饰的拼缝应严密吻合。

花饰工程内容有混凝土花饰，包括砂浆调制、运输、花饰安装、勾缝、刷白水泥浆等全过程。

布瓦花饰包括选运布瓦、灰浆调制运输、摆砌布瓦、清理、养护等全过程。

混凝土花饰所用的砂浆是 1：2 的水泥砂浆。

在砂浆的运输过程中要保证砂浆的和易性。

花饰安装指将混凝土花饰块按照一定的花型砌筑好。

刷白水泥浆指在安装好的花饰块表面均匀地刷上一层白水泥浆。

布瓦在运用之前要挑出那些砂眼较多，裂缝较大，且翘曲变形和欠火较重的布瓦不宜使用。质量较好的布瓦，轻轻敲击时，声音响亮且非常清脆。同一批布瓦应该色泽一致，而且弯曲的弧度也相同。

在摆砌布瓦的过程中，必须将布瓦表面清理干净。

布瓦砌好后，还要经过一段时间的保养护理。

筒瓦是面瓦的一种，筒瓦是半圆筒形，起覆盖背水作用。

板瓦也是面瓦的一种，板瓦是凹弯形，凹弯朝上一块接一块形成瓦沟，起接水淌水作用。布瓦的规格尺寸见表 2-21。

布瓦尺寸参考表（cm）   表 2-21

名　称		长　度	宽　度	
筒　瓦	一号	35.20	14.40	
	二号	30.40	12.16	
	三号	24.00	10.24	
	十号	14.40	8.00	
板　瓦	一号	28.80	25.60	
	二号	25.60	22.40	
	三号	22.40	19.20	
	十号	13.76	12.16	

（三）统一规定

1. 砖石砌体的砂浆标号以设计图示标号为准，与本定额不符时，可以换算。

砖石砌体是以砖石为砌体材料的砌体。砖主要有普通砖和空心砖两种。普通砖分为烧结砖、蒸养（压）砖。烧结砖包括粘土砖、页岩砖、烧结煤矸石砖、烧结粉煤灰砖等。蒸养（压）砖包括粉煤灰砖、矿渣砖等。空心砖是指孔洞率大于 15% 的砖，其孔洞为竖孔。石主要分为毛石与料石。毛石应呈块状，其中部厚度不小于 15cm。料石有细料石、半细料石、粗料石、毛料石。

在砌筑工程中用来将砖、石或砌块等块状材料粘结成整体，并传递荷载的砂浆为砌筑砂浆。砌筑砂浆主要分为水泥砂浆、水泥石灰砂浆、水泥粉煤灰砂浆、石灰砂浆、石灰粘土砂浆、石灰矿渣砂浆、石灰矿渣粘土砂浆、混合砂浆、粘土砂浆、草泥浆、黄土泥浆、胶泥浆。砌筑砂浆对材料的要求有：

（1）宜采用强度等级 M32.5 或以上的矿渣硅酸盐水泥或普通硅酸盐水泥。

（2）宜采用中砂，并应过 5mm 孔径的筛。砂的含泥量在配制 M5 以下砂浆时不得超过 10%；强度等级在 M5 以上的砂浆，砂的含泥量不应超过 5%。

（3）掺和料有石灰膏、电石膏、粉煤灰和磨细生石灰粉等。生石灰熟化时间不得少于 7d。

2. 砌体的勾缝是按砂浆勾缝编制的，勾缝砂浆或缝型与本定额不同时，均不得换算。

砂浆勾缝是指砌好清水墙后，先用砖凿刻修砖缝，然后用勾缝器将水泥砂浆填塞于灰缝之间。砖墙面勾缝应做的准备工作有：

（1）清除墙面上粘结的砂浆、泥浆和杂物等，并洒水润湿。

（2）开凿眼缝，并对缺棱掉角的部位用与墙面颜色相同的砂浆修补平整；

（3）将脚手眼内清理干净并洒水湿润，用与原墙相同的砖补砌严密。

砖墙面勾缝一般采用 1∶1 水泥砂浆（1∶1 指水泥与细砂之比），也可用砌筑砂浆，随砌随勾。缝的深度一般为 4～5mm。空斗墙勾缝应采用平缝，墙面勾缝应横平竖直、深浅一致、搭接平整并压实抹光，不得有丢缝、开裂和粘结不平等现象。勾缝的形状，一般有凹缝、平缝和凸缝三种。

3. 带有砖柱的半截围墙，其高出围墙部分的砖柱，执行砖柱定额，与围墙相连部分以及基础，均执行围墙定额。

4. 标准砖的墙体厚度及砖墙大放脚折加高度，均按表 2-22、表 2-23 规定，分别计算。

标准砖墙体厚度表 表 2-22

墙厚	$\frac{1}{4}$ 砖	$\frac{1}{2}$ 砖	$\frac{3}{4}$ 砖	1 砖	$1\frac{1}{2}$ 砖	2 砖	$2\frac{1}{2}$ 砖	3 砖
厘米	5.3	11.5	18	24	36.5	49	61.5	74

等高、不等高砖墙基大放脚折加高度表 表 2-23

| 放脚层高 | 折加高度（m） | | | | | | | | | | | 增加截面（m²） | |
| | $\frac{1}{2}$ 砖 (0.115) | | 1 砖 (0.24) | | $1\frac{1}{2}$ 砖 (0.365) | | 2 砖 (0.49) | | $2\frac{1}{2}$ 砖 (0.615) | | 3 砖 (0.74) | | | |
	等高	不等高	等高	不等高	等高	不等高	等高	不等高	等高	不等高	等高	不等高	等高	不等高
一	0.137	0.137	0.066	0.066	0.043	0.043	0.032	0.032	0.026	0.026	0.021	0.021	0.01575	0.01575
二	0.411	0.342	0.197	0.164	0.129	0.108	0.096	0.08	0.077	0.064	0.064	0.053	0.04725	0.03938
三			0.394	0.328	0.259	0.216	0.193	0.161	0.154	0.128	0.128	0.106	0.0945	0.07875
四			0.656	0.525	0.432	0.345	0.321	0.257	0.256	0.205	0.213	0.17	0.1575	0.126
五			0.934	0.788	0.647	0.518	0.482	0.386	0.384	0.307	0.319	0.255	0.2363	0.189
六			1.378	1.083	0.906	0.712	0.675	0.53	0.538	0.419	0.447	0.351	0.3308	0.2599
七			1.838	1.444	1.208	0.949	0.90	0.707	0.717	0.563	0.596	0.468	0.441	0.3465
八			2.363	1.838	1.553	1.208	1.157	0.90	0.922	0.717	0.766	0.596	0.567	0.4410
九			2.953	2.297	1.942	1.51	1.447	1.125	1.153	0.896	0.958	0.745	0.7088	0.5513
十			3.61	2.789	2.373	1.834	1.768	1.366	1.409	1.088	1.171	0.905	0.8663	0.6694

（1）标准砖

标准砖的规格尺寸为 240mm×115mm×53mm。每块砖的重量为 2.3～2.65kg。长、宽、厚之比为 4：2：1（包括 10mm 灰缝），即长：宽：厚＝250：125：63＝4：2：1。标准砖砌筑墙体时是以砖宽度的倍数，即从 115＋10＝125mm 为模数，与我国现行建筑统一模数 m＝100mm 不协调。因此在使用时，需注意标准砖的这一特征。

（2）大放脚

普通黏土砖墙的厚度是按半砖的倍数确定的。

大放脚是指一种呈阶梯形状的砌体，通常设置在垫层与基础之间。由于大放脚加宽了基础底面的宽度，使地基承受荷载的能力大大加强。大放脚根据断面形式和砌法分高式大放脚和间隔式大放脚。

高式大放脚是指每两皮砖高放出 1/4 砖；间隔式大放脚是指每一皮砖高放出 1/4 砖后，再每两皮砖高放出 1/4 砖，以此相互相隔。

模板是指在制作楼板或屋面板之前，根据楼板或屋面板的形状、尺寸而预先在建筑物中搭设的模型，然后将混凝土浇入模型内，制成楼板或屋面板，这种模型所用的材料便是模板。模板有钢模板、木模板和复合模板三种。在建筑工程中，以木模板最为常见，另外还有钢木模板、铝合金模板、塑料模板、胶合板模板和玻璃钢模板等。

5. 布瓦花饰定额是按不磨瓦、轱辘线花型考虑的，不论实际磨瓦与否或摆何种花型，均不调整。定额中的瓦件耗用量，是照现行一般布瓦规格尺寸编制的，具体尺寸详见定额材料选价表。

布瓦是小青瓦的一种，上面有布纹，一般为 175mm×175mm。

磨瓦是用在园林装饰上面的一种瓦，即经过磨制的瓦。

6. 预制混凝土花饰安装，适用于采用"北京市通用建筑配件图集74J21标准花饰"，如设计采用其他非标准花饰，应另行补充。

混凝土花格是由混凝土花饰预制块用砂浆组砌而成。

混凝土花饰块用 C20 细石混凝土预制，内配 φ4 钢筋。花饰块平面形状有方格形、八角形、圆形、梯形等，外围边长为 390mm，花饰块宽度为 100～140mm。单肢壁厚度为 30mm（图 2-27）。

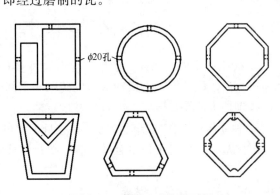

图 2-27　混凝土花饰块示例

每块花饰块的周壁上留有 φ20 孔。以便插入钢筋灌浆使相邻两块连接。

砌筑用砂浆为 1：2 水泥砂浆。

混凝土花格组砌时，先在基底上铺一层水泥砂浆，再按花格块设计式样逐皮砌筑。每皮砌筑，应先砌两头靠墙的花饰块，这两块花饰块砌筑时，应先在墙洞内填入 C20 细石混凝土，花饰块砌上后，用 φ8 钢筋穿过花饰块边的预留孔插入墙洞内，用洞内混凝土将其筑牢，并在预留孔内灌 1：2 水泥砂浆。两头花饰块砌稳后，在其间拉准线，依准线砌中间的花饰块，两块相邻花饰块要对准块边预留孔，在孔内插入 φ6 钢筋，并在预留孔内灌入 1：2 水泥砂浆（图 2-28）。

混凝土花格的高度及宽度均不宜超过 3000mm，如超过 3000mm，可每隔 2000mm 在

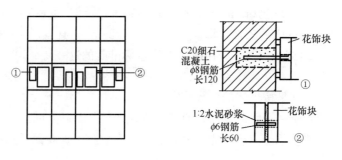

图 2-28　混凝土花格构造节点

灰缝内加设 2φ8 水平钢筋，水平钢筋两端伸入墙身内不少于 500mm。

（四）工程量计算规则

1. 砖石基础不分厚度和深度，按设计图示尺寸以体积计算，应扣除混凝土梁柱所占体积。大放脚交接重叠部分和预留孔洞，均不扣除。

砖石基础不分厚度和深度，均以图示尺寸按体积计算，外墙长度按中心线（$L_{中}$）计算，内墙长度按内墙净长线（$L_{内}$）计算，其计算公式为：

$$基础工程量＝L_{中}×基础断面积＋L_{内}×基础断面积$$

$$砖基础断面积＝基础墙宽度×基础高度＋大放脚增加断面面积$$

或　　　　$$砖基础断面积＝基础墙宽度×（基础高度＋折加高度）$$

$$折加高度＝\frac{大放脚增加断面面积}{基础墙宽度}$$

2. 砖砌挡土墙、沟渠、驳岸、毛石砌墙和护坡等砖石砌体，均按设计图示尺寸的实砌体积，以体积计算。沟渠或驳岸的砖砌基础部分，应并入沟渠或驳岸体积内计算。

砖砌挡土墙在 2 砖以上执行砖基础定额。

3. 独立砖柱的砖柱基础应合并在柱身工程量内，按设计图示尺寸以体积计算。

砖柱基础与柱身工程量合并计算，执行砖柱定额。计算方法如下：

$$V_{总}＝V_A＋V_B$$

式中　　$V_{总}$——砖柱总工程量，m^3；

　　　　V_A——砖柱身工程量＝柱身断面面积×柱身高度；

　　　　V_B——每个柱基体积＝柱基体积＋四边放脚体积（常用四边放脚体积见表 2-24 及表 2-25）。

等高式砖柱基础大放脚四边体积（m^3）　　　　表 2-24

放脚层数	砖柱断面尺寸（mm）				
	490×490	365×490	365×365	240×365	240×240
	柱基大放脚四边体积（m^3/个）				
1	0.2134	0.1937	0.1740	0.1548	0.1350
2	0.1203	0.1804	0.0965	0.0849	0.0732
3	0.0562	0.0502	0.0443	0.0389	0.0325
4	0.0178	0.0156	0.0132	0.0110	0.0097

间隔式砖柱基础大放脚四边体积（m³）

表 2-25

放脚层数	砖柱断面尺寸（mm）				
	490×490	365×490	365×365	240×365	240×240
	柱基大放脚四边体积（m³/个）				
1	0.1727	0.1570	0.1412	0.1255	0.1097
2	0.0789	0.0711	0.0633	0.0553	0.0474
3	0.0475	0.0426	0.0376	0.0327	0.0278
4	0.0086	0.0077	0.0067	0.0057	0.0047

4. 浆砌块石工程量，按不同砌筑部位，以块石砌体的体积计算，计量单位：10m³；浆砌料石工程量，按不同砌筑部位，以料石砌体的体积计算，计量单位：10m³；浆砌混凝土预制块工程量，按不同砌筑部位，以混凝土预制块砌体的体积计算，计量单位：10m³。

5. 砂石滤沟工程量，按不同滤沟断面积，以砂石滤沟的体积计算，计量单位：10m³。砂滤层工程量，按不同滤层厚度，以砂滤层的体积计算，计量单位：10m³。碎石滤层工程量，按不同滤层厚度，以碎石滤层的体积计算，计量单位：10m³。

6. 干砌块石护坡、灌浆干砌块石护坡、浆砌块石护坡工程量，按不同护坡厚度，以块石护坡的体积计算，计量单位：10m³。浆砌预制块护坡工程量，按有无底浆，以预制块护坡的体积计算，计量单位：10m³。将砌块石锥型坡、干砌块石锥型坡工程量，按块石锥型坡的体积计算，计量单位：10m³。浆砌块石台阶、浆砌料石台阶、浆砌预制块台阶工程量，按台阶的体积计算，计量单位：10m³。

7. 浆砌料石压顶、浆砌预制块压顶、现浇混凝土压顶工程量，按压顶的体积计算，计量单位：10m³。现浇混凝土模板工程量，按模板与压顶接触面积计算，计量单位：100m²。

8. 浆砌块石挡土墙、浆砌预制块挡土墙、现浇混凝土挡土墙工程量，按挡土墙的体积计算，计量单位：10m³。现浇混凝土模板工程量，按模板与挡土墙接触面积计算，计量单位：100m²。

9. 围墙基础和突出墙面的砖垛部分的工程量，应并入围墙内按设计图示尺寸以体积计算。遇有混凝土或布瓦花饰时，应将花饰部分扣除。

砖垛体积并入墙身体积内计算。砖围墙工程量按图示尺寸区分不同厚度（1/2 砖、1砖）分别以以体积计算。

10. 勾缝工程量，按不同石面或预制块面、勾缝形式，以勾缝形式，以勾缝的面积计算。应扣除抹灰面积。计量单位：100m²。

11. 布瓦花饰和预制混凝土花饰，按图示尺寸以面积计算。

目前在我国农村的土窑中还经常生产这种弧形薄片状的小青瓦，也称之为合瓦、水青瓦、蝴蝶瓦、布纹瓦、土瓦等。布瓦无一定的规格，一般为 175mm×175mm。小青瓦的每块面积很小，面积利用率低于 50%，而且强度低，易破碎。瓦片中不含石灰等杂质，那些砂眼较多，裂缝较大，且翘曲变形和欠火较重的小青瓦，质量不好，不宜使用。质量较好的青瓦，轻轻敲击时，声音响亮且非常清脆。同一批青瓦的色泽应该一致，而且弯曲的弧度也相同。青瓦的尺寸及规格见图 2-29 及表 2-26。

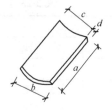

图 2-29　青瓦形状

青瓦的尺寸及规格表（mm）			表 2-26
长（a）	大头宽（b）	小头宽（c）	厚（d）
170～230	170～230	150～210	8～12

混凝土花饰是用 C20 细石混凝土预制，内配 ϕ4 钢筋的混凝土花饰进行饰面装饰。

（五）工程量计算

为了保证结构的安全和使用持久，应当对挡土墙的安全情况进行验算。这里介绍一种简易计算方法。首先定出几个数据：

泥　土　重＝$1.8t/m^3$

砖砌体重＝$1.8t/m^3$

石砌体重＝$2.5t/m^3$

地面活重＝$30kg/m^2$（无人到）

　　　　＝$150kg/m^2$（少人到）

　　　　＝$250kg/m^2$（多人到）

　　　　＝$350kg/m^2$（人密集）

然后按下面各式计算挡土墙的倾覆力矩 M 和抵抗力矩 W，当 $W/M \geqslant 1.5$ 时，挡土墙就是安全的。计算公式如下：

$$M = E_t\left(\frac{H}{3} + h\right) + E_q\left(\frac{H}{2} + h\right)$$

$$W = \left(b_1 + \frac{b_2}{2}\right)H \cdot N_1\left(\frac{b_1}{2} + \frac{b_2}{3}\right) + B_h \cdot N_2\frac{B}{2}$$

如图 2-30 所示：

$$E_t（土压力）= \frac{N_0}{2} \cdot \frac{2}{3}H$$

$$E_q（活重压力）= \frac{H}{3} \cdot q$$

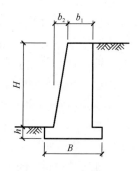

图 2-30　重力墙的计算

式中　b_1——墙顶面宽；

　　　b_2——墙斜面宽；

　　N_0——泥土重；

　　N_1——墙体重；

　　N_2——基础重；

　　H——墙高；

　　h——基础高；

　　B——底面宽；

　　q——地面活重。

（六）编制预算前的准备工作

1. 编制前的读图

在编制砌筑工程预算定额之前，要将图纸中有关内容进行认真阅读一遍，从中找出能够套用本部分定额项目的内容。因此，在读图时应注意以下几点：

（1）基础砌体的读图

1）注意基础断面的规格和轴线位置：在土方工程中，已对基础部分的图纸有所接触，但当时的注意力是放在土方工程上。此时读图是进一步搞清楚有关砖石基础的断面尺寸有几种，各处在哪个轴线位置，以便计算工程量时按不同的断面尺寸分别归类列出计算式；一种断面列一个计算式，将同断面的长度按轴线累加。

2）注意基础长度的取定：外墙按中心线是指墙的中心，而不是图纸上划的轴线。因为对半砖、一砖墙而言，墙的轴线和中心线是没有区别的，但对1.5砖墙而言，轴线与中心线就有区别，故要注意区分。

砖基础内墙净长是指内墙本身的净长（即两端至外墙的里边线），而不是基础的净长，这与土方工程的净长是有区别的。

3）注意基础高度的取定：砖基础高是从室内地坪至大放脚底的高度，在基础剖面图中，一般标有外墙基础和内墙基础两种剖面。外墙基础标注有室内外地坪标高，内墙基础只标注室内标高或不标注，读图时注意核查。

（2）砖墙体的读图

1）注意外墙体的尺寸：外墙体的高，注意前檐、后檐和山面是否不同；墙厚要注意底层和楼层是否有区别。

2）注意墙体该扣减的项目：按墙体轴线，从平面图、立面图和圈梁布置图中，看清楚要扣减的项目，如门窗洞口；横梁、过梁、圈梁；构造柱等。

（3）其他砌体的读图

注意工作间、试验室、盥洗间和室外地面的平面配置内容，如是否有砖污水池、盥洗槽脚、砖砌便槽、砖墩、花池、砖水沟以及石砌工程等。

2. 分析定额的使用内容

在通过上述读图后，心理对图纸中的砖石内容已有基本概念，这时应与本章的定额对照一下，对照的方法如下：

（1）通过看图后的印象，将本章定额项目粗略翻看一遍，看哪些内容适合于本定额，哪些内容不适合于本定额。对不适合的项目应做好记号，放在以后另行处理。

（2）对该章定额项目所述的内容，是否在看图时被遗漏掉，如果有遗漏，还要再回头去翻阅图纸一遍。

（七）砌筑工程预算定额的编制

1. 编制预算定额的步骤和方法

对于计算步骤和方法，在土方工程中已经提及，具体方法请参阅第一章第三节所述。

2. 关于工程量计算表的列项

在砌筑工程中计算的内容比较多，为了事后检查和修改，在计算工程量时，应做到：条理清晰、内容齐全、计算明确。因此，在工程量计算表中，对所计算项目应逐项列出，分别计算，以便检查和修改。见表2-27，墙体部分按墙体轴线计算，计算值为正值；各轴线部分的扣减项目分别计算，计算值为"－"值，最后小计，正负相抵。

定额编号	项 目 名 称	单位	工程量	计 算 式
二	砌筑工程			
1-109	1 砖外墙	m³	xx. xx	
	A、D 轴前后檐墙体（当前后檐相同时）	m³	xx. xx	墙厚×墙高×（前檐墙长＋后檐墙长）
	其中：扣减 6 个门 M-1	m³	一x. xx	墙厚×洞高×洞宽×个数
	扣减 10 个窗 C-2	m³	一x. xx	墙厚×洞高×洞宽×个数
	扣减 16 根过梁 CG-5	m³	一0. xx	梁宽×梁高×梁长×根数
	……	m³	……	……
	①、⑩轴山墙墙体	m³	……	……
	其中：扣减圈梁	m³	……	……
	……			
1-110	1.5 砖外墙			
	……			

3. 砌筑砂浆强度等级不同时的换算

本章砖砌定额中所使用的砂浆强度等级多为 M5，当设计砂浆等级不同时，在预算编制中应予以换算。这种换算只换算定额基价，其他一律不动。换算式如下：

1）当综合费以单位工日计费时，可按下式计算

设计砂浆砌体基价＝定额基价＋（设计砂浆单价－定额砂浆单价）×定额砂浆量

2）当综合费以人、材、机三费计费时，按下式计算：

设计砂浆砌体基价＝[定额基价－定额综合费＋（设计砂浆单价－定额砂浆单价）×定额砂浆量]×（1＋综合费率）

【注释】定额基价——指套用定额项目的基价；

设计砂浆单价——在定额附录"砂浆配合比表"中查取相应等级砂浆基价；

定额砂浆单价——在套用定额项目的单价栏内就可查到；

定额砂浆量——指套用定额项目的材料耗用量；

综合费——由其他直接费和现场经费组成，湖北省按 6%。

（八）做细望砖的预算定额编制

1. 做细望砖的工程量计算

（1）工程量计算规则

做细望砖的工程量是以 100 块望砖为单位进行计算的，望砖规格，定额按 210mm×105mm×17mm 进行编制，若设计要求与定额不同时，可按面积比例换算。

（2）望砖块数确定

一般设计图纸对屋顶望砖，只说明采用望砖规格，而具体用多少块望砖，应由预算人员计算确定。计算望砖块数有以下两种方法：

1）套用定额预算法：预算人员先根据图纸中的屋面设计尺寸，计算出铺砌望砖的面积，然后按"铺望砖"定额，查出望砖耗用量，按下式计算：

$$望砖块数＝铺砌面积×望砖耗用量÷10$$

【注释】铺砌面积——按屋面的屋脊至檐口坡屋面的斜面积（m²）。可简单按桁间高
与水平距之三角形求斜长，乘以屋面通宽计算；

望砖耗用量——查"铺望砖"定额，它是按每10m²的块数计量；

10——即10m²。

2）公式计算法：指在找出屋面面积的基础上，再按下式计算：

$$望砖块数＝\frac{铺砌面积}{单块望砖面积}×(1＋望砖损耗率)$$

【注释】铺砌面积——同上，m²；

单块望砖面积——即指一块望砖的长乘宽；

望砖损耗率——按10.5%。

【例6】设某两面坡屋面从屋脊至檐口垂直高为2.06m，檐口屋脊中水平距为4m，屋
面通宽为11.11m。望砖规格为210mm×105mm×17mm，求该屋面的望砖块数。

【解】　坡屋面斜长＝$(\sqrt{(2.06)^2＋(4)^2})$m＝4.499m＝4.5m

屋面面积＝11.11m×4.5m×2面＝99.99m²

一块望砖面积＝0.21m×0.105m＝0.02205m²

望砖块数＝99.99m²÷0.02205m²×1.105＝5011块

2. 做细望砖的换算

定额规定，当望砖规格与定额不同时，可以按面积比例换算。换算方法是将望砖块数
和望砖材料费乘以面积比例系数：

面积比例系数＝设计单块望砖面积÷0.02205m²

设计望砖耗用量＝定额望砖耗用量×面积比例系数

换算望砖材料费＝定额望砖耗用量×望砖单价×面积比例系数

换算总价＝定额总价＋（换算望砖材料费－定额望砖材料费）

（九）砖细抛方、台口的预算定额编制

1. 砖细抛方、台口的工程量计算

（1）砖细抛方、台口的工程量计算规则

砖细抛方、台口，高度按图示尺寸和水平长度，分别以延长米计算。

（2）砖细抛方、台口的工程量计算方法

砖细抛方、台口的工程量按完成后的成品，依图示尺寸高度选择定额编号，再依加工
水平长度得出工程量。定额以每10m长为单位进行计量，即计算工程量时，将某项加工
总长除以10即为预算工程量。

2. 有关砖细抛方、台口的定额换算

本定额规定有以下两种情况可以换算：

（1）平面带枭混线脚抛方，以一道线为准，如设计超过一道线脚者，按砖细加工相应
子目另行计算。

枭、半混、圆混、炉口等四种线脚，一般可单独砌在墙体内，也可组合成需要的形状
砌在墙体内，每一种线脚为一道，"平面带枭混线脚抛方"是指在这四种线脚中，无论加
工哪种，均按高度各套用一次定额，不能因为定额项目名称列为是"平面带枭混线脚抛

方"，而将枭、混的组合线脚算为一道线。

（2）铁件用量不同时应予调整。

铁件是将砖与砖牢固连接成整体的配件，如铁销、铁扒钉、铁银锭等，如设计所需重量与定额耗铁量不同时，只需按式"换算总价＝定额总价＋（换算望砖材料费－定额望砖材料费）"调整铁件的差额，其他不变。

设计耗铁量按下式计算：

$$设计耗铁量(kg/10m)=\frac{\Sigma(单个铁件重\times铁件个数)}{砖细抛方总长}\times10m$$

（十）砖细贴墙面的预算定额编制

1. 砖细贴墙面的工程量

（1）砖细贴墙面的工程量计算规则

砖细贴墙面按所贴墙面的图示尺寸，以面积计算。四周如有镶边者，其镶边工程量按砖细镶边子目另行计算。计算工程量时，应扣除门、窗洞口和空圈所占面积，但不扣除小于 $0.3m^2$ 以内的孔洞。

（2）砖细贴墙面的工程量计算

砖细贴墙面都会有一定尺寸范围，只要找出设计图纸中的长、宽（或高）的尺寸，即可计算出其面积。但在取定尺寸时，应注意以下几点：

1）要将贴面与镶边的尺寸分开计算。镶边一般都采用某种砖线脚，有一定的宽度，将贴墙面减去其宽即为贴墙面净尺寸。

2）勒脚细一般都有若干个面，如影壁墙，两端八字墙的勒脚有前后左（或右）三面，中间一字墙有前后两面，如果这几面都是贴砖者，应都按其尺寸计算面积。

2. 砖细贴墙面的定额换算

当砖细贴墙面中所用砖的规格与定额要求不同时，砖的材料费可以按式"换算总价＝定额总价＋（换算望砖材料费－定额望砖材料费）"换算。贴墙面中砖的块数按下式计算：

$$贴面砖块数=\frac{10m^2}{单块砖面积}\times(1+损耗率)$$

【注释】损耗率——按 18.5%；

单块砖面积——定额中所取定的尺寸为：

勒脚细 41cm×41cm 以内按 41cm×41cm；35cm×35cm 以内按 35cm×35cm；30cm×30cm 以内按 28cm×28cm。

八角景 30cm×30cm 以内按 25cm×25cm；六角景 30cm×30cm 以内按 28cm×28cm。

斜角景 40cm×40cm 以内按 40cm×40cm；30cm×30cm 内按 25cm×25cm。

由以上可以看出，贴面所用的砖是经过刨磨后的成品砖，而实际所用的砖料都要选择比设计尺寸较大的规格，所以按式"$贴面砖块数=\frac{10m^2}{单块砖的面积}\times（1+损耗率）$"计算时，应按设计成品尺寸计算，而不能按所供应的砖料尺寸计算。

四、园路、园桥工程示例

【例7】某园桥的形状构造如图 2-31 所示，已知桥基的细石安装采用金刚墙青白石厚

114

25cm，采用条形混凝土基础，桥墩有 3 个，桥面长 8m，宽 2.0m，试求其工程量。

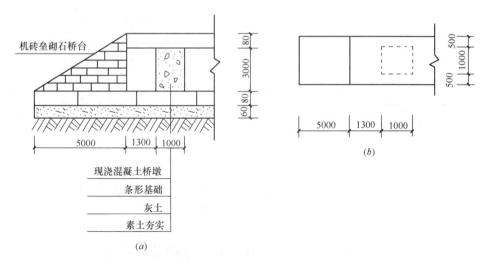

图 2-31　园桥构造示意图

(a) 剖面图；(b) 平面图

【解】（1）清单工程量：

1）项目编码：050201006　　项目名称：桥基础

工程量计算规则：按设计图示尺寸以体积计算。

① 条形混凝土基础工程量＝(8＋2×5)×2×0.08m³＝2.88m³

【注释】桥面长 8m，桥台长 5m，条形基础总的长度为 (8＋5×2) m。桥宽 8m，条形混凝土基础厚度为 0.08m，则条形基础的工程量＝长×宽×厚度。

② 灰土垫层要分层碾压，使密实度达 95％以上，它的工程量＝(8＋2×5)×2×0.06m³＝2.16m³

【注释】桥总长 18m，宽度为 2m，灰土厚度为 0.06m。则灰土垫层体积可知。

2）项目编码：050201007　　项目名称：石桥墩、石桥台

工程量计算规则：按设计图示尺寸以体积计算。

① 石桥台为机砖砌筑工程量＝$3.08×5×\frac{1}{2}×2×2m³＝30.8m³$

【注释】桥台的长度为 5m，高度为 3.08m，则桥台截面积可知，两侧桥台，桥宽 2m，桥台体积可知。

② 石桥墩工程量＝1×1×3×3m³＝9m³

【注释】石桥墩的长度为 1m，宽度为 1m，高度为 3m，共 3 个。则石桥墩的体积可知。

3）项目编码：050201010　　项目名称：金刚墙砌筑

工程量计算规则：按设计图示尺寸以体积计算。

桥基的细石安装采用金刚墙青白石，工程量＝8×2×0.25m³＝4m³

【注释】桥面长 8m，宽 2m，金刚墙青白石的厚度为 0.25m，工程量可知。

清单工程量计算见表 2-28。

<h3 style="text-align:center">清单工程量计算表</h3>

表 2-28

序号	项目编码	项目名称	项目特征描述	计量单位	工程量
1	050201006001	桥基础	条形混凝土基础	m³	2.88
2	050201007001	石桥墩、石桥台	现浇混凝土桥墩	m³	9.00
3	050201007002	石桥墩、石桥台	机砖垒砌	m³	30.80
4	050201010001	金刚墙砌筑	石桥台	m³	4.00

（2）定额工程量：

1）桥基：

① 基础及拱旋：

a. 条形混凝土工程量为 2.88m³，计算方法同清单工程量（套用定额 7-1）。

b. 灰土垫层工程量为 2.16m³，计算方法同清单工程量。

②细石安装：

金刚墙青白石工程量为 4.0m³，厚 25cm，计算方法同清单工程量（套用定额 7-4）。

2）混凝土构件制作：

① 现浇混凝土桥墩的工程量为 9m³，计算方法同清单工程量（套用定额 7-16）。

② 石桥台的工程量为 30.8m³，计算方法同清单工程量。

说明：（1）桥基础按图示尺寸以"m³"计算；（2）计算桥台时要注意计算两边的石桥台工程量；（3）计算石桥墩时要注意计算出所有数量的石桥墩的工程量。

【例 8】有一木制步桥，桥宽 3m，长 15m，木梁宽 20cm，桥板面厚 4cm，桥边缘装有直挡栏杆，每根长 0.3m，宽 0.2m，桥身构件喷有防护漆。木柱基础为圆形，半径为 20cm，坑底深0.5m，桩孔半径为 15cm。木桩长 2m，共 8 根，各木制构件用铁螺旋安装连接，试求工程量（如图 2-32 所示）。

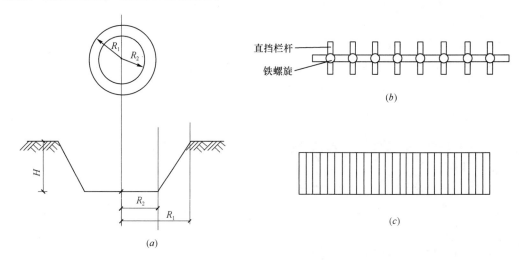

图 2-32　木桥各结构示意图

（a）木柱基础图；（b）木桥栏杆立面图；（c）木桥板平面图

打桩工程量计算式：

$$V = \pi R^2 L N$$

116

式中　V——地坑挖土体积（m^3）；

　　　R——坑、孔底半径（m）；

　　　H——坑、孔底中心线深度（m）；

　　　L——桩体长度（m）；

　　　N——桩体数量（根）。

【解】（1）清单工程量：

木制步桥桥板面积：$S=长×宽=3×15m^2=45m^2$

清单工程量计算见表2-29。

清单工程量计算表　　　　　　　　　　　　　表2-29

项目编码	项目名称	项目特征描述	计量单位	工程量
050201014001	木制步桥	桥宽3m，长15m，木梁宽20cm，桥板面厚4cm，直挡栏杆每根长0.3m，宽0.2m，桥身构件喷有防护漆。	m^2	45.0

（2）定额工程量

1）桥板面厚4cm，桥板面积：（计算同清单工程量计算）

$$S=45m^2　（套用定额7-83）$$

2）木制步桥直挡栏杆面积：

$$S=长×宽=0.3×0.2m^2=0.06m^2　（套用定额7-88）$$

第三节　园林景观工程

一、园林景观工程造价概论

园林景观工程是园林建设中不可缺少的重要环节。它包括园林建筑工程、园林小品工程、喷泉工程、园林装饰工程等。

园林产品属于艺术范畴。它不同于一般工业、民用建筑，每项工程特色不同，风格各异，工艺要求也不尽相同，而且项目零星，地点分散，工程量小，工作面大，花样繁多，形式各异，同时还受气候条件的影响。因此，园林建设产品不可能确定一个统一的价格，必须根据设计文件的要求，对园林景观工程事先从经济上加以计算。

园林景观工程项目繁杂，在计算时要认真仔细。园林景观工程造价由直接工程费、间接费、差别利润、税金等组成。

（一）园林景观工程直接工程费

园林景观工程直接工程费由直接费、其他直接费、现场经费组成。

直接费是指施工过程中耗费的构成工程实体和有助于工程形成的各项费用，包括人工费接费、材料费和机械使用费。

（二）园林景观工程间接费

园林景观工程间接费由企业管理费、财务费和其他费用组成。

企业管理费是指施工企业为组织施工生产经营活动所发生的管理费用。

财务费是企业为筹集资金而发生的各项费用，包括企业经营期间发生的短期贷款利息净支出、金融机构手续费以及企业筹集资金发生的其他财务费用。

其他费用是指按规定支付劳动定额管理部门的定额测定费，以及按有关部门规定支付的上级管理费。

（三）园林景观工程差别利润

园林景观工程差别利润是按规定应计入园林景观工程造价的利润，依据工程类别实行差别利润率。

（四）园林景观工程税金

园林景观工程税金是指国家税法规定的应计入园林景观工程造价内的营业税、城市维护建设税及教育费附加。

园林景观工程在计算造价时，可分项计算，最后再计算各项之和。

二、堆塑假山

假山是从土山开始逐步发展到叠石为山的，园林中的假山是模仿真山，创造风景。而真山之所以值得模仿，正是由于它具有林泉丘壑之美，能起到愉悦身心的作用。如果假山全部由石叠成，不生草木，即使堆得嵯峨屈曲，终觉有骨无肉，干枯无味。况且叠山也有一定的局限性，不可能过高过大，所占地面积愈大，石山愈不相宜，所以有一种说法叫作"大山用土小山用石。"小山用石，可充分发挥堆叠的技巧，使假山变化多端，耐人寻味。但是这两个原则均不是绝对的来说的，而总的精神是土石不能相离，其目的主要是便于绿化。

假山施工是具有明显再创造特点的工程活动。在大中型的假山工程中，一方面要根据假山设计图进行定点放线，随时控制假山各部分的立面形象及尺寸关系；另一方面还要根据所选用石材的形状、皱纹特点，在细部选型和技术处理上有所创造，有所发展。小型假山工程和石景工程有时并不进行设计，而是直接在施工过程中临场发挥，一面构思一面施工，最后完成假山作品的艺术创造。

假山类型根据所用的材料、规模大小可以分为三种类型：

1. 土包石

以土为主，以石为辅的一种堆山手法，常常将挖池的土掇山，并且用石材作点缀，可达到土、石、植物融为一体，富有生机。山石作到自然之势，崩落自然，深坦浅露，掩埋在泥土之中。

2. 石包土

是以石为主，外石内土的小型假山，常构成小型园林中的主景。常将其造成沟壑、洞穴、峭壁等形状。

3. 摄山小品

根据其功能、位置不同又可分为：

1）壁山。以墙堆山，在墙壁内嵌以山石，并且以藤蔓垂挂，形似峭壁山。

2）池石。池中堆山，则池石也，它也是园林第一胜景。若大若小，更有妙境，就水点其步石，洞穴潜藏，穿石径水。

3）厅山。厅前堆山，以小巧玲珑的石块堆山，单面观，其脊粉墙相衬，花木掩映。

按环境取景造山进行分类，可分为以楼面做山、依坡岩叠山、水中叠岛成山和点缀型小假山。

以楼面做山：即以楼房建筑为主，用假山叠石做陪衬，强化周围环境气氛。这种类型在园林建筑中普遍采用，如南京白鹭洲公园鹭船前的假山和承德避暑山庄中的"云山胜地"楼，就是这种类型的典型代表。"云山胜地"为二层楼房，假山置于楼前东侧，是楼房的一个组成部分，以山之蹬道代替室外楼梯，通达两层。假山曲折错落的身影，使规整的院落空间增添了曲线变化，化解了空旷无物的寂寞气氛。

依坡岩叠山：这种类型多与山亭建筑相结合，利用土坡山丘的边岩掇石成山。将石块半嵌于土中，显得厚重有根，土壤的自然潮湿，使得林木芳草丛生，在山上建一小亭，更显得幽雅自然。如苏州留园的"可亭"，就是围着土丘的四周掇石成山，在周围大树、山石的陪衬下既显得山之幽深，又增添亭之气氛。

水中叠岛成山：即在水中用山石堆叠成岛山，再于山上配以建筑。这种假山工程庞大，但也具有非常的诱惑力。如承德避暑山庄的金山岛，完全是用山石堆叠而成的大假山，山上建有"上帝阁"、"镜水云岭"等建筑，整个假山占地约 $1000m^2$，山石纹理参差，自成嶙峋之态，是罕见的人工仙景。

点缀型小假山：它是指在庭院中、水池边、房屋旁，用几块山石堆叠的小假山，作为环境布局的点缀。高不过屋檐，经不过 5 尺，规模不大，小巧玲珑。

（一）假山工程图例与绘图（表 2-30）

假山工程图例 表 2-30

序 号	名 称	图 例	说 明
1	自然山石假山		
2	人工塑石假山		
3	土石假山		包括"土包石"、"石包土"及土假山
4	独立景石		

假山创作原则与设计手法。

在进行掇筑假山时，必须遵循一个最根本的法则"有真为假，做假成真"。这是中国园林中所遵循的"虽由人作，宛自天开"的总则在掇山方面的一个具体化。"有真为假"说明了掇山的必要性；"做假成真"提出了对掇山的要求。天然的大川名山自然有美好的风景的所见，但是只可观，而不能将其搬到园中，也不可能悉仿。所以只能通过人工造山理水的方法来解决。对于自然中的素材，要想做到"做假成真"就必须渗进人们的意识。即"外师造化，内法心源"的创作过程，所以说："假山必须合乎自然山水地貌景观形成和演变的科学规模"。假山是由单体山石掇成的，就拿它的施工而言，是"集零为整"的工艺过程。所以必须在其外观上注重整体感，在其结构方面注意稳定性，因此说假山工艺是技术性、艺术性、科学性的综合体。

技法是为造景效果进行服务的，不同的园林叠山环境应该采取不同造型形式，从而选择最佳的方法。要完成所要表现的对象，需要考虑到诸多因素，要求把科学性、技术性、艺术性进行统筹考虑。可概括为四种方法，见表 2-31。

（二）工程内容

假山工程包括叠山、安布景石、零星点布、塑山等。

1. 叠山、人造独立峰

（1）叠山

叠砌假山是我国一门古老艺术，是园林建设中的重要组成部分，它通过造景、托景、陪景、借景等手法，使园林环境千变万化，气魄更加宏伟壮观，景色更加宜人，别具洞天。叠山工程不是简单的山石堆垒，而是模仿真山风景，突出真山气势，具有林泉立壑之美，是大自然景色在园林中的缩影。了解假山石材，便可以按掇山的目的、意境和艺术形象来斟酌采用何种山石。如要雄浑、豪放、磅礴之山，则当以黄石为材；若需纤秀、轻盈、宛转之态，则以湖石类为宜。但作为艺术而言，没有太绝对的事，只有相对的理法。

（2）人造独立峰

人造独立峰是指人工叠造的独立峰石。园林中特置的人造独立峰，亦称仿孤块峰石，是以自然界为蓝本的。大凡可作为特置的石都为峰石，因而对峰石的形态和质量要求很高。人造独立峰要有较完整的形象，用多块岩石拼合而成的独立峰石务必要做到天衣无缝，不露一点人工痕迹，凡有缺陷的地方，可用攀缘植物掩饰。特置岩石要配特置的基座，方能作为庭园中的摆设。

	技法概述　　　　　　　　　　　　　　　　　　表 2-31
方法类型	相关内容
资料拼接法	这是一种成功率高，设计周期短，设计费用低的方法。该方法是先将石形选角度拍摄成像、标号，然后拼组成若干个小样，优选组合后定稿，很像智力游戏"七巧板"，可随意拼接组合变化出众多不同的叠山造型，既节省施工时间，又利于造山，但是稍微不足的一点是：在施工过程中有时效果与构思相悖。其主要的原因是：山体造型为三维或多维空间，而我们的图片资料为二维平面组合，所以说在进行此法设计时，给留下了一个想象的空间，在进行施工的过程中通过调整来完成
模型法	常使用于有特殊的设计要求或特殊的环境中在与建筑物体进行组合时，这是一种重要的设计手段，但因为它仅为环境中的一部分，要服从选景整体的要求，所以仅仅作为进行施工放样的一种参考
构思法	以形象思维、抽象思维指导实践，使造景主题突出，这样才能使环境与造型达到和谐统一，从而形成格调高雅的一种艺术品。所以说，成功的叠山造景与科学构思是分不开的。我们在进行设计之前应查阅大量的相关资料，借鉴前人成功的叠山造景设计及其画稿蓝本，从而丰富人们的想象空间，提高创造能力，以此来指导设计。在构思造型之前必须对环境构成的众多因素进行统筹考虑，此方法虽然构思难度大，但施工效果好
移植法	这是叠山造型中常用的一种方法，也就是参照前人成功的叠山造型的作品，取其精华部分为我所用，该方法较为省力，也能收到较好的效果，但是应与创作相结合，要不然将失去造景新颖之特点，与前人作品雷同

（3）砌筑假山

砌筑假山所用的材料主要有山石石材和胶结材料两类。

1）山石石材

① 湖石和英石

湖石是指形状与太湖石相似的一类假山石的通称。从其质地与颜色方面，又可将湖石分为两种。一种产于湖中，是湖中沉积的粉砂岩质地，颜色浅灰中泛出白色，色调丰润柔和，在江南园林和北京园林中的太湖石就是这种石材。另一种湖石产于石灰岩地区的山坡、土中或河流岸边，是石灰岩经地表水风化溶蚀而成的，也称为英石，其颜色多为青灰色或黑灰色，质地坚硬、形状各异。目前各地新造假山所用的湖石，大多属于这一种。

由于水的冲击和溶蚀作用，湖石就被塑造成为具有许多穴、窝、坑、环、沟、孔、洞的变异极大的石形，其外形圆润、柔曲，其石内穿眼嵌空、玲珑别透，断裂之处则呈尖月形或扇形。湖石的这些形态特征，决定了它特别适于用作特置的单峰石和环透式假山。

在不同的地方和不同的环境中生成的湖石，其形状、颜色和质地都有一些差别。下面简单介绍几种山石。如太湖石、仲宫石、房山石、英德石和宣石。

太湖石，灰白色，质地紧密、较重、坚硬，稍有脆性。石形玲珑别透，轮廓柔和圆润，宛转多变；石面环纹、曲线宛转回还，穴窝、孔眼、漏洞错杂其间，使石形变异极大。

仲宫石，青灰色，石灰岩质地，质重，坚硬。石体顽劣雄浑，少洞穴；石面细纹不多，且纹理多为竖纹。

房山石，新采的山石带有泥土的红色，日久则石面带灰黑色。此石也是石灰岩质地，坚硬，重量大，有一定韧性。外观比较浑厚、稳实，但多密集的小孔而少大洞。

英德石，多为灰黑色，但也有灰色和灰黑色中含白色晶纹等其他颜色；由于色泽的差异英石又可分为白英、灰英和黑英。灰英居多而价低，白英和黑英因物以稀而为贵，以黑如墨、白如脂者为上品。英石质地坚硬、肮性较大。石形轮廓多转角，石面形状有巢状、绉状等，绉状中又分大绉和小绉，以玲珑精巧者为佳形。

宣石，又名宣城石、马牙宣。初出土时表面有铁锈色，经刷洗后，时间久了就转为白色，或在灰色山石上有白色的矿物成分，有若皑皑白雪盖于石上，具有特殊的观赏价值。

在湖石一类中，除了以上所述五种之外，还有一些是知名的假山石村。如：宜兴张公洞、善卷洞一带山中所产的宜兴石、南京附近的龙潭石和青龙山石等。近年来，安徽巢湖又出产一种湖石，其石于灰中稍带红土所渍之红黄色，体态居于太湖石和房山石之间。如图 2-33 所示。

② 黄石

黄石因色而名。一般为陈茶黄色，色多较深，属于一种黄色的细砂石。质重、坚硬，形体浑厚沉实、拙重顽劣，且具有雄浑、挺拔之态。采下的单块黄石多呈方形或长方墩状，少有极长或薄片状者。由于黄石的节理接近于相互垂直，所形成的石面具有棱角锋芒毕露，棱面明暗对比，立体感比较强的特点，无论掇山、理水都能发挥其石形的特色。其轮廓呈带形折转状，或缩进或挑出均呈相互垂直的带形节理变化，所以在国画中就把这一类山石的皴法称为"折带皴"。黄石给人以方整、稳重和顽劣感，是堆叠大型石山常用的石材之一。其产地很多但以江苏常熟县虞山所产最著名。如图 2-34(a) 所示。

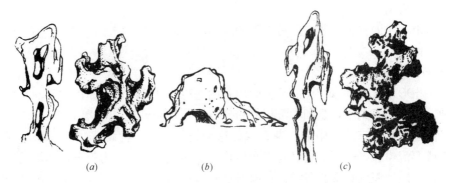

图 2-33　几种石材

(*a*) 太湖石；(*b*) 房山石；(*c*) 英石

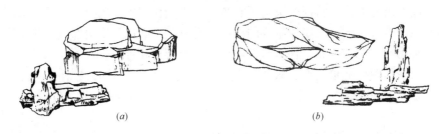

图 2-34　黄石和青石

(*a*) 黄石；(*b*) 青石

③ 青石

青石属于水呈岩中呈青灰色的细砂岩，质地纯净而少杂质。由于是沉积而成的岩石，石内就有一些水平层理。水平层的间隔一般不大，所以石形大多为片状，故有"青云片"的称谓。石形也有一些块状的，但成厚墩状者较少。这种石材的石面有倾斜交织的斜纹，不像黄石那样一般是相互垂直的直纹。青石在北京园林假山叠石中最为常见，在北京西郊红山口一带都有出产。如图 2-34(*b*) 所示。

④ 石笋石

石笋石又称白果笋、虎皮石、剑石。颜色多为淡灰绿色、土红灰色或灰黑色。质重而脆，是一种长形的砾岩岩石。石形修长呈条柱状，立于地上似笋即为"石笋"，顺其纹理可竖向劈分。石柱中含有白色的小砾石，如白果般大小，石面上"白果"未风化的，称为"龙岩"；若石面砾石已风化成一个个小穴窝，则称为"凤岩"。石面还有不规则的裂纹。大多数石笋石都有三面可观，仅背面光秃无可观，用于竹材中作竖立配置，有"雨后春笋"的观赏效果。如扬州个园的春山（竹石春景）就用的是石笋石。如图 2-35所示。

⑤ 石蛋

石蛋即大卵石，它产于河床之中，属于多种岩石类型，如花岗石、砂岩、流纹岩等。石材的颜色白、黄、红、绿、蓝各色都有。由于流水的冲击和相互摩擦作用，石之棱角磨去而变成卵圆形、长圆形或圆整的异形。这类石头由于石形浑圆，不易进行石间组合，因此一般不用作假山石，而是用在园路边、草坪上、水池边作为石景或石桌石凳，也可在棕

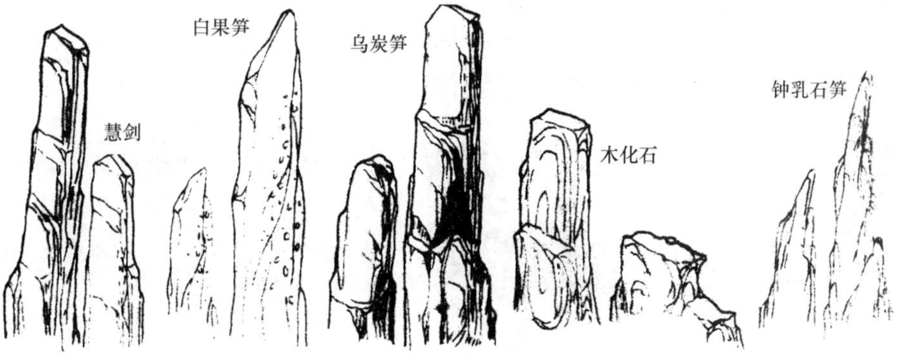

图 2-35　石笋石

树、蒲葵、芭蕉、海芋等植物的下面配成景石与植物小景。卵石主要产于山区河流的下游地区。如图 2-36(*a*) 所示。

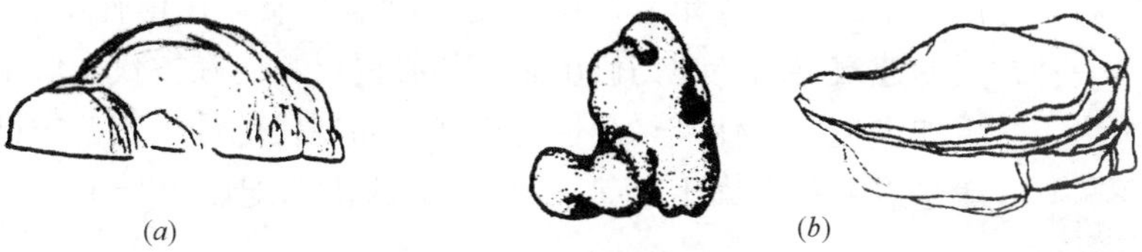

图 2-36　石蛋与黄蜡石
(*a*) 石蛋；(*b*) 黄蜡石

⑥ 黄蜡石

黄蜡石有灰白、浅黄、深黄等色，有蜡状光泽，圆润光滑，质感似蜡。石形浑圆如大卵石状，也有呈长条状的。此石以石形变化大而无破损、无灰砂、表面滑若凝脂、石质晶莹润泽者为上品，即石形要"皱、透、溜、哞"。蜡石属变质岩的一种，主要由酸性火山岩和凝灰岩经热液蚀变而成，在某些铅质变质岩中也有产出。此石宜条、块配合使用，若与植物一起组成庭园小景，则更有富于变化的景观组合效果。黄蜡石产地主要分布在我国南方各地。如图 2-36(*b*) 所示。

⑦ 钟乳石、水秀石

钟乳石多为乳白色、乳黄色、土黄色等颜色；质优者洁白如玉，作石景珍品；质色稍差者可作假山。钟乳石质重，坚硬，是石灰岩被水溶解后又在山洞、崖下沉淀生成的一种石灰石。石形变化大，常见的形状有：石钟乳、石幔、石柱、石笋、石兽、石蘑菇、石葡萄等。石内较少孔洞，石的断面可见同心层状构造。这种山石的形状千奇百怪，石面肌理丰腴，用水泥砂浆砌假山时附着力强，山石结合牢固，山形可根据设计需要随意变化。钟乳石广泛出产于我国南方和西南地区，只要是地下水丰富的石灰岩山区，都有钟乳石产出。

水秀石又名砂积石、崖浆石、连州石、透水石、吸水石、芦管石、麦秆石等。此石黄白色、土黄色至红褐色，质较轻，粗糙，疏松多孔。石内常含草根、苔藓及枯枝化石和树叶印痕等。石面形状变化大，多有纵横交错的树枝、草秆化石和杂骨状、粒状、蜂窝状等凹凸形状。水秀石是石灰岩的砂泥碎屑，随着富含溶解状碳酸钙的地表水被冲到低洼地或山崖下，而沉淀、凝结、堆积下来的一种次生岩石，也属于石灰石的一类。由于石质不硬，容易进行雕琢加工，也容易用铁爬钉入石面而固定山石，因此施工十分方便。其石质具有一定的吸水性，对植物生长也很有利。因此，这种石材也是一种很好的假山材料，水秀石的生产地区与钟乳石相同。如图 2-37 所示。

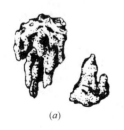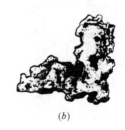

(a)　　　　　　　　　　(b)

图 2-37　钟乳石与水秀石

(a) 钟乳石；(b) 水秀石

2）胶结材料

胶结材料是指堆叠假山所用的辅助材料，主要是指在叠山过程中需要消耗的一些结构性材料，如水泥、石灰、砂石及少量颜料等。

水泥浆体一般能在空气中和水中硬化，属于水硬性胶结材料。水泥制品有硅酸盐类和硫酸盐类两种，在园林工程中应用最广的是硅酸盐类水泥。

石灰是以碳酸钙为主要成分的普通石灰石烧制而成的，是一种古老的建筑胶结材料。由于石灰的原料来源广，生产工艺简单，使用方便，成本低廉，并具有良好的建筑性能，所以目前仍是一种常用的建筑材料，也是假山施工的必要材料。在古代，假山的胶结材料就是以石灰浆为主，再加进糯米浆使其粘合性能更强，而现代的假山工艺中已改用水泥作胶结材料，石灰则一般是以灰粉和素土一起，按 3：7 的比例配制成灰土，作为假山的基础材料。

砂石是水泥砂浆的原料之一，它分为山砂、河砂、海矿等，而以含泥少的河砂、海砂质量最好。在配制假山胶结材料时，应尽量用粗砂。粗砂配制的水泥砂浆与山石质地要接近一些，有利于削弱人工胶合痕迹。假山混凝土基础和混凝土填充料中所用的石材，主要是直径 2～7cm 的小卵石和砾石。假山工程对这些石料的质量没有特别的要求，只要石面无泥即可；但以表面光滑的卵石配制混凝土的和易性较好。

在一些颜色比较特殊的山石的胶合缝口处理中，或是在以人工方法用水泥材料塑造假山和石景的时候，往往要使用颜料来为水泥配色。需要准备什么颜料，应根据假山所采用山石的颜色而确定。常用的水泥配色颜料是炭黑、氧化铁红、柠檬铬黄、氧化铬绿和钴蓝。

叠山、人造独立峰工程内容包括放样、相石、运石、搭拆脚手架、混凝土、砂浆、搅拌（调制）运输、吊装堆砌、清理养护等全过程。

① 放样

放样是施工过程中重要的步骤之一。它是依据设计图在施工场地找出景物的预设位置，精确度很高，误差不超过 0.30m。找到后在相应位置作出标记。

② 相石、运石

相石即山石的选择，它是假山工程中一项很重要的工作，贯穿于假山施工的整个过程中。其目的是为了将不同的山石选用到最合适的位点上，组成最和谐的山石景观。它包括山石尺度、山石皱纹、石形、石态、石质、颜色的选择。

运石即将选好的石材用人工或机械运至施工现场。

③ 脚手架

脚手架是砌筑过程中为工人提供安全操作场地，并提供规定数量的物料堆放场地，有时根据需要还可以在架子上进行短距离的水平运输。

脚手架按其搭设位置不同，分为外脚手架和里脚手架；按搭设方法可分为挂架子、挑架子和吊架子等；按其功能又可分为承重架子、装修架子、防护架子和运输架子等。其中外脚手架又分为多立杆式脚手架、桥式脚手架和框式脚手架等，里脚手架又分为折叠式里脚手架、支柱式里脚手架和马凳式里脚手架。

对脚手架的基本要求是：其宽度应满足工人操作、材料堆置和运输的需要；坚固稳定；构造简单，装拆方便并能多次周转使用。

④ 混凝土

混凝土是指以水泥为胶凝材料，将砂、石、水（外加剂）按设计比例配合，经搅拌、成型、养护而得的一种人造石材。

混凝土由水泥、水、砂、石四种基本材料组成。其中，水泥和水形成水泥浆，填充砂粒间的空隙并包裹在砂颗粒的表面形成水泥砂浆，而水泥砂浆又填充石子间的空隙并把石子包裹起来形成混凝土。混凝土按不同的方法分类，包括很多类型，如重混凝土、轻混凝土、结构混凝土、道路混凝土、耐酸混凝土、防辐射混凝土、真空混凝土、离心混凝土、碾压混凝土、素混凝土、纤维混凝土等。

（4）砂浆搅拌、运输、养护

砂浆是由胶凝材料、细骨料和水等，按适当比例配制而成。胶凝材料包括水泥、石灰等，细骨料为天然砂。常用的砂浆包括砌筑砂浆和抹灰砂浆。

养护是在水泥砂浆面层刷好后采取相应的措施以确保水泥砂浆面层的顺利形成。

2. 安布景石

安布景石指天然孤块的非竖向景石的安布。

景石虽不具备山形，但却以奇特的形状为审美特征的石质观赏品，在进行布置时，也可结合其功能上的作用。

石景的设计形式因种类不同，其造景作用和观赏作用也不尽相同，常见的布置方式见表2-32。

景石布置方式分类 表 2-32

布置方式	相关内容	示例图
特置	它是历史上运用得比较早的一种形式。特置应选择体量大，轮廓线突出，姿态多变，色彩突出的山石，但特置的山石不一定都呈立峰的形式。其山石大多是由单块山石布置成为独立性的石景，常在园林中用作入门的对景和障景，或置于视线集中的廊间、天井中间、漏窗后边、水边、路口或园路转折的地方，它也可与壁山、花台、岛屿、驳岸等相结合使用；新型的园林多结合花台、水池或草坪、花架来布置。古典园林中的特置山石常镌刻题咏和命名。特置山石可采用整形的基座，也可以坐落在自然的山石上。这种自然的基座称为"磐"。布置要点：相石立意，山石体量与环境相协调，有前置框景和背景的衬托，利用植物或其他办法弥补山石的缺陷等。在结构方面要求：稳定、耐久。它还可以结合台景布置，或仿作大盆景布置，可给人一种结合的整体美	冠云峰

布置方式	相关内容	示例图
孤置	孤置与特置差不多，所不同的是（主要）：孤置没有基座承托石景，石形的罕见程度及观赏价值没有特置高。孤置的石景一般能够起点缀周围环境的作用，可布置在路边、水边、草坪亭旁、树下，也可与窗口一起构成漏景或框景等，在山石材料方面要求不高，但是如果所选石形越奇特、越罕见，其观赏价值也越高，其布置效果也越好	
对置	在建筑物前沿建筑的中轴线两侧作对称布置的山石布置，景石在姿态方向、布置位置、体量大小可对称也可不对称。对称的称为对称对置，不对称的称为不对称对置，主要作用是陪衬环境、丰富景色。如颐和园仁寿殿前的山石布置，在材料困难的地方也可用小石拼成特置峰石。在进行封顶时须用两三大石进行，要掌握平衡，理之无失	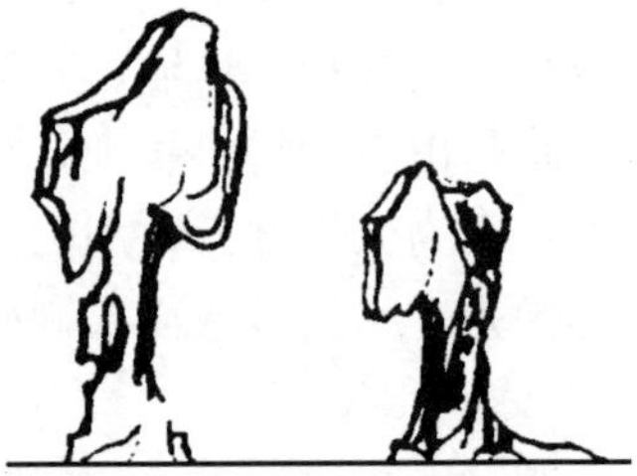
散置	散置可以独立成景，与山水、树木建筑联为一体，常设在人们必经之地或处在人们的视野中，散置即所谓的"散漫理之"的做法。布局要点是：造景要目的明确，手法熟练，格局严谨，有断有续，有聚有散，主次分明；高低曲折，有呼有应，疏密有致，层次丰富，散而有物，寸石生情，对石态石形要求不高，一般的自然崩石、落石即可使用	
群置	所谓群置，顾名思义也就是若干个山石有散有聚的布置成一群，其密度较大，它们之间相互呼应，相互联系关系协调。有"攒山聚五"之说，它不仅能起护坡固土，减轻水土流失，而且还增强山地地面的崎岖不平之感和嶙峋之势。可用于园林中的山坡、草坡、水边石滩、湖中石岛等环境中	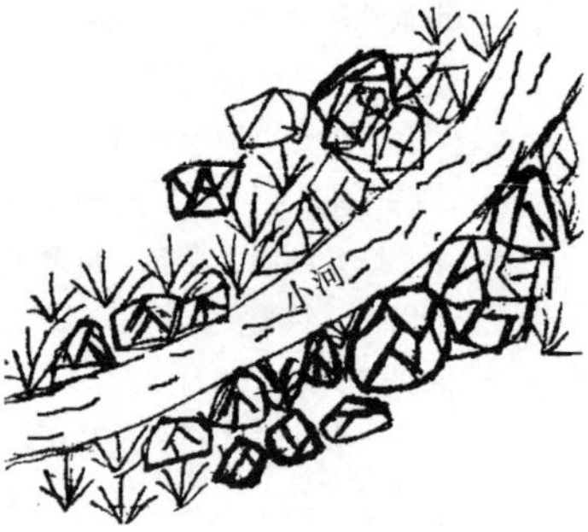

布置方式	相关内容	示例图
山石器设	在古典园林中常常以石材作石桌、石几、石凳、石床、石屏风等。山石几案不仅有实用价值，又可与造景密切相结合，与周围环境相协调，即节省木材又耐久用，不怕风吹日晒雨淋，无须搬动。山石几案宜布置在林地边缘、树下，选材上应与环境中其他石材相协调，在外形上以接近方墩状有一面稍平或平板即可，在尺寸上略大于一般家具的尺寸，目的是为了与室外环境相称，虽有桌、几、凳之分，但在布置上是相对安排，并不一定要对称安排	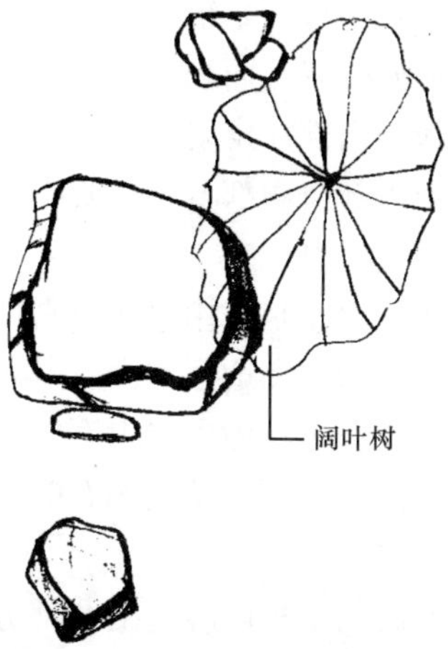 阔叶树

安布景石工程内容有定位放线、相石、运石、搭拆脚手架、混凝土、砂浆搅拌（调制）、运输吊装稳固、清理养护等全过程。

（1）吊装稳固

吊装是用人工或机械把预制构件吊起来安装在预定的位置。山石的稳固有多种方法，一般有支撑、捆扎、铁活固定、刹垫、填肚等方法。

（2）安布峰石

安布峰石是指天然孤块的竖向景石的安布。峰石是由形状古怪奇特，具有透、漏、皱、瘦特点的一块大石独立构成石景。

（3）石笋

石笋又称白果笋、虎皮石、剑石。颜色多为淡灰绿色、土红灰色或灰黑色。质重而脆，是一种长形的砾岩岩石。石形修长呈条柱状，立于地上似笋即为"石笋"，顺其纹理可竖向劈分。石柱中含有白色的小砾石，如白果般大小，石面上"白果"未风化的，称为"龙岩"；若石面砾石已风化成一个个小穴窝，则称为"凤岩"。石面还有不规则的裂纹，用于竹林中作竖直配置，有"雨后春笋"的观赏效果。

石笋的安装就是按照一定的方法和规格把石笋固定在设计位置。

3. 其他山石

其他山石工程内容有放样、相石、运石、砂浆调制运输、堆叠、勾缝、清理养护等全过程。

勾缝按墙面垂直投影面积计算，应扣除墙面和墙裙抹灰面积，不扣除门窗套和腰线等零星抹灰及门窗洞口所占面积，但垛和门窗洞口侧壁和顶面的勾缝面积也不增加。独立柱、房上烟囱勾缝按图示外形尺寸以面积计算。

（1）抹缝时要注意，应使缝口宽度尽量窄些，不要使水泥浆污染缝口周围的石面，尽量减少人工胶合痕迹。

（2）平缝是缝口水泥砂浆表面与两旁石面相互平齐的形式。由于表面平齐，能够很好地将被粘合的两块山石连成整体，而且不增加缝口宽度，所露出的水泥砂浆比较少，有利于减少人工胶合痕迹。

（3）阴缝则是缝口水泥砂浆表面低于两旁石面的凹缝形式。阴缝能够最少地显露缝口中的水泥砂浆。而且有时还能够被当作石面的皱纹和皱褶使用。在抹缝操作中一定要注意，缝口内部一定要用水泥砂浆填实，填到距缝口后面约5～12mm处即可将凹缝表面抹平抹光。缝口内部若不填实在，则山石有可能胶结不牢，严重时也可能倒塌。

4．塑假山

塑假山就是采用水泥材料以人工塑造的方式来制作假山。在现代园林中，为了降低假山石景的造价和增强假山石景景物的整体性，也常常采用水泥材料以人工塑造的方式来制作假山或石景。做人造山石，一般以铁条或钢筋为骨架做成山石模胚与骨架，然后再用小块的英德石贴面，贴英德石时注意理顺皱纹、并使色泽一致，最后塑造成的山石就会比较逼真。

塑假山工程内容包括两部分，一是塑假山：放样划线、砂浆调制运输、砖骨架、焊接挂网、安装预制板、预埋件、留植穴、造形修饰、着色、堆塑成型等全过程。二是钢骨架制作安装：材料校正、划线切断、平直、倒楞钻孔、焊接、安装、加固等全过程。除此之外还有搭拆架子、运料、翻板子、堆码等。

焊钢筋铁丝网骨架时，将钢筋的交叉点用电焊焊牢即焊接；然后用铁丝网蒙在钢筋骨架外面，并用细铁丝紧紧扎牢，称为焊接挂网。

砌砖骨架时，为了节省材料，在砌体内砌出内置的石室，然后用钢筋混凝土板盖顶，留出门洞和通气口叫做安装预制板。

留植穴是在假山上预留一些孔洞，专用来填土栽种假山植物，或者作为盆栽植物的放置点。

造形修饰是为了使塑假山形态符合设计要求，通过精心的抹面和石面裂纹、棱角的精心塑造，使石面具有逼真的质感。

着色用于抹面的水泥砂浆，应当根据所仿照山石种类的固有颜色，加进一些颜料调制成有色的水泥砂浆。

堆塑成型指对塑假山的表面用水泥砂浆抹面后养护至坚固状态。

材料校正是对钢筋铁丝的尺寸、型号与设计进行对照，对不合要求之处进行处理。

划线切断是根据设计将钢筋按要求尺寸截断。

平直是将钢筋拉直、平整。

（三）统一规定

1．本定额是按人工操作，土法吊装方式编制的。如使用机械吊装时，应扣除土法吊装费，另按施工组织设计规定的机械，实际使用的台班量和1996年建设工程机械台班费用定额单价计算，并计算其相应的大型机械进出场费用。

机械是机器和机构的总称。机器是人们用来进行生产劳动的工具，它本身不能创造能量，只能将一种能量转换为另一种能量或利用能量作出有用功，它由许多构件组成。机构是具有确定相对运动的许多构件的组合体。

人工操作是与机构操作相对应而言的，它是指人在施工过程中脱离工具或仅使用一些简单的工具进行施工的一种方式。

大型机械是按机械功率大小对机械分类，分为大、中、小型机械。

台班量是计算机械工作量的量度单位。计算时涉及到机器台班数和其工作时间的长短，还受到施工难易程度等情况的影响，有时台班量的计算要乘以大于1的系数。

2. 定额中不包括采购山石的勘察、选石费用，发生时由建设单位承担，不得列入工程预（结）算。

在采矿或工程施工以前，对地形、地质构造、地下资源等情况进行实地调查。不同种类的材料，其形状、质地、颜色、性能、使用特点和使用效果等方面都有很多不相同的地方，要了解这些不同之处，才可能把假山施工工作做好，采购山石的勘察是非常重要的。

3. 叠山（亦称掇山），是指利用可叠假山的天然石料（亦称品石），人工叠造而成的石假山。诸如厅山、壁山、池山、云梯、瀑布等。零星点布，包括散点石和过水汀石等疏散的点布。

（1）假山

假山是从土山开始逐步发展到叠石为山的。园林中的假山是模仿真山，创造风景。而真山之所以值得模仿，正是由于它具有林泉丘壑之类，能愉悦身心。如果假山全部由石叠成，不生草木，即使堆得嵯峨屈曲，终觉有骨无肉，干枯无味。况且叠山有一定的局限性，不可能过高过大。占地面积愈大，石山愈不相宜，所以有"大山用土，小山用石"的说法。小山用石，可充分发挥堆叠的技巧，使它变化多端，耐人寻味。但这两个原则都不是绝对的，总的精神是土石不能相离，主要便于绿化。

（2）云梯

传统园林中，多把石级或蹬道与池岸和假山结合起来，随地势起伏高下，此类蹬道若与建筑物楼阁相连，便成了云梯。云梯组合丰富，变化自然。

（3）瀑布

瀑布是由水的落差造成的。自然界中，水总是集于低谷，顺谷而下，在平坦地段便为溪水，逢高低落差明显的便成瀑布，山岩的变化无一雷同，于是溪流和瀑布也就千变万化、千姿百态。瀑布的造型虽难捉摸，但按其形象和势态分为：直落式、叠落式、散落式、水帘式、薄膜式以及喷射式等类型；按瀑布的大小分为：宽瀑、细瀑、高瀑、短瀑以及各种混合型的涧瀑等类型。把自然界各种形式的瀑布摹拟到园林中去，就成为人工瀑布。人工瀑布虽然无自然瀑布的气势，但只要形神俱备，就有自然之趣了。在实际应用上，凡落差不大的瀑布，不如做成小散瀑，将山石立面构成凹凸不平的斜面，可将瀑布分成数股高低不一的小瀑布，这样更显自然。

（4）池山

池山是堆筑在水池中的假山。它可单独成景也可结合水的形状或水饰的形态成景，如瀑布假山。

（5）零星点布

散点石是指无呼应联系的一些自然山石分散布置在草坪、山坡等处，主要起点缀环境、烘托氛围的作用。

（6）过水汀石

过水汀石是园路在浅水中的继续。园路遇到小溪、山涧或浅滩无须架桥，可设过水汀石，既简单自然，又饶有风趣。汀石有拟自然式和规则式两种。拟自然式汀石是利用天然石块，择其有一面较平者筑成的，石块大小高低不一，但一般来说不宜太小；距离远近不等，但不宜太远，最远以一步半为度；石面宜平，置石宜稳，这样既有自然之趣，又有安全感。规则式过水汀石则是利用形状大小一致的预制混凝土板，按道路曲线等距离整齐排列；呈现出一种整齐洁净、自由流畅的曲线美。过水汀石在假山庭园中是山水间连接的方法，使山水融为一体。

4. 人造独立峰（仿孤块峰石），在假山顶部突出的石块，不得单独套用人造独立峰定额。

5. 安布峰石，是指天然孤块的竖向景石的安布，子目以高度划分。

峰石是由形状古怪奇特，具有透、漏、皱、瘦特点的一块大石独立构成的石景。

6. 安布景石，是指天然孤块的非竖向景石的安布，子目以重量划分。

景石是不具备山形但以奇特的形状为审美特征的石质观赏品。

7. "土包石"或"石包土"假山中的山石，应按设计，分别套用散点或护角和人工堆土山的相应定额子目。

"土包石"是将石埋在土中，露出峰头，仿佛天然土山中露出石骨一样。

"石包土"是外石内土山体，从外观看主要是由自然山石造成的，山石多用在山体的表面，由石山墙体围成假山的基本形状，墙后用泥土填实。这种土石结合露石不露土的假山，占地面积较小。但山的特征最为突出，适于营造奇峰、悬崖、深峡、崇山峻岭等多种山地景观。

堆山是中国园林的特点之一，在叠山施工中，不论采取哪一种结构形式，都要解决山石与山石之间的固定与衔接问题。而且由于假山可以有不同的构造形式，因此在山体施工中也要相应的采取不同的堆叠方法。

8. 假山的基础土方、垫层和土山的堆筑工程，按各有关章节的相应规定执行。

（1）基础土方

承受假山全部重量的那一部分土层为假山的基础土方。

（2）垫层

垫层是承重和传递荷载的构造层，根据需要选用不同的垫层材料。垫层分刚性和柔性两类。刚性垫层一般是 C7.5～C10 的混凝土捣成，它适用于薄而大的整体面层和块状面层。柔性垫层一般是用各种松散材料，如砂、矿渣、碎石、灰土等加以压实而成，适用于较厚的块状面层。

（3）土山

土山是以泥土作为基本堆山材料，在陡坎、陡坡处可有块石作护坡、挡土墙或磴道，但不同于自然山石在山上造景。这种类型的假山占地面积往往很大，是构成园林基本地形和基本景观背景的重要构造因素。

（4）堆筑工程

堆筑工程即土山的创造形成过程，是具有明显再创造特点的工程活动。

9. 定额中已包括了假山工程石料 100m 以内的运距，超过 100m 后，每超过 50m（不足 50m 按 50m 计算）增加的运费，按超运距定额执行。

（1）假山工程

假山施工是具有明显再创造特点的工程活动。在大中型的假山工程中，一方面要根据假山设计图进行定点放线，随时控制假山各部分的立面形象及尺寸关系，另一方面还要根据所选用石材的形状、皱纹特点，在细部的造型和技术处理上有所创造，有所发展。有时小型的假山工程并不进行设计，而是在施工中临场发挥，一面构思一面施工，最后就可完成假山作品的艺术创造。

（2）运距

土石方调配的一个原则是：就近挖方，就近填方，使土石方的转运距离最短。因此，在实际进行土石方调配时，一个地点挖起的土，优先调动到与其距离靠近的填方区；近处填满后，余下的土方才向稍远的填方区转运。

10. 遇有带"座、盘"的石笋、景石或盆景山等项目，其砌筑的"座"、"盘"，应按其使用的材质和形式，套用相应的定额子目；如采用石材质的"座"、"盘"时，按规定另编补充单位估价。

（1）座、盘

特制岩石要配特制的基座，方能作为庭园中的摆设。这种基座，可以是规则式的石座，也可以是自然式的。凡用自然岩石做成的座称为"盘"。

（2）石笋

石灰岩洞中直立的像笋的物体，常与钟乳石上下相对，是由洞顶滴下的水滴中所含的碳酸钙沉淀堆积而成的。

（3）盆景山

在有的园林露地庭园中，布置有大型的山水盆景。盆景中的山水景观大多数都是按照真山真水形象塑造的，而且有着显著的小中见大的艺术效果，能够让人领会到咫尺千里的山水意境。

11. 人造独立峰的高度，从峰底着地地坪算至峰顶；峰石、石笋的高度，按其石料长度计算；景石的重量，按设计图示重量计算，如设计未予明确，可根据设计要求规格、石料比重、予以换算。

12. 山石台阶踏步，是指独立的、零星的、山石台阶踏步。带山石挡土墙的山石台阶踏步，其山石挡土墙和山石台阶踏步应分别列项，执行相应的定额子目。

假山石台阶常用作建筑与自然式庭园的过渡，其方法有二：一种是用大块顶面较为平整的不规则石板代替整齐的条石作台阶，称为"如意踏垛"；另一种是用整齐的条石作台阶，用蹲配代替支撑的梯形基座。台阶每一级都向下坡方向作20%的倾斜，以利排水。石阶断面要上挑下收，以免人们上台阶时脚尖碰到石级上沿。用小块山石拼合的石级，拼缝要上下交错，以上石压下缝。

13. 挡土墙

是被广泛应用在园林山地、堤岸、路桥、假山、房屋地基等处的工程构筑物。园林中，根据其基本的功能作用，园林挡墙类构筑物可分为挡土墙、假山石陡坎、隔音挡墙和背景挡墙四类。在山区、丘陵区的园林中，挡土墙是最重要的地上构筑物之一；而在平原地区的园林中，挡土墙也常常起着十分重要的作用。

山石挡土墙（包括山坡蹬道两边的山石挡土墙），应按山石护角定额子目执行。

（1）山石蹬道

在园林土山或石假山及其他一些地方，为了与自然山水园林相协调，梯级道路不采用砖石材料砌筑成整齐的阶梯，而是采用顶面平整的自然山石，依山随势地砌成山石磴道。山石材料可根据各地资源情况选择，砌筑用的结合材料可用石灰砂浆，也可用1：3水泥砂浆，还可采用山土垫平塞缝，并用片石刹垫稳当。踏步石踏面的宽窄允许有些不同，可在30～50cm之间变动。踏面高度还是应统一起来，一般采用12～20cm。设置山石磴道的地方本身就是供攀登的，所以踏面高度大于砖石阶梯。

（2）山石护角

它是带土假山的一种做法，为了使假山呈现设计预定的轮廓而在转角用山石设置的保护山体的一种措施。

14. 云梯根据设计高度，套用叠山定额的相应子目执行。

叠山即叠石为山。假山的结构形式不同，山体施工中采取的堆叠方式也不同。造园叠山普遍的做法是"石包土"，在现代园林中"土包石"也并不少见。

15. 砖骨架、钢骨架塑假山，应根据设计高度，分别套用相应的定额子目。

（1）砖骨架

砖骨架即采用砖石填充物塑石构造。先按照设计的山石形体，用废旧的山石材料砌筑起来，砌体的形状大致与设计石形差不多。为了节省材料，可在砌体内砌出内置的石室，然后用钢筋混凝土板盖顶，留出门洞和通气口。当砌体胚形完全砌筑好后，就用1：2或1：2.5的水泥砂浆，仿照自然山石石面进行抹面。以这种结构形式做成的塑石，石内有空心的，也有实心的。

（2）钢骨架

钢骨架即钢筋铁丝网塑石构造。先按照设计的岩石或假山形体，用直径12mm左右的钢筋，编扎成山石的模胚形状，作为其结构骨架。钢筋的交叉点最好用电焊焊牢，然后再用铁丝网蒙在钢筋骨架外面，并用细铁丝紧紧地扎牢。接着就用粗砂配制的1：2水泥砂浆，从石内石外两面进行抹面。一般要抹面2～3遍，使塑石的石壳总厚度达到4～6cm。采用这种结构形式的塑石作品，石内一般是空的，以后不能受到猛烈撞击，否则山石容易遭到破坏。

16. 砖骨架塑假山定额中，未包括现场预制混凝土板的制作费用，其制作费用应按照预制混凝土小品定额子目执行。但预制混凝土板的现场运输及安装，均已列入砖骨架塑假山定额内，不得重复计列。

（1）现场预制混凝土板

现场预制混凝土板是在施工现场结构构件的设计位置，架设模板，绑扎钢筋，浇灌混凝土，振捣成型，经过养护，混凝土达到拆模强度后拆模，制成结构构件。这种结构整体性好，抗震性好，节约钢材，而且不需要大型的起重机械。但是，模板消耗量较大，现场运输量大，劳动强度高，施工易受气候条件影响。

（2）现场运输及安装

将预制混凝土板从构件预制工厂或施工现场运到结构构件的设计位置并把它固定在设计位置。

17. 钢骨架制作、安装定额中，除钢骨架刷油外，其制作、安装费用均已包括。钢骨架刷油项目应按相应子目执行。

钢骨架刷油指在钢骨架上用刷子涂抹一层油，防止钢骨架锈蚀。

18. 安布峰石、景石定额子目，仅为安装费用，其峰、景石价值应按暂估价格和设计尺寸、重量，另加安装损耗1%计算，列入直接费。工程结算时，可按材料预算价格有关暂估价格的规定，调整原直接费。

安布峰石指天然孤块的竖向景石的安布。

（四）工程量计算规则

1. 堆砌假山工程量

假山、石峰按不同石料、假山、石峰高度，以堆砌石料的重量计算，计量单位：吨。石笋安装按不同石笋安装高度，以石笋的重量计算，计量单位：吨。土山点石按不同土山高度，以点石重量计算，计量单位：吨。布置景石按不同单个景石重量，以布置景石的重量计算，计量单位：吨。自然式护岸按护岸石料的重量计算，计量单位：吨。

假山工程量计算公式：

$$W = A \cdot H \cdot R \cdot K_n$$

式中　W——石料重量（t）；

　　　A——假山平面轮廓的水平投影面积（m^2）；

　　　H——假山着地点至最高顶点的垂直距离；

　　　R——石料比重：黄（杂）石 2.6t/m^3、湖石 2.2t/m^3；

　　　K_n——折算系数：高度在 2m 以内 $K_n = 0.65$，高度在 4m 以内 $K_n = 0.56$。

峰石、景石、散点、踏步等工程量的计算公式

$$W_单 = L_均 \cdot B_均 \cdot H_均 \cdot R$$

式中　$W_单$——山石单位重量（t）；

　　　$L_均$——长度方向的平均值（m）；

　　　$B_均$——宽度方向的平均值（m）；

　　　$H_均$——高度方向的平均值（m）；

　　　R——石料相对密度。

【例9】公园内有一堆砌石假山，山石材料为黄石，山高 3.5m，假山平面轮廓的水平投影外接矩形长 8m，宽 4.5m，投影面积为 28m^2。假山下为混凝土基础，40mm 厚砂石垫层，110mm 厚 C10 混凝土，1:3 水泥砂浆砌山石。石间空隙处填土配制有小灌木，试求工程量（图 2-38）。

$$W = AHRK_n$$

式中　W——石料质量（t）；

　　　A——假山平面轮廓的水平投影面积（m^2）；

　　　H——假山着地点至最高顶点的垂直距离（m）；

　　　R——石料比重：黄（杂）石 2.6t/m^3、湖石 2.2t/m^3；

　　　K_n——折算系数；高度在 2m 以内 $K_n = 0.65$，高度在 4m 以内 $K_n = 0.56$。

【解】（1）清单工程量

1）石假山质量：

$$W = AHRK_n = 28 \times 3.5 \times 2.6 \times 0.56 t = 142.688 t$$

2）贴梗海棠：6 株（按设计图示以数量计算）

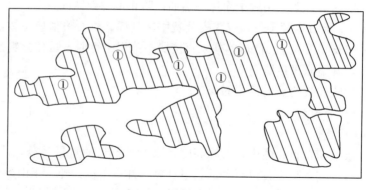

(a)

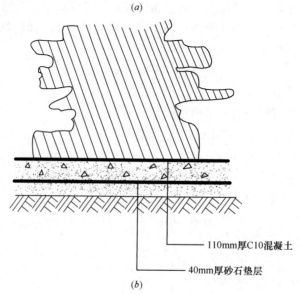

110mm厚C10混凝土

40mm厚砂石垫层

(b)

图 2-38　假山水平投影图、剖面图
（*a*）假山水平投影图；（*b*）假山剖面图
1—贴梗海棠

清单工程量计算见表 2-33。

清单工程量计算表　　　　　　　　　　　　　　　　表 2-33

序号	项目编码	项目名称	项目特征描述	计量单位	工程量
1	050301002001	堆砌石假山	山石材料为黄石，山高3.5m	t	142.688
2	050102002001	栽植灌木	贴梗海棠	株	6

说明：堆砌石假山时，石山造价较高，堆山规模若是比较大，则工程费用十分可观。因此，石假山一般规模都比较小，主要用在庭院、水池等空间比较闭合的环境中，或者在公园一角作为瀑布、滴泉的山体应用。一般较大型开放的供人们休息娱乐的大型广场中不设置石假山。

（2）定额工程量

1）石料重：

$W = 28 \times 3.5 \times 2.6 \times 0.56t = 14.2688$（10t）（套用定额 6-4）

【注释】假山投影面积为 $28m^2$，假山高度为 $3.5m$。则体积可得。2.6 为石料比重，0.56 为折算系数。

2）40 厚砂石垫层体积：

$V = 8 \times 4.5 \times 0.04m^3 = 1.44m^3$（套用定额 2-4）

【注释】假山投影外接矩形长 8m，宽 4.5m，砂石垫层厚 0.04m。

3）110 厚 C10 混凝土体积：

$V = 8 \times 4.5 \times 0.11m^3 = 3.96m^3$（套用定额 2-5）

【注释】假山投影外接矩形长 8m，宽 4.5m，C10 混凝土厚 0.11m。

4）贴梗海棠：高度 1.5m 以内　　6 株（套用定额 2-51）

2. 峰石、石笋的高度，均按石料实际高度计算。

3. 超运距人工运石料，按相应假山工程项目的预算材料量计算。

人工运石料：多采用手推车。手推车是施工工地上普遍使用的水平运输工具。其种类有单轮、双轮、三轮等多种。手推车具有小巧、轻便等特点。不但适用于一般的地平水平运输，还能在脚手架、施工栈道上使用，还可配合塔吊、井架解决垂直运输的需要。

4. 塑假山的工程量计算，均按外形表面的展开面积计算。

（五）假山工程量估算

假山工程量一般以设计的山石实用吨位数为基数来推算，并以工日数来表示。假山采用的山石种类不同、假山造型不同、假山砌筑方式不同，都影响工程量。由于假山工程的变化因素太多，每工日的施工定额也不容易统一，因此准确计算工程量有一定难度。根据十几项假山工程施工资料统计的结果，包括放样、选石、配制水泥砂浆及混凝土、吊装山石、堆砌、刹垫、搭拆脚手架、抹缝、清理、养护等全部施工工作在内的山石施工平均工日定额，在精细施工条件下，应为 0.1～0.2t/每工日；在大批量粗放施工情况下，则应为 0.3～0.4t/每工日。

（六）堆砌假山及塑假石山工程的预算编制

1. 堆砌假山及塑假石山工程的工程量计算

（1）堆砌假山按砌石重量，以 t 为单位；塑假石山按外围表面积计算。

（2）假山砌石的重量，按进料验收数量减去使用剩余数量计算。

2. 堆砌假山及塑假石山工程预算编制的注意事项

（1）堆砌假山及塑假石山定额中，均不包括假山基础，其基础按设计要求套用"通用项目"相应定额计算。

（2）钢骨架钢丝网塑假山定额中未包括基础、脚手架和主骨架的工料，使用时应按设计要求另行计算。

三、水池、花架及小品工程

园林建筑小品是指园林中体量小巧、数量多、分布广、功能简明、造型别致，具有较强的装饰性，富有情趣的精美设施。园林建筑小品的作用主要表现在满足人们休息、娱乐、游览、文化、宣传等活动要求。它既有使用功能，又可观赏，美化环境，并且是环境美化的重要因素。

园林建筑小品类型很多，可概括为以下两类：

1. 传统园林建筑小品

传统园林建筑小品主要有古典亭、廊、台阶、园墙、景门、景窗、水池等。

2. 现代园林建筑小品

现代园林建筑小品主要有花架、现代喷泉水池、花盆、花钵、桌、椅、灯具等。

传统园林建筑小品与现代园林建筑小品在形式、材料、构造等方面既有一定的联系，又有不同之处。在表现形式上，传统园林建筑小品，多以细腻、变化素雅取胜，现代园林建筑多以简洁、明了、抽象而见长。

（一）水池、花架及小品工程图例（表2-34）

水池、花架及小品工程图例 表2-34

序号	名 称	图 例	说 明
1	雕塑		仅表示位置，不表示具体形态，以下同也可依据设计形态表示
2	花台	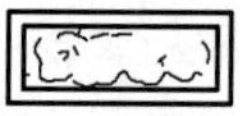	
3	坐凳		
4	花架	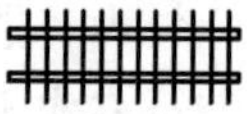	
5	围墙	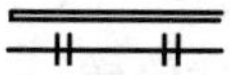	上图为实砌或漏空围墙；下图为栅栏或篱笆围墙
6	栏杆	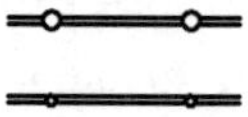	上图为非金属栏杆；下图为金属栏杆
7	园灯		
8	饮水台		
9	指示牌		

（二）工程内容

水池、花架及小品工程包括水池底、壁、花架及其他小品等。

1. 水池

园林中水池种类比较多，如盆景池、喷泉池、种植池和人工池塘，池子的面积大小不一，如盆景池的面积小的仅有几平方米，较大的人工池塘的面积可达数百至数千平方米，各类水池的深度均较浅，如盆景池的池深一般仅几十厘米，而较大的人工池塘的深度也只有1m左右。

园林水池的平面有圆形、方形、长方形、棱形及各类不规则图形。水池可根据要求建在地面上、地面下或半地上半地下的形式，也可以建在楼层上或平屋顶的顶板上。

（1）砖、石池壁水池

砖、石池壁水池是指池的四周采用砌筑砖墙或毛石墙的水池，池底可用素混凝土或灰土。池内壁抹防水砂浆，即可起到简易防水的作用，又可解决池内饰面问题。这类水池深度较浅，防水要求不高，适用于地面上、半地下和地下（如图2-39所示）。

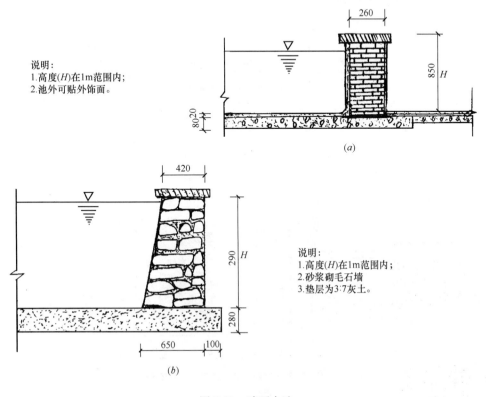

图 2-39　砖石水池
（a）砖水池；（b）毛石水池

当水池有较高的防水要求时，可采用外包油毡防水做法。

（2）钢筋混凝土水池

钢筋混凝土水池是指水池的池壁和池底采用钢筋混凝土结构的水池。这类水池有较好的自身防渗性能，荷载轻，可以防止因各类因素所产生的变形而导致的池底、池壁的裂缝。考虑到游人的安全和种植的需要，以及屋顶的限制，一般池较浅。这类水池适应于四星级宾馆的室内、屋顶或园林建筑的庭园内部等，作为景观水池。

钢筋混凝土水池的池底和池壁根据其受力情况，一般厚度为 $100 \sim 200mm$，池底、池壁可按构造配置直径为 $\phi 10 \sim 12@200 \sim 300mm$ 的钢筋，当池高为 $600 \sim 1000mm$ 时，其水池的构造厚度、配筋及防水等做法，可参考图2-40、图2-41。

（3）水池防水

1）防水混凝土

在水池的池壁混凝土中加入适量的防水剂或掺合料，以提高混凝土的抗渗性能。采用防水混凝土必须严格按照有关技术规范和操作规程施工，以达到预期的防水效果。

2）油毡卷材防水层

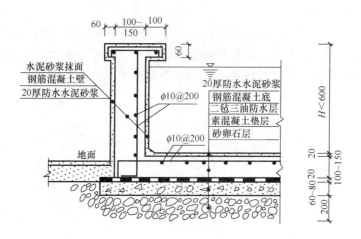

图 2-40　钢筋混凝土地上水池做法

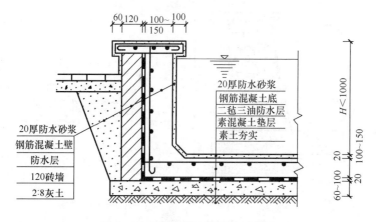

图 2-41　钢筋混凝土地下水池做法

油毡卷材防水层多用于屋顶防水、地下工程防水和水池外包防水，通常有五层或七层做法（即二毡三油或三毡四油），操作中应严格按有关规程去做。

为了保证油毡防水层的质量和施工操作方便，在墙外先砌 120mm 厚单砖墙，并在水池外池壁混凝土浇筑之前，先做好油毡防水层，贴在单砖墙上，这样在浇筑池壁混凝土时可将油毡压紧。先砌单砖墙，既可当池壁混凝土墙的外模板，又可以防止施工过程中（如回填时）破坏外包油毡防水层。

3）防水砂浆和防水油抹灰

在水池结构不裂缝的前提下，在池底上表面和池壁的内外墙面，抹 20mm 厚的防水砂浆（在 1∶2 的水泥砂浆中加入水泥用量的 3％的防水剂），或用水泥砂浆和防水油分层涂抹法作防水处理。

4）室外水池防冻

在我国北方冰冻期较长，对于室外园林地下水池的防冻处理，就显得十分重要了。若为小型水池，一般是将池水排空，这样池壁受力状态是，池壁顶部为自由端，池壁底部铰接（如砖墙池壁）或固接（如钢筋混凝土池壁）。空水池壁外侧受土壤冻胀影响，池壁承受较大的冻胀推力，严重时会造成水池池壁产生水平裂缝或断裂。

冬季池壁防冻，可在池壁外侧采用排水性能较好的轻骨料如矿渣、焦渣或砂石等，并应解决地面排水，使池壁外回填土不发生冻胀情况，如图2-42所示，池底花管可解决池壁外积水（沿纵向将积水排除）。

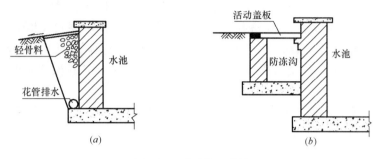

图 2-42　池壁防冻措施

在冬季，大型水池为了防止冻胀推裂池壁，可采取冬季池水不撤空，池中水面与池外地坪相持平，使池水对池壁压力与冻胀推力相抵消。因此为了防止池面结冰，胀裂池壁，在寒冬季节，应将池边冰层破开，使池子四周为不结冰的水面。

水池工程内容有混凝土砂浆搅拌（调制）运输、砌筑、模板支拆、钢筋成型绑扎、浇筑、养护等全过程。

(1) 混凝土砂浆搅拌

混凝土砂浆搅拌包括混凝土的施工配料及搅拌。所谓混凝土的施工配料就是指根据施工配合比及工地搅拌机的型号确定搅拌原料的一次投料量。加料顺序分一次投料和二次投料。一次投料，先在上料斗中装石子，再加水泥和砂，然后一次投入搅拌机内；二次投料，先向搅拌机中投入水、砂、水泥，待其拌制一分钟后再投入石子继续搅拌至规定时间。搅拌的时间是指从原材料投入搅拌筒到卸料开始所经历的时间，它是影响混凝土质量及搅拌机生产率的一个重要因素。

混凝土砂浆搅拌运输指将混凝土从搅拌地点运送到浇筑地点的运输过程。

(2) 模板支拆

模板支拆是按照现浇混凝土或预制混凝土的具体要求（包括混凝土的形状、大小等）将模板支撑起来进行混凝土浇筑，浇筑完毕之后，将模板拆卸下来，支撑模板与拆卸模板是一个相反的过程。拆模后注意模板的集中堆放，这样有利于管理运输工作并保证运输工作顺利进行。

(3) 钢筋成型绑扎

钢筋成型绑扎是为了满足钢筋混凝土的物理力学要求，在为混凝土配筋之前必须对钢筋进行一定的变形处理，如钢筋弯钩，再进行绑扎。成型包括钢筋的除锈、调直、切断、弯曲成型、焊接以及焊接钢筋接头。绑扎包括接头绑扎和成型固定绑扎，钢筋绑扎用22号铁丝。

(4) 浇养护

浇养护即浇捣养护，将拌和好的混凝土拌合物放在模具中经人工或机械振捣，使其密实、均匀。在混凝土浇筑后的初期，在凝结硬化过程中进行湿度和温度控制，以利于混凝土能获得设计要求的物理力学性能。

2. 花架及小品

花架是指攀缘植物的棚架，可供人休息、赏景之用。花架造型灵活、轻巧，本身也是观赏对象，有直线式、曲线式、折线式、双臂式、单臂式等。它与亭、廊组合能使空间丰富多变，人们在其中活动，极为自然。花架还具有组织园林空间，划分景区，增加风景深度的作用。布置花架时，一是要格调清新，二是要注意与周围建筑及植物在风格上的统一。我国古典园林应用花架不多，因其与山水风格不尽相同，但在现代园林中因新材料（主要是钢筋混凝土）的广泛应用和各国园林风格的吸收融合，花架这一小品形式被造园者所乐用。

花架有梁架式、单柱式等，结合环境布置，增加空间的层次。材料常用木、竹、钢筋混凝土等。其构造举例如图 2-43 所示。

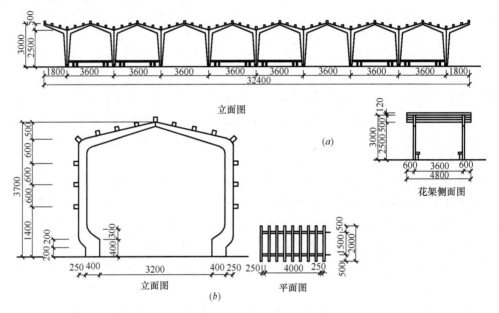

图 2-43　花架构造举例
(a) 门式花架廊；(b) 花架拱门

小品指园林建设中的工艺点缀品，艺术性较强。它包括堆塑装饰和小型钢筋混凝土、金属构件等小型设施。

园桌、园椅、灯具及花盆（花钵）、儿童游艺设施等在园林中是不可缺少的组成部分。其形式多种多样，制作材料常见的有木、石、竹、钢筋混凝土、钢材、陶土等等。园桌、园椅尺寸应满足人们坐憩的要求，一般不宜过大。园林中的灯具有高灯具、矮灯具、点光源和群光源等。灯具发出的光线很丰富，尤其适合夜间观赏。灯具的造型随工业化发展而不断改进，给环境增景添彩。花盆、花钵是造景的活泼因素，形式活泼多样，材料常用混凝土、陶土等。儿童游艺设施在构造上应安全、牢固、耐久。目前，游艺设施形式丰富多彩，园桌、园椅、灯具、花盆等儿童游艺设施应有尽有。

花架及小品工程内容有：模板制作、安拆、钢筋成型绑扎、混凝土搅拌运输、浇捣养护。

构件场内运输安装、校正焊接、搭拆架子。

砂浆调制运输、砌筑等全过程。

（1）模板制作

模板制作时首先对预制模板进行刨光，所用的木材，大部分为松木与杉木，松木又分为红松、白松（包括鱼鳞云杉、红皮云杉及臭冷杉等）、落叶松、马尾松等。其次配制模板，要考虑木模板的尺寸大小，要满足模板拼装接合的需要，适当地加长或缩短一部分长度，拼制木模板，板边要找平，刨直，接缝严密，不漏浆。木料上有节疤、缺口等瑕疵的部位，应放在模板反面或者截去。钉子长度一般宜为木板厚度的 2～2.5 倍。每块板在横挡处至少要钉两个钉子，第二块板的钉子要朝向第一块模板方向斜钉，使拼缝严密。

（2）构件场内运输

构件场内运输是将构件由堆放场地或加工厂运至施工现场的过程。其运输工程量按构件图示尺寸，以实际体积计算。构件安装分为预制混凝土构件安装和金属结构构件安装。其中预制混凝土构件安装包括砂浆调剂、运输、构件场内运输、安装、座装、搭拆支架等。但不包括构件连接处的填缝灌浆。

（3）校正焊接

构件在安装过程中可能会出现误差，如构件大小不符合要求、构件结构松散等，必须通过焊接对其进行校正。焊接有氧乙炔焊和电弧焊，一般适用于不镀锌钢管，很少用于镀锌钢管，因为焊接时镀锌层易破坏脱落加快锈蚀。气焊是利用氧气和乙炔气体混合燃烧所产生的高温火焰来熔接构件接头处。电弧焊是利用电弧把电能转化为热能，使焊条金属和母材熔化形成焊缝的一种焊接方法，电弧焊所用的电焊机分交流电焊机和直流电焊机两种，交流电焊机多用于碳素钢的焊接；直流电焊机多用于不锈耐酸钢和低合金钢的焊接。电弧焊所用的电焊机、电焊条品种规格很多，使用时要根据不同的情况进行适当的选择。此外还有氩弧焊，是用氩气作保护气体的一种焊接方法。在焊接过程中氩气在电弧周围形成气体保护层，使焊接部位、钨极端间和焊丝不与空气接触。由于氩气是惰性气体，它不与金属发生化学作用，因此，在焊接过程中焊件和焊丝中的合金元素不易损坏，又由于氩气不熔于金属，因此不产生气孔。由于它的这些特点，采用氩气焊接可以得到高质量的焊缝。有些钢材焊接难度大，要求质量高，为了防止焊缝脊面产生氧化、穿瘤、气孔等缺陷，在氩弧焊打底焊接的同时，要求在管内充氩气保护。

（4）氩电联焊

氩电联焊是一个焊缝的底部和上部分别采用两种不同的焊接方法，即焊接缝底部采用氩弧焊打底，焊缝上部采用电弧焊盖面。这种焊接方法既能保证焊缝的质量，又能节省费用，因此，在钢构件的焊接中被广泛使用。

（5）搭拆架子

有些构件由于结构复杂、杆件较多或加工工艺要求等原因，不能整体制作而必须分件加工制作。在安装前，先将各个杆（构）件组装成符合设计要求的完整构件。而且必须在拼装之前或组装过程中搭好架子，拼装完以后对其进行拆除，最后才是构件的安装。

（6）砖砌小品

砖砌小品是用砖砌块砌成的具有一定观赏功能、休憩功能的园林构筑物或建筑物，如园椅、园凳等。

3. 其他

其他工程内容有钢筋成型、绑扎、焊接、模板刨光等全过程。

砌体加固筋指在砌体中安置钢筋并用水泥砂浆使砌块与钢筋铰接在一起，进而提高砌体的抗压、拉等力学性能。

定额钢筋含量调整增减作为承重构件的混凝土必须为其配制一定的钢筋。钢筋含量是指一定体积的钢筋混凝土中一定型号的钢筋总量（以吨为单位进行计算）。在满足安全要求的前提下，对钢筋的用量作适当的调整，对安全系数要求不是很高的可以适当降低钢筋用量标准；对安全系数要求较高的，则应提高钢筋用量标准。

（三）统一规定

1. 水池定额是按一般方形、圆形、多边形水池编制的，遇有异形水池时，应按规定另编补充单位估价。

异形指不规则的、无对称轴的形状，它不同于方形、圆形、多边形。

2. 混凝土水池，池内底面积在 20m² 以内者，其池底和池壁定额的人工费乘以系数1.25，材料费不变。

（1）混凝土水池

混凝土水池是用水泥砂浆围合而成的人工贮水容器。对于大中型水池，最常采用的是现浇混凝土结构。为了保证不漏水，宜采用防水混凝土。为防止裂缝，应适当配置钢筋。大型水池还应考虑适当配置伸缩缝、沉降缝，这些构造缝应设止水带，用柔性防漏材料填塞。水池与管沟、水泵房等相连接处，也宜设沉降缝并同样进行防漏处理。

（2）池内底面积

池内底面积是指水池施工完毕后，底面与池壁面的交线所围合的面积，而不包括池壁厚度对水池底面积的影响。

（3）池底和池壁定额

池底和池壁定额是指在正常施工条件下，完成池底和池壁的施工并达到一定要求所必需的劳动力、机械台班（大型水池施工）、材料和资金消耗的数量标准。

（4）人工费

人工费是水池施工过程中所消耗的劳动力的工资，在计算人工费时常参照现行地区人工工资标准和特殊情况下如冬雨季施工、二次倒运、检验试验费等额外的补贴。

（5）材料费

材料费是水池建造过程中因消耗一定的材料如水泥砂浆、砖、钢筋等所花费的费用。

3. 花架定额中包括现浇混凝土和现场预制混凝土的制作、安装等项目。适用于梁、檩断面在 220cm² 以内、高度在 6m 以下的轻型花架。

（1）现浇、预制混凝土

现浇混凝土是指不预先制成，而是在施工时直接在现场支模，进行钢筋的绑扎，混凝土的浇灌，最后制成各种所需的构件。

预制混凝土：它是在施工现场安装之前就完成的，是按照一定的工程施工图纸如：卫生、采暖以及通风空调等，并且还要严格按照土建工程的有关尺寸，然后进行预先下料，最后加工成组合部件或者在预制加工厂进行定购各种构件。优点是：提高机械化程度，加快施工进度，缩短工期，缺点是：土建工程施工尺寸方面要求准确度高。

（2）梁

梁同柱一样，是房屋建筑及园林建筑与小品的承重构件之一，它承受建筑结构作用在梁上的荷载，且经常和柱、梁等共同承受建筑物和其他物体的荷载，在结构工程中应用十分广泛。钢筋混凝土梁按照断面形状可以分为矩形梁和异形梁。异形梁如"L""T""⊕""I"字形等。按结构部位可以划分为基础梁、圈梁、过梁、连续梁等。

1）基础梁

建筑物用独立柱承重时，独立基础之间常用基础梁连接，墙或花架附属品，座椅直接砌在基础梁上。

2）异形梁

异形梁是截面为"L""T""⊕""I"字形的梁。

3）单梁、连续梁

单梁和连续梁是两种支承不同梁的简称，在钢筋混凝土构件及结构力学中，有单跨简支梁与多跨连续梁之分，前者有两个支承点，后者有两个以上支承点。从受力情况来看，可以分为矩形和异形两大类。而单梁、连续梁根据需要可以设计成矩形，也可以设计成异形，但在现浇钢筋混凝土中，为支撑方便，连续梁多为矩形，所以在预算定额中不以形状来区分，而以单梁、连续梁来区分。

檩指两端搁在花架过梁上的混凝土梁，用以支承花架植物体的简支构件。

这里的轻型花架主要是指梁、檩断面在 220cm² 以内，高度在 6m 以下的花架，花架体量较小。

4. 花架构件如采用工厂预制构件（包括标准和非标准构件）时，其预制构件应按"1996 年建设工程材料预算价格"中工厂制品出厂价格计算；构件运输按本定额的综合运距运输子目执行。

（1）花架构件

花架构件指花架各组成部分的总称，包括梁、檩、柱、座凳等。

预制构件是按照需要预先制作的建筑物或构筑物部件。预制构件可分为以下 6 类：

1）桩类：方桩、空心桩、桩尖；

2）柱类：矩形柱、异形柱；

3）梁类：矩形梁、异形梁、过梁、拱形梁、鱼腹式吊车梁、风道梁；

4）屋架类：屋架（拱、梯形、组合、薄腹、三角形）、门式刚架、天窗架；

5）板类：F 形板、平板、空心板、槽形板、大型屋面板、拱形屋面板、折板、双 T 板、大楼板、大墙板、大型多孔墙面板等 20 种；

6）其他类：檩条、雨篷、阳台、楼梯段、楼梯踏步、楼梯斜梁等近 20 种。

（2）构件运输

构件运输是将预制的构件用运输工具将其运到预定的地点。具体工作内容按照构件类别的不同分为预制混凝土构件运输和金属结构构件运输，构件运输一般包括构件装车绑扎、运输、依照规定地点卸车堆放、支垫稳固等。在构件运输过程中，所采用的装卸机械、运输工具要根据构件的类型、体积大小、结构形状以及运输的难易程度来确定。

5. 花架安装是按人工操作、土法吊装编制的，如使用机械吊装时，不得换算，仍照本定额的安装子目执行。

（1）花架安装

花架安装是将花架的各部分构件用人工或机械吊装组合成花架。花架的安装主要包括花架构件的翻身、就位、加固、安装、校正、垫实节点、焊接或紧固螺栓等，但不包括构件连接处填缝灌浆。

（2）人工操作

人工操作是与机械自动化操作相对应的，是指人在安装花架的过程中，完全脱离工具或者仅使用一些简单的工具进行施工的一种操作方式。

（3）土法吊装

土法吊装在花架安装过程中使用较少，因为我国古典园林中花架出现较少，但在小型花架的安装中使用较多。土法即土办法，是在没有机械辅助的条件下，造园工作者运用自己的智慧摸索出来的方法，在机械不便到达的地方安装花架或者安装小型花架仍有一定的应用价值。

（4）机械吊装

机械吊装指运用起重机设备将花架构件安装起来。起重机有履带式起重机、轮胎式起重机、塔式起重机和汽车式起重机等。履带式起重机的起重量大，移动灵活，在多层装配式结构安装中也常采用，缺点是，起吊高度和回转半径均较小，倾斜的起重杆在回转时，易碰已安装好的框架。

塔式起重机主要根据花架的高度、平面尺寸、构件重量和所在位置决定其使用型号。其布置一般包括单侧布置、双侧布置或环形布置、跨内单行布置和跨内环形布置四种。对于预制构件，由于场地限制，除重量较大的构件在现场就地预制外，其它构件一般在预制厂集中预制，运至现场安装。

6. 现浇混凝土花架的梁、檩、柱定额中，均已综合了模板超高费用，凡柱高在6米以下的花架均不得计算超高费。

（1）现浇混凝土花架

现浇混凝土花架是指直接在现场支模、绑扎钢筋、浇灌混凝土而成形的花架。

（2）柱

柱是花架的主要承重构件之一，作为花架的支撑骨架，将整个花架的荷载竖向传递到基础和地基上。柱按外形和用途分为矩形柱、圆柱、多边形柱和构造柱。

（3）模板

它是在工程建设中，利用某种材质板材所制成的，该模板在制作之前，即在浇筑混凝土之前，都先要制作出与图纸规定的构件的形状、尺寸相符的模型。这是针对不论现浇和预制混凝土还是钢筋混凝土构件来说的。钢模板、复合模板、木模板这三种模板的划分依据是所采用材质的不同。

7. 设计要求使用刨光模板时，应按本定额模板刨光子目执行。如采用其他材料代替刨光时，仍执行本定额。

刨光模板主要是针对木质模板而言的，它是将模板与混凝土构件的接触面刨光，以使现浇和预制的混凝土及钢筋混凝土构件表面较平整，使混凝土面层更美观和更易进一步装饰。

模板刨光是运用刨光工具将模板与混凝土的接触面刨光的过程。

刨光这里是指表面光滑的材料。

8. 砖砌和预制混凝土的须弥座、灯座、假山座盘、花池、花坛、花盆及花架梁、柱、檩等项，应分别按本章砖砌和预制混凝土小品定额执行。

（1）须弥座

须弥座：传说是佛祖所坐的宝座，后来，只要是比较高贵的建筑基座都采用此座，它能给人一种崇高伟大之感，它名称来源于佛教，是一种带有线脚和雕刻花纹的基座，它的形式因材料和所处的朝代不同而异。主要包括：由上而下为：上杨、上枭、束腰、下枭、下枋、主角（即底脚）、土衬（即垫层）。

（2）灯座

灯座是灯的基座，主要由混凝土和预埋在混凝土中的螺栓构成。混凝土通常采用现浇混凝土的做法。灯座的大小和形状与灯的大小、灯的支柱基部形状有关。灯座的形状多为规则的多边形，如正四边形，六边形等。

（3）假山座盘

假山座盘是针对石假山而言的。它是石假山的基座。这种基座可以是规则式的石座，也可以是自然式的。用自然岩石做成的座称为"盘"。通常特置岩石需要配制基座，在配置基座之后，方可在其上堆石，作为石景中的特写。

（4）花池

花池指种植花卉的种植槽，高者为台，低者为池。槽的形状是多种多样的，有单个的，也有组合型的，有的将花池与栏杆踏步等组合在一起，以便争取更多的绿化面积，创造舒适的环境，亦有用山石围合起来的自然式花池，池内布置竹石小景，富有诗情画意。

（5）花坛

花坛是花卉观赏利用的一种形式。花坛的种类和布置形式（即施工方式）各地有所不同，丰富多彩。它因环境、地点、需要和条件等因素的影响而形式多种多样，有简有繁。简单的可以用种子直播，或定植一些粗放的宿根花卉，任其自由生长，对宿根花卉的栽植可根据当地气候条件，决定越冬方式以利翌年生长和开花。用移植花苗布置花坛是最常用的花坛施工方法。另有用砖、木、钢筋等材料构筑成造型优美的花篮、花瓶、动物形象等式样，栽上适当的花卉或五色草，或以花卉为主，配置一些有故事内容的工艺美术品，这种形式的花坛，习惯称为立体花坛。花坛其实也是一种种植床，只不过是用来种花的，它不同于苗圃的种植床，它具有一定的几何形状，一般有正方形、长方形、圆形、梅花形等等，具有较高的装饰性和观赏价值。由于对植物的观赏要求不同，基本上分为盛花花坛、毛毡花坛、立体花坛、草皮花坛、木本植物花坛以及混合式花坛等等；根据季节分有早春花坛、夏季花坛、秋季花坛和冬季花坛以及永久性花坛等；根据花坛的规划类型分有独立花坛、花坛群和带状花坛等多种形式。现分述如下：

1）盛花花坛：主要欣赏草花盛花期华丽鲜艳的色彩，因而盛花花坛的草花应选择高矮一致，开花整齐，花期一致，花期较长的植物，一种、两种多至三种搭配在一起。叶大花小、叶多花少的草花不宜做盛花花坛的材料。盛花花坛观赏价值高，但观赏期短，需要经常更换草花，延长花坛的观赏期，经营费工，适宜于重点应用。

2）模纹花坛：利用不同色彩的观叶植物构成精美图案、纹样或文字等。模纹花坛要经常修剪以保证纹样的清晰，其优点在于它的观赏期长，如果加强管理在北方地区能保持整个生长期，而在南方都用作秋季花坛。用作模纹花坛的材料应该选择生长矮小、生长较慢、枝叶繁茂、耐修剪的植物，常用的有五彩苋、小叶红、雪叶莲、佛脚草、火艾、白花紫露草等，并用四季海棠、天竺葵、景天树、龙舌兰、球桧、苏铁等点缀其间。此外还可利用矮生的雀舌黄杨、瓜子黄杨等构成精美的图案。模纹花坛的平面布置像一条织花地毯，故又有毛毡花坛之称。布置在斜坡或立面上，可以构成壁毯或浮雕，新颖动人；若布置成立体，则成立体花坛。模纹花坛亦可与雕塑或雕塑小品结合，效果很好。

3) 立体花坛：是向立面发展的模纹花坛，亦可称为毛毡花坛的立体造型。它是以竹木或钢筋为骨架的各种泥制造型，在其表面种植五彩草而成为一种立体装饰物。这是五彩草与造型艺术的结合，形同雕塑。这种花坛在北方城市如哈尔滨市应用很多，大部分是以瓶饰、花篮等形式出现，此外有日晷、狮、虎、孔雀、海豹、盘龙柱等造型，观赏效果很好。毛毡花坛立体发展成园林建筑造型的，效果也很好，亦有用菊花造型的。

4) 草皮花坛：用草皮和花卉配合布置形成的花坛，一般来说是以草皮为主，花卉仅作点缀，如镶在草皮边缘或布置在草皮的中心或一角。这种花坛投资少，管理方便，目前广为应用。也有把花坛镶在草皮内的。

5) 木本植物花坛：利用木本植物布置的花坛具有一劳永逸的优点，尤其在北方可以避免冬季花坛衰败的景象。木本植物以开花灌木为主，而常绿针叶树常被用为多花坛的中心，周围用绿篱或栏杆围起来。

6) 混合花坛：是由草皮、草花、木本植物和假山石等材料所构成的。

7) 独立花坛：具有几何轮廓，作为园林局部构图的一个主体而独立存在。通常布置在建筑广场的中央，道路的交叉口，由花架或树墙组织起来的绿化空间的中央。独立花坛的平面外形总是对称的几何形，有的是单面对称的，有的是多面对称的。花坛内没有通道，游人不能进入，所以它的长轴与短轴的差异不能大于 3∶1，它的面积也不能太大，如果太大，远处的花卉就模糊不清，失去了艺术的感染力，独立花坛可以设置在平地上，也可以设置在坡地上，独立花坛有三种形式，花丛花坛、模纹花坛和混合花坛。花丛花坛是以观花草本花卉花朵盛开时，花卉本身华丽的群体为表现主题。选用的花卉必须是开花繁茂，在花朵盛开时，达到见花不见叶的效果，图案纹样在花坛中居于从属地位；模纹花坛又称为"嵌镶花坛"、"毛毯花坛"，其表现主题是应用各种不同色彩的花叶兼美的植物来组成华丽的图案纹样，最宜居高临下观赏，亦有做成立体造型的，如瓶饰、花篮、人物、宝塔、大象等；混合花坛是花丛式花坛与模纹花坛的混合，兼有华丽的色彩和精美的图案。

8) 花坛群：是由许多花坛组成的不可分割的整体。组成花坛群的各花坛之间是用小路或草皮互相联系的。单面对称的花坛群，是许多花坛对称排列在中轴线的两侧，这种花坛群的纵轴和横轴交叉的中心，就是花坛群的构图中心。独立花坛可作为花坛群的构图中心，有时也用水池、喷泉、纪念碑或装饰性雕塑等。花坛群宜布置在大面积的建筑广场中央，大型公共建筑的前方或是规则式园林的构图中心。花坛群内部的铺装场地及道路，是允许游人进入活动的。大规模的铺装花坛群内部还可以设置座椅、花架以供游人休息。

9) 带状花坛：花坛的外形为狭长形，长度比宽度大三倍以上，可以布置在道路两侧，广场周围或作大草坪的镶边。把带状花坛分成若干段落，作有节奏的简单重复。

（6）花盆

花盆是一种重要栽培器具，其种类很多，通常依质地、大小及专用目的而分类，其主要类别如下：

1）素烧盆：又称瓦盆，以黏土烧制，有红盆及灰盆两种，虽质地粗糙，但排水良好，空气流通，适于花卉生长。它价格低廉，因而被广泛应用。素烧盆通常为圆形，大小规格不一，一般最常用的盆其口径与盆高约相等，栽培种类不同，其要求最适宜的深度也不尽相同，如杜鹃盆、球根盆较浅，牡丹盆与蔷薇盆较深，播种与移苗用浅盆，一般深 8～10cm。最小口径为 7cm，最大不超过 50cm，通常盆径在 40cm 以上时因易破碎即用木盆，这一类素烧盆边缘有时加厚成一明显的盆边，盆底都有排水孔，以排除多余水分。

2）陶瓷盆：瓷盆为上釉盆，常有彩色绘画，外形美观，适合室内装饰之用。但由于上釉后，水分、空气流通不良，对植物栽培不适宜。陶盆外形美观，盆面常刻图画，也适于室内装饰，而不适于植物生长。陶盆或瓷盆外形除为圆形外，也有方形、菱形、六角形等式样。

3）木盆或木桶：素烧盆过大时容易破碎，因此，当需要用 40cm 以上口径的盆时，即采用木盆。木盆形状仍以圆形较多，也有方盆，盆的两侧应设把手，以便搬动。木盆形状也应上大下小，以便于换盆时能倒出土团，盆下应有短脚，否则需垫以砖石或木块，以免盆底直接放置地上造成腐烂。木盆用材宜选材质坚硬不易腐烂的，如红松、槲、栗、杉木、柏木等，且外部刷以油漆，既防腐，又美观；其内部为了防腐应涂以环烷酸铜，盆底需设排水孔。此种木盆多用于花木盆栽。

窗饰用盆也都为木制，其形式很多，而以长方形为主。

4）水养盆：专用于水生花卉盆栽，盆底无排水孔，盆面阔大而较浅，如北京的"莲花盆"，其形状多为圆形。此外，如室内装饰的沉水植物，则采用较大的玻璃槽，以便观赏。

球根水养用盆多为陶制或瓷制的浅盆，如我国常用的"水仙盆"。风信子也可采用特制的"风信子瓶"，专供水养之用。

5）兰盆：专用于气生兰及附生蕨类植物的栽培，其盆壁有各种形状的孔洞，以便流通空气。此外，也常用木条制成各种式样的篮筐以代替兰盆。

6）盆景用盆：深浅不一，形式多样，常为瓷盆或陶盆。山水盆景用盆为特制的浅盆，以石盆为上品。

7）纸盆：仅供培养幼苗之用，特别用于不耐移植的种类，如香豌豆、香矢车菊等，在定植露地前，先在温室内纸盆中进行育苗。

8）塑料盆：质轻而坚固耐用，可制成各种形状，色彩也极多样，是国外大规模花卉生产常用的容器。国内也开始应用。水分、空气流通不好，为其缺点，因此应注意培养土的物理性状，使之疏松通气。在育苗阶段，常用小型的软质塑料盆，使用方便。

（四）工程量计算规则

1. 水池池底、池壁、花架梁、檩、柱、花池、花盆、花坛、门窗框以及其他小品制作或砌筑，均按设计尺寸以体积计算。

【例10】如图2-44所示为一个六角花坛，各尺寸如图所示，试求花坛内填土方量、挖地坑土方量、花坛内壁抹灰工程量。

【解】（1）清单工程量：

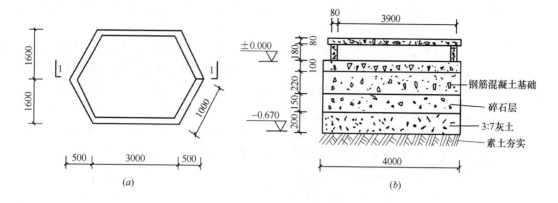

图 2-44 六角花坛示意图

(a) 平面示意图；(b) 1-1 剖面图

1) 花坛内填土方清单工程量：

$$(3 \times 3.2 + 3.2 \times 0.5) \times 0.18\text{m}^3 = 2.02\text{m}^3$$

【注释】花坛的填土方量分为了两部分，以长 3200mm，宽 3000mm 的矩形和两边的两个三角形，因其边长为 1000mm，则三角形的高为 1000mm 的一半。由图 2-44b) 可知，填土厚度为 180mm。

2) 挖地坑土方清单工程量：

$$(3 \times 3.2 + 3.2 \times 0.5) \times 0.67\text{m}^3 = 7.50\text{m}^3$$

【注释】面积的计算方法同填土量相同，分矩形和两个三角形计（矩形长 3.2m，宽 3m。三角形长 3.2m，高 0.5m）。挖方从地平开始至标高 -0.67，即挖方深为 0.67m。

3) 花坛内壁抹灰清单工程量：

$$(1 \times 0.18 \times 4 + 3 \times 0.18 \times 2)\text{m}^2 = 1.80\text{m}^2$$

【注释】花坛内壁的面积分长 1000mm，高 180mm 的四个面和长 3000mm，高 180mm 的两个面。六个面的面积之和即为内壁的抹灰工程量。

清单工程量计算见表 2-35。

清单工程量计算表　　　　　　　　　　　　　　　　　表 2-35

序号	项目编码	项目名称	项目特征描述	计量单位	工程量
1	010103001001	回填方	松填	m³	2.02
2	010101004001	挖基坑土方	挖土深 0.67m	m³	7.50
3	011203001001	零星项目一般抹灰	花坛内壁抹灰	m²	1.80

（2）定额工程量同清单工程量。

2. 预制混凝土小品的安装，按其体积计算。

预制混凝土小品是指在园林小品现场安装之前，按照美观、适用和舒适的要求和工程施工图纸及有关尺寸，进行预先下料、加工和部件组合或在预制加工厂定购的各种构件。这些构件经吊装、拼装后可制成小型的园林建筑物，即所谓小品。

3. 砌体加固钢筋，按设计图示用量，以吨为单位进行计算。

砌体是由块材和砂浆组成的，其中砂浆作为胶结材料将块材结合成整体，以满足正常使用要求及承受结构的各种荷载。块材及砂浆的质量是影响砌体质量的首要因素。

（1）块材分为砖、石及砌体三大类。

1）砖：砌筑用砖分为实心砖和承重黏土空心砖两种。根据使用材料和制作方法的不同，实心砖又分为烧结普通砖、蒸压灰砂浆、粉煤灰砖和矿渣砖等。实心砖的规格为240mm×115mm×533mm（长×宽×高），即4块砖长加4个灰缝、8块砖宽加8个灰缝、16块砖厚加16个灰缝（简称4顺、8丁、16线）均为1m。承重黏土空心砖的规格为190mm×190mm×90mm，240mm×115mm×90mm，240mm×180mm×115mm三种。

2）石：砌筑用石分为毛石、料石两类。毛石又分为乱毛石和平毛石。乱毛石指形状不规则的石块；平毛石指形状不规则，但有两个平面大致平行的石块。毛石的中部厚度不小于150mm，料石按其加工面的平整程度又分为细料石、半细料石、粗料石和毛料石四种。

3）砌块：按用途分为承重砌块与非承重砌块；按有无孔洞分为实心砌块和空心砌块（包括单排孔砌块和多排孔砌块）；按原料分为普通混凝土砌块、粉煤灰硅酸盐砌块、煤矸石混凝土砌块、蒸压加气混凝土砌块、浮石混凝土砌块、火山渣混凝土砌块等；按大小分为小型砌块（块高小于380mm）和中型砌块（块高380～940mm）。

（2）砂浆

1）原材料要求：砌筑砂浆使用的水泥品种及标号，应根据砌体部位和所处环境来选择。水泥应保持干燥。如遇水泥标号不明或出厂日期超过三个月等情况，应经试验鉴定后方可使用。不同品种的水泥不得混合使用。砂浆宜采用中砂并过筛，不得含有草根杂物。水泥砂浆强度等级等于或大于M5的水泥混合砂浆，砂的含泥量不应超过5%；强度等级小于M5的水泥混合砂浆，砂的含泥量不应超过10%。采用混合砂浆时，应将生石灰熟化成石灰膏，并用滤网过滤，使其充分熟化，熟化时间不少于7d。灰池中贮存的石灰膏应防止干燥、冻结和污染，严禁使用脱水硬化的石灰膏。砂浆拌合用水应为不含有害物质的洁净水。为增强砂浆的和易性，可掺加适量微沫剂或塑化剂（如皂化松香、纸浆废液、硫酸盐酒精废液等）。砂浆中的外掺料有黏土膏，电石膏和粉煤灰等。电石膏为气焊用的电石经水化形成青灰色的砂浆，然后泌水、去渣而成，可代替石灰膏。粉煤灰为烟囱落下的粉尘，掺量经试验确定。

2）砂浆强度：砌筑砂浆的强度等级是用边长为70.7mm的立方体试块，经20±5℃及正常湿度条件下的室内不通风处养护28d的平均抗压极限强度（MPa）确定的。砂浆强度等级有M15、M10、M7.5、M5、M2.5、M1和M0.4。

4.模板刨光，按模板接触面积计算。

5.塑松（杉）树皮、塑竹节竹片、壁画工程量，按其展开面积计算，计量单位：10m²。预制塑松根、塑松皮柱、塑黄竹、塑金丝竹工程量，按其不同直径，以其所塑长度计算，计量单位10m。

6.白色水磨石景窗现场抹灰、预制、安装工程量，均按不同景窗断面面积，以景窗长度计算，计量单位：10m。水磨木纹板制作工程量，按其面积计算，计量单位：m²；水磨木纹板安装工程量，按其面积计算，计量单位：10m²。不水磨原色木纹板制作工程量，按其面积计算；不水磨原色木纹板安装工程量，按其面积计算，计量单位：10m²。白色水磨石飞来椅制作工程量，按其长度计算，计量单位：10m。砖砌园林小摆设工程量，按其体积计算，计量单位：m³。砖砌园林小摆设抹灰工程量，按其抹灰面积计算，计量单位：10m²。预制混凝土花式栏杆工程量，按不同栏杆高度、栏杆脚断面尺寸，以栏杆长度计算，计量单位10m。金属花色栏杆制作工程量，按不同栏杆材料、栏杆结构复杂程度，以栏杆长度计算，计量单位：10m。花色栏杆安装工程量，按不同栏杆材料（预制混凝土或金属），以栏杆长度计算，计量单位：10m。

（五）须弥座、花坛石、栏杆、石凳的预算编制

1. 须弥座、花坛石、栏杆、石凳的工程量计算

（1）须弥座的工程量计算

须弥座是由上下枋、上下枭、束腰及主角等构件，按一定比例高度和位置，层层垒砌组合而成的拼接砌体。用它来代替台明中陡板石，以显示台基的豪华和尊贵。

上下枋的外露面形如木枋一样，其轮廓线为矩形。它们的位置，一般说来是以须弥座中间为准上下对称。上枋是须弥座的最顶面构件，下枋是须弥座的收角构件，位于须弥座底座之上；枭是形容一种勇猛突出的形象，它是承接上下构件的一种过渡性构件，也是上下对称放置；束腰是须弥座的中间部位构件，它的厚度一般都较枋枭要厚，以显示妖娆多姿的形态；主角是须弥座的底座，又称"主脚"，在台基中是搁置在土衬上面的构件。

因此，计算工程量时，应分别各个构件的断面积大小，以每10延长米为单位进行计算。

（2）花坛石工程量计算

花坛石定额的总高是按在1.25m内、石构件的断面积在450cm²内编制的，其工程量以每个构件的竣工体积以立方米为单位进行计算，即石构件（长×宽×厚）之和计算。

（3）石柱工程量计算

石柱包括柱身和柱头在内，以柱身断面尺寸为准，按每根柱的竣工体积以立方米为单位进行计算，柱脚部分的凸榫应并入到柱身工程量内。

圆柱体积＝3.1416×（柱径)²×柱高；方柱体积＝柱宽×柱厚×柱高。

（4）石栏板工程量计算

石栏板由栏杆、撑头、横板等组成，其石构件分别不同形式和加工要求，按断面积在880cm²内和1280cm²内，以竣工体积进行计算。即栏板工程量按各构件的设计尺寸，分栏杆、撑头、横板等计算其体积。计算基价和材料量时，按各构件断面积的大小套用880cm²内和1280cm²内定额。

（5）条形石凳工程量计算

条形石凳的凳面和凳脚均按竣工体积以立方米为单位进行计算。

【例11】如图2-45、图2-46，长条石凳的剖面图，根据图形及所标注的数据，求其工程量。

【解】（1）石凳挖槽：

$V＝长×宽×高×数量＝0.34×0.3×0.06×2m³＝0.01224m³≈0.01m³$

（2）石凳凳腿基础：

$V＝长×宽×高×数量＝0.34×0.06×0.3×2m³＝0.01m³$

（3）石凳凳腿：

$V＝长×宽×高×数量＝0.34×0.06×0.465×2m³＝0.02m³$

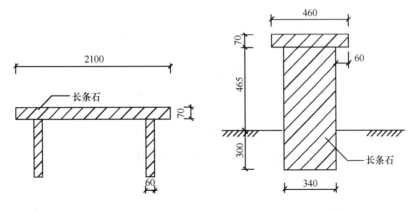

图 2-45　长条石凳剖面图（一）　　　图 2-46　长条石凳剖面图（二）

（4）长条石凳面：

$$V = 长 \times 宽 \times 厚 = 0.46 \times 2.1 \times 0.07 m^3 = 0.07 m^3$$

清单工程量计算见表 2-36。

清单工程量计算表　　　　　　　　　　表 2-36

项目编码	项目名称	项目特征描述	计量单位	工程量
050305006001	石桌石凳	长条石凳、凳面为矩形，宽 460，长 2100，支墩高度为 465，宽为 340，基础为矩形	个	1

2. 编制须弥座、花坛石、栏杆、石凳预算时的注意事项

（1）须弥座石构件的表面，有素面和雕刻花纹之分，本定额是按全部素面带二道线脚编制的，如果设计有雕刻花纹者，应按浮雕部分的相应子目，另行列项计算。

（2）花坛石是按素面不带线脚编制的，如设计要求带线脚或花纹者，应分别按浮雕、线脚相应子目，另行列项计算。

（3）须弥座、花坛石、栏杆、石凳等的表面加工等级，在定额表中都有了明确规定，如设计要求不同时，应作相应的调整。

（六）砖细镶边、月洞、地穴及门窗樘套的预算定额编制

1. 砖细镶边、月洞、地穴及门窗樘套的工程量计算

（1）砖细镶边、月洞、地穴及门窗樘套的工程量计算规则

砖细镶边、月洞、地穴及门窗樘套均按图示尺寸和外围周长，分别以延长米计算。即线宽按图示尺寸所标注的宽度，工程量按线的外围长度计算。

（2）砖细镶边、月洞、地穴及门窗樘套工程量计算方法

1）月洞、地穴及门窗樘套的工程量，按洞内侧壁和顶面的图示长度计算，侧壁与顶面接头的重复尺寸不扣减。

2）窗台板的工程量计算：窗台板是月洞底面的镶嵌砖细，它只分双线单出口、单线单出口和无线单出口，按镶嵌长度计算。

3）镶边的工程量计算：镶边与门窗樘套不仅是位置不同，装饰线脚也有所不同，镶边多以一道枭混线脚嵌砌而成，枭砖和混砖可厚可薄，因此，定额分为宽 15cm 以内和

10cm 以内两个子目，其工程量按框外边长计算。

2. 月洞、地穴及门窗樘套定额的套用与换算

（1）月洞、地穴及门窗樘套的单双线与单双出口

单、双出口是指单块砖凸出墙面的边数，如镶嵌洞口内侧壁砖细，当两边都凸出墙面者，称为双出口；而镶嵌洞口内顶面砖细，若只有一边凸出墙面者，则称为单出口。

（2）月洞、地穴及门窗樘套的换算

1）当月洞、地穴及门窗樘套的宽超过 35cm 时，其人工材料可以换算。

这种换算，先求出宽度比例系数，再将人工及人工费，材料及材料费分别乘以比例系数即可。比例系数按下式计算：

$$宽度比例系数＝设计宽度÷35$$

2）当地穴门樘如用门景或回纹脚者，脚头部分的人工、材料，按相应子目另行计算。

门景顶部的两端，做有回纹或花饰，这部分除按其长度增加到直折线或曲弧线形门窗樘套工程量内计算外，还要按砖细加工中"方砖刨线脚"计算一次加工费用。

（七）砖细及其他小配件的预算定额编制

砖细及其他小配件的预算方法，与以前所述没有任何区别，只要能够识别出定额中各个项目的名称内容后，其工程量计算都非常简单。

1. 工程量计算规则

（1）砖细包檐，按三道线或增减一道线的水平长度，分别以延长米计算。

（2）屋脊头、踩头、梁垫，分别以只计算。

（3）博风板头、风栱板分别以块计算。

（4）桁条、梓桁、椽子、飞椽分别按长度以延长米计算，椽子、飞椽深入墙内部分的工程量，并入椽子、飞椽的工程量内计算。

2. 有关定额换算

（1）砖细踩头的换算

砖细踩头是指兜肚以上的砖作，包括兜肚和三飞砖。兜肚本身以不雕刻为准，如需雕刻应按砖浮雕的相应子目另行计算。

兜肚以下的部分，分别按相应的墙面和勒脚项目计算，定额规定将人工乘以系数 1.05。即人工按相应子目的综合工增加 5%，此时应注意，人工费也应增加 5%，由于在本定额中的费用和其他人工费是按工日计算，则其他人工费、费用、总价等均应做相应调整。

（2）砖细牌科（斗栱）的换算

《营造法式》对牌科的规格，确定为三种，即：五七式、四六式、双四六式。其中，五七式为斗面宽七寸（19.6cm）、高五寸（14cm）；四六式按五七式八折，即斗面宽五寸六分（15.68cm）、高四寸（11.2cm）；双四六式斗面宽为十二寸（33.6cm）、高八寸（22.4cm），约为四六式的双倍。

定额中的牌科是按四六式编制的，如设计规格与定额不同时，可按斗的高宽比例进行调整，其比例系数为：

$$比例系数＝\frac{设计斗面宽×斗高}{定额斗面宽×斗高}$$

（八）砖细漏窗的预算编制

1. 砖细漏窗的工程量计算

（1）砖细漏窗的工程量计算规则

漏窗边框按外围周长以延长米计算；漏窗芯子按边框内净尺寸以面积进行计算。

【例12】如图2-47所示，计算其漏窗的工程量。

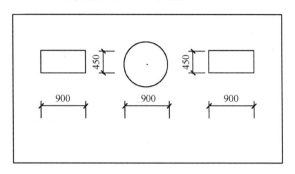

图2-47　漏窗平面图

【解】（1）长方形漏窗：（2个）

$$S＝长×宽×2＝0.9×0.45×2m^2＝0.81m^2$$

（2）圆形漏窗：

$$S＝\pi r^2＝3.14×0.45^2m^2＝0.64m^2$$

$$S_总＝S_长＋S_圆＝0.81＋0.64m^2＝1.45m^2$$

清单工程量计算见表2-37。

清单工程量计算表　　　　　　　　　　　　　　　　　　　　表2-37

项目编码	项目名称	项目特征描述	计量单位	工程量
010401012001	零星砌砖	漏窗	m²	1.45

（2）工程量计算注意事项

1）砖细漏窗的工料已包括洞口内壁的镶嵌，计算工程量时边框按最外圈的周长计算；芯子按洞壁内的净面积计算。

2）漏窗芯子是以漏窗洞口内壁为依托的，有的芯子在内壁基础上，还镶砌有仔边，所以计算芯子工程量时要注意，按洞口内壁净尺寸计算面积，将仔边所占面积包含到洞口工程量之内。

2. 砖细漏窗预算中的换算

预算编制方法完全与以前所述相同，但在编制预算表时注意以下换算：

（1）漏窗边框如为曲线形时的换算

本定额是按矩形窗洞编制的，当边框为曲线形时，砖的加工就比较费事，因此，应按相应的子目将人工乘以系数1.25（即增加25%），同时，人工费、其他人工费、费用、总价等均应做相应调整。

（2）漏窗芯子如为异弧形时的换算

本定额的花纹图案是按直线条编制的，当芯子砖的花纹带有不同弧线形时，应增添对

153

砖的加工用工，因此应按相应子目的人工乘以系数1.05（即增加5%），与上条相同，其人工费、其他人工费、费用、总价等均应做相应调整。

（九）一般漏窗的预算定额编制

1.一般漏窗的工程量计算

（1）一般漏窗的工程量计算规则

一般漏窗按洞口外围尺寸面积计算。

（2）工程量计算的注意事项

一般漏窗不分边框和芯子，也不分普通与复杂，均按设计图纸的洞口尺寸，以面积计算。有些带弧线形的异形窗洞，如果面积难以计算时，可用透明坐标纸蒙在图上，统计坐标小格的个数；或者按图纸比例，用铅笔画出方格网，计算网格个数。每个方格按比例尺寸得出面积，即可算出总面积。

2.一般漏窗预算定额编制中的换算

（1）异形窗洞的换算

一般漏窗是按矩形窗洞编制的，如果设计为异形窗洞时，可按相应子目的人工乘以系数1.15。同时，将人工费、其他人工费、费用、总价等均应做相应调整。

（2）窗芯为软景式和平直式混合砌筑的处理

当窗芯软景式图案中含有平直式条纹者，按下述方法处理：

1）每个窗芯当软景式面积占整个面积的20%以下者，按平直式条纹计算；当软景式面积占整个面积的80%以上者，按软景式条纹计算。

2）每个窗芯的软景式面积在整个面积的20%～80%之间者，可将软景式与平直式分开计算，各套相应的子目定额。

（十）挂落、三飞砖、砖细墙门的预算定额编制

1.挂落、三飞砖、墙门的工程量计算规则

（1）砖细勒脚和墙身，按图示尺寸，以垂直投影面积进行计算。

（2）拖泥、锁口、线脚、上下枋、台盘浑、斗盘枋、五寸堂、字碑、飞砖、挂落等，分别以延长米计算。

（3）大镶边、字镶边等按外围周长，以延长米计算。

（4）兜肚、荷花柱头、将板砖、挂芽、靴头砖等，分别以只(块)计算。

2.挂落、三飞砖、墙门的预算定额编制

本部分的预算方法与以前所述完全相同，只是注意以下几点：

（1）定额中的兜肚是以起线不雕刻为准，如设计要求雕刻花卉图案时，应按"砖浮雕"节中相应项目的基价另行计算。

（2）定额中字碑不包括镌字，镌字应按"砖浮雕"节中相应项目的基价另行计算。

（3）下枋两端有回纹线脚，此线脚的脚头已包括在本项定额内，不得另行计算。

（十一）铺望砖的预算定额编制

1.铺望砖的工程量计算

铺望砖按屋面面积，以每$10m^2$为单位进行计算。坡屋面面积按飞椽头或封檐口图示尺寸的投影面积，乘以屋面坡度延长系数计算，即：

$$屋面工程量＝前后屋檐间之宽×两端山檐间之长×延尺系数$$

式中：延尺系数是指屋面坡度的斜长系数，见表 2-38 中 C。

屋面坡度延长系数表　　　　　　　　　　　　　表 2-38

屋面坡度			延尺系数 C	隔尺系数 D	屋面坡度			延尺系数 C	隔尺系数 D
坡度值	坡　度	坡度角			坡度值	坡　度	坡度角		
1.00	1/1	45°	1.4142	1.7321	0.50	1/2	26°34′	1.1180	1.5000
0.75	1/1.333	36°52′	1.2500	1.6008	0.45	1/2.222	24°14′	1.0966	1.4839
0.70	1/1.428	35°	1.2207	1.5779	0.40	1/2.5	21°48′	1.0770	1.4697
0.666	1/1.501	33°40′	1.2015	1.5620	0.35	1/2.858	19°17′	1.0594	1.4569
0.65	1/1.539	33°01′	1.1926	1.5564	0.30	1/3.333	16°42′	1.0440	1.4457
0.60	1/1.666	30°58′	1.1662	1.5362	0.25	1/4	14°02′	1.0308	1.4362
0.577	1/1.732	30°	1.1547	1.5270	0.20	1/5	11°19′	1.0198	1.4283
0.55	1/1.817	28°49′	1.1413	1.5170	0.15	1/6.662	8°32′	1.0112	1.4221

2. 铺望砖预算定额编制的注意事项

（1）本节铺望砖是指在屋顶上安放铺砌望砖，不包括做细望砖，做细望砖应按其相应定额执行。屋檐高度以在 3.6m 内为准，超过时按盖瓦中有关规定执行。

（2）对本定额中有油毡的项目，如设计不用油毡者可扣去油毡及其材料费，其他不变。

（3）在计算屋面坡度时，由于仿古建筑的屋面不是一斜直线，而是由不同举架构成斜折线，为简便起见，定额允许按斜直线计算，即按屋脊至檐口的垂直距离和其水平距离之比值计算坡度。

（十二）盖瓦的预算编制

1. 盖瓦的工程量计算

（1）盖瓦工程量计算规则

盖瓦工程量按屋面面积，以每 10m² 为单位进行计算。坡屋面面积按飞椽头或封檐口图示尺寸的投影面积，乘以屋面坡度延长系数，按下式计算。

屋面工程量＝前后屋檐间之宽×两端山檐间之长×延尺系数

（2）多角亭屋顶投影面积计算

多角亭屋顶由于角梁的翘度，使得屋顶檐口线投影面积不是一个正多边形，而是每个边向内凹的带弧多边形，如图 2-48 所示。因此，计算六、八边亭的投影面积时，可按下法计算：

图 2-48　六边形弓
形组成图

因为每个多边形外接圆是由 N 个扇形所组成，而每个扇形由一个三角形和一个弓形所组成。现假设六、八角亭屋顶投影的檐口曲线与该外接圆的弓形曲线近似相等，如图 2-48 所示。则：

　　　　六、八角亭屋顶投影面积＝（2 个三角形面积－扇形面积）×N

2. 盖瓦预算定额编制的有关事项

（1）编制屋面盖瓦预算时，屋脊、竖带、干塘、戗脊、斜沟、屋脊头等所占面积均不予扣除。

（2）瓦的规格与定额不同时，瓦的数量可进行换算，并调整定额材料费、基价或总价，其他不变。

换算方法可按瓦的规格计算比例系数，再进行相应费用计算即可。

（3）当走廊、平房采用筒瓦屋面时，可按厅堂屋面定额执行。

（4）本定额屋面檐口高度是按3.6m以内为准，当檐高超过3.6m时，其人工乘以系数1.05，二层楼房人工乘以系数1.09，三层楼房人工乘以系数1.13，四层楼房人工乘以系数1.16，五层楼房人工乘以系数1.18；宝塔按五层楼房系数执行。

（十三）屋脊的预算编制

1. 屋脊的工程量计算

（1）蝴蝶瓦脊、滚筒脊、筒瓦脊、环抱脊、花砖脊和单面花砖脊等，均按其水平长或屋面坡度斜长，以每10m为单位计算工程量，并应扣除屋脊头的水平长度。

（2）滚筒戗脊以每10条为单位计算工程量，戗脊长度按戗头至上廊桁或步桁中心的弧线长计算，戗脊根部以上的工程量，依其做法按竖带或环抱脊定额另行计算。

2. 屋脊预算编制中的注意事项

（1）屋脊预算只计算脊身部位，屋架端头的屋脊头应按相应定额另行计算。屋脊脊身的抹灰均以素面为准，如若需要拓花色者，其人工和材料应另行计算。

（2）屋脊、竖带、干塘砌体内，如设计规定需要钢筋加固者，应按其相应定额执行。

（3）屋脊规格均按定额执行，一般不予换算。屋脊高度在1m以内的脚手架费用已包括在定额内，屋脊高度在1m以上的砌筑脚手架费用，应按脚手架相应定额执行。

（4）当屋面檐口高度超过3.6m时，其人工应乘以系数1.05；二层楼房乘以1.09；三层楼房乘以1.13；四层楼房乘以1.16；五层楼房乘以1.18。并调整相应人工费和基价。

（十四）围墙瓦顶的预算编制

1. 围墙瓦顶的工程量计算

围墙瓦顶的工程量按图示尺寸，以每10m为单位进行计算。其中包括瓦面、屋脊、瓦头和滴水。

2. 围墙瓦顶预算中的注意事项

（1）围墙瓦顶的檐口高度超过3.6m时，其人工应乘以系数1.05，并调整定额人工费和基价（或总价）。

（2）围墙瓦顶中的瓦材规格，若设计要求与定额规定不同时，其材料单价可以调整，其他工料不变。

（3）蝴蝶瓦顶如采用花边滴水者，应按相应定额另行计算。

（十五）屋脊头的预算定额编制

1. 屋脊头的工程量计算

因为屋脊头均是雕塑制品或者是烧窑制品，所以工程量计算很简单，都是按每套或每只进行计算。

2. 屋脊头预算定额的编制事项

（1）屋脊头雕塑制品定额均已包括雕刻、塑造和安装的工料在内。烧制品包括脊头本身价值和安装的工料在内，预算时不得另行计算。

（2）屋脊头定额安装的檐口高度是按 3.6m 内为准编制，当檐口高度超过时，其人工应乘以下列系数：一层楼乘 1.05；二层楼乘 1.09；三层楼乘 1.13；四层楼乘 1.16；五层楼乘 1.18；宝塔按五层楼执行。

（3）屋脊头的长度按图示尺寸计算，应在计算屋脊时予以扣除。

（十六）古建装饰抹灰工程的预算定额编制

1. 古建装饰抹灰的工程量计算规则

（1）抹灰工程量均按图示抹灰设计尺寸，以每 10m² 为单位进行计算。

（2）内墙面抹灰面积应扣除门窗洞口和空圈所占面积，不扣除踢脚线、挂镜线、0.3m² 以内的孔洞、墙面与构件交接处等的面积，洞口侧壁和顶面亦不增加。但垛的侧面抹灰应与内墙抹灰工程量合并计算。

内墙面抹灰的长度以主墙间的净尺寸计算，其高度由楼地面或墙裙顶算至天棚底面。

（3）外墙面抹灰面积，按外墙面的垂直投影面积以平方米计算。应扣除门窗洞口，外墙裙和大于 0.3m² 孔洞所占面积，洞口侧壁面积不另增加。附墙垛、梁、柱侧面抹灰面积并入外墙面抹灰工程量计算。栏板、栏杆、窗台线、门窗套、扶手、压顶、挑檐、遮阳板、突出墙外的腰线等，另按相应规定计算。顶面和垛的侧壁抹灰，并入相应墙面抹灰中计算。

（4）外墙裙抹灰，按展开面积计算。

2. 古建装饰抹灰预算的编制注意事项

（1）本定额中规定的砂浆厚度一般不得换算，如设计图纸对厚度与配合比有明确要求时，可以按厚度比例进行换算。定额砂浆厚度如下：

1）水泥白灰麻刀砂浆底、纸筋灰浆面：水泥砂浆厚 5mm、水泥白灰麻刀砂浆厚 10mm、纸筋灰浆厚 25mm。

2）混合砂浆底、纸筋（或水泥纸筋）灰浆面：混合砂浆厚 8mm、白灰砂浆厚 10mm、纸筋灰浆厚 4mm。

3）水泥砂浆底、水泥砂浆面：水泥砂浆和混合砂浆厚均为 10mm。

（2）室内净高或山墙室内地坪至山尖二分之一的高度，在 3.6m 以内时的脚手架费已包括在其他材料费内，高度超过 3.6m 时，按脚手架规定另行计算抹灰脚手架费用。

（3）对各种垛头、拱式和异形门窗框项目，如要粉饰线脚者，其直线形每 10m 增加 0.6 个工日，异形或弧形每 10m 增加 1 个工日。并调整定额人工费及其基价。

（十七）立帖式屋架的预算定额编制

1. 立帖式屋架的工程量计算规则

立帖式屋架按设计尺寸，以每立方米竣工木料为单位进行计算，定额中已考虑了制作刨光损耗。

2. 立帖式屋架工程量计算式

立帖式屋架由横梁、童柱、矮柱等木构件构成，其工程量应按图纸尺寸分别计算。其中：

横梁、矮柱的材积均按平均截面积乘以长度即可算出。

而立式木柱是带有收分的下大上小之柱体，故预算时应仔细查看按下式计算。

（1）立帖式圆柱计算式

立帖式圆柱工程量＝0.262×(顶径²＋底径²＋两径之乘积)×柱高×根

（2）立帖式方柱计算式

$$立帖式方柱工程量＝\frac{顶截面积＋底截面积＋\sqrt{顶底截面之积}}{3}×柱高×根$$

（十八）圆梁、扁作梁、枋子、夹底、斗盘枋、桁条的预算定额编制

1. 圆梁、扁作梁、枋子、夹底、斗盘枋、桁条的工程量计算

（1）工程量计算规则

圆梁、扁作梁、枋子、夹底、斗盘枋、桁条等均按设计几何尺寸，以每立方米竣工木料进行计算，定额中已包括了制作安装损耗。

（2）工程量计算方法

圆梁、扁作梁、枋子、夹底、斗盘枋、桁条等都是横向结构，其工程量即为截面积乘以长度的材积。在计算其材积时，不考虑与立柱的榫卯连接，当为两柱之间的横梁时，其梁长算至柱的里边线；当梁头整体外伸时，梁长应算至梁端。

2. 圆梁、扁作梁、枋子、夹底、斗盘枋、桁条的预算定额编制事项

（1）本节所有构件都可依计算出的工程量，按其规格大小直接套用相应定额进行计算。不管施工方法如何均不得换算。

（2）圆梁和扁作梁中各构件，均以挖底、不拔亥为准，如拔亥者其人工应乘以系数1.1；如不挖底者其人工应乘以系数0.95。

所谓"挖底"是指将梁的底部挖去一部分，挖去的两端带圆弧形，以增加梁的美观。"拔亥"是指将梁的两端呈斜三角形剥去1/5梁厚，以与其下的梁垫、蒲鞋头等相一致。

（3）轩桁分圆形和矩形，矩形轩桁套用方木轩桁定额。

（十九）戗角预算定额编制事项

1. 戗角的工程量计算

（1）老嫩戗木的工程量依其截面积乘长，以每立方米材积计算。其中：长度应量至端头，不包括榫卯长度在内；截面以本身较大尺寸截面为准。

（2）戗山木的工程量按最大截面积乘长的三角形体积计算，椽槽不予扣减。

半圆荷包形摔网椽，按半圆形截面积乘长以立方米计算，矩形摔网椽按矩形截面积乘长以立方米计算。

（3）立脚飞椽工程量按矩形截面积乘长，以立方米为单位进行计算，关刀口的切削面不扣减。

里口木按图示尺寸的实体积以立方米为单位进行计算，但关刀口的切削面可不扣减。

（4）弯眼沿和弯风檐板按其延长米的长度计算。

（5）摔网板、卷戗板、鳖角壳板均按其面积计算。

（6）菱角木按其矩形截面积乘长以立方米为单位进行计算，其中长按本身最长边尺寸计算。千斤销以个数计算。

2. 戗角预算定额编制时的注意事项

（1）戗角部分的各种构件，均按设计尺寸套用相应规格的定额项目，定额内已包括刨光、切削、剔凿榫卯等损耗在内。

（2）定额中原木、锯材均以一、二类材，硬木以三、四类材为准，木材单价不同时可以调整。

（二十）斗栱的预算定额编制

1. 斗栱的工程量计算

斗栱工程量是以座或组为单位进行计算的，一般斗栱按一斗三升或一斗六升进行区分外，转角斗栱应根据座斗尺寸确定其规格。

2. 斗栱预算编制的注意事项

一般斗栱的尺寸，定额是按五七式（19.9cm×19.8cm×14cm 净料）为准，如做四六式（15.68cm×15.68cm×11.2cm）者，锯材乘系数 0.65，综合工乘系数 0.80；如做双四六式（33.6cm×33.6cm×22.4cm）者，锯材乘系数 2.3，综合工乘系数 1.44。定额中预算基价也作相应调整。

（二十一）枕头木、梁垫、蒲鞋头、山雾云的预算定额编制

1. 枕头木、梁垫、蒲鞋头、山雾云等工程量计算

枕头木的工程量按每立方米竣工木料计算。

梁垫、蒲鞋头、山雾云、棹木、水浪机、光面机、抱梁云等构件，均按其每副（只、块等）计算。

2. 枕头木、梁垫、蒲鞋头、山雾云等预算定额编制的注意事项

（1）枕头木、梁垫、蒲鞋头、山雾云等各种构件，均按设计要求的成品计算，各种制作损耗均已在定额内考虑，不得再行计算。

（2）除山雾云、棹木、水浪机、抱梁云外，其他构件均以素面为准，若设计要求雕刻者，其雕刻工应另行计算。

（3）若设计要求的尺寸规格与定额不同时，锯材可按比例换算，其他不变。

（二十二）里口木及其他配件的预算定额编制

1. 里口木及其他配件的工程量计算

里口木、封檐板、瓦口木、勒望、椽碗板、闸椽、夹堂板等均按其长度，以每 10m 为单位进行计算。

垫栱板、山填板、排山板、望板、裙板等按图示尺寸，以每 10m² 面积进行计算。

2. 里口木及其他配件预算编制的注意事项

（1）里口木及其他配件等均按设计要求的成品计算，各种制作损耗均已在定额内考虑，不得再行计算。

（2）里口木及其他配件等规格尺寸，是按常用要求进行编制的，一般不允许换算。

（二十三）古式木窗预算定额编制事项

1. 长窗扇的定额规格按毛料截面，边梃为 5.5cm×7.5cm，如设计不同时锯材可以换算，其他不变。其中边梃横头料锯材约占窗扇的 43%，锯材增减量可按下式计算。

$$锯材增减量=\left(\frac{设计边框横头规格}{定额边框横头规格}-1\right)×43\%定额锯材$$

2. 长窗框的定额规格按毛料截面，上槛为 11.5cm×11.5cm，下槛为 11.9cm×22cm，抱框为 9.5cm×10.5cm，若设计规格不同时，框料锯材可按比例换算，其他不变。

短窗框的定额规格按毛料截面，上下槛为 11.5cm×11.5cm，抱框为 9.5cm×

10.5cm，定额中包括下连槛木，如上下都用连槛木者，每10m增加锯材0.009m³。如全部用短槛者，每10m扣除锯材0.006m³，其他不变。

3. 木窗小五金费是按天津定额中附表小五金用量计算的，如设计要求品种数量不同时，其数量和单价均可调整。

4. 本节锯材均按一、二类木材考虑，如改用硬木时应进行单价调整，数量不变。

（二十四）古式木门的预算定额编制

1. 古式木门的工程量计算

（1）直拼库门、栱式樘子对子门、直拼屏门、单面敞框档屏门等均按门扇面积，以每10m²进行计算。

（2）屏门框档按框长，以延长米每10m计算。

将军门按整个门面积，以每10m²进行计算；将军门刺按每100个为单位计算。

门上钉竹线按每10m²进行计算。

2. 古式木门的预算定额编制事项

（1）古式木门定额中未包括装锁的工料，如装执手锁和弹簧锁者，应每10个锁增加2工日；装弹子锁者，应每10个锁增加1个工日。锁的价格另计。

（2）木门小五金费是按天津定额中附表小五金用量计算的，如设计要求品种数量不同时，其数量和单价均可调整。

（3）门扇毛料规格，定额是按：直拼库门板厚为5.5cm，栱式樘子对子门板厚为4cm、单面敞框档屏门板厚为1.5cm，边梃为5cm×7cm；将军门边梃为9.5cm×15.5cm，门板厚为3.5cm；门刺为25cm×ϕ6.5，如设计与规定不同时，木材可按比例换算，并调整有关费用，其他不变。

（二十五）古式栏杆预算定额编制事项

1. 古式栏杆的工程量计算

古式栏杆按栏杆外框面积，以每10m²为单位进行计算。如带捺槛（即窗台板）者，高算至捺槛顶面。

2. 古式栏杆预算定额编制注意事项

（1）栏杆边框定额规定按5cm×7cm，捺槛规格按12cm×7cm编制，如设计与规定不同时，锯材可以换算。其中边框锯材约占21%（带捺槛者约占23%）。锯材换算方法可参照下式进行计算。

$$锯材增减量＝\left(\frac{设计边框横头规格}{定额边框横头规格}-1\right)×43\%定额锯材$$

（2）雨达板定额规格按毛料，板厚为2cm，桄子（即板之横撑）为2cm×3cm，若设计规格不同时，可按比例换算。

（二十六）吴王靠、挂落及其他装饰项目的预算定额编制

吴王靠是指与栏杆配套的靠背椅，包括靠背与座槛，在靠背上的花纹图案，常用的有竖芯式、宫式、万川式、葵式等。

飞罩，北方地区称为"几腿罩"，其形式大致与挂落相似，它们的区别是：挂落悬挂于室外柱间的枋木下，而飞罩是悬挂于室内柱间顶部。

1. 吴王靠、挂落及其他装饰项目的工程量计算。

吴王靠、挂落、飞罩、落地罩等，均按其长度，以每 10m 为单位进行计算，须弥座按每座计算，空洞凸凹等部分不增不减。

2. 吴王靠、挂落及其他装饰项目的预算定额编制注意事项

(1) 定额中的木材毛料规格为：吴王靠边框按 5.5cm×7cm、挂落边框按 6cm×7.5cm、抱柱按 6cm×7cm、飞罩外框按 5.5cm×7.5cm、落地罩边框按 5.5cm×7.5cm、抱柱按 7.5cm×8.5cm 等进行编制，若设计与定额不同时，木材可以换算，其他不变。

木材换算方法可参照下式计算。

$$锯材增减量＝\left(\frac{设计边框横头规格}{定额边框横头规格}-1\right)×43\%定额锯材$$

其中，吴王靠边框约占 12%；挂落边框约占 27%；抱柱约占 5%；飞罩外框约占 23%；落地圆罩边框约占 11%；抱柱约占 16%；落地方罩边框约占 20%。

(2) 漏空乱纹式的须弥座，定额按高 22cm、长 80cm，边框毛料为 5.5cm×9.5cm，如设计与定额不同时，木材可按比例换算。

(二十七) 园林小品工程的预算定额编制

1. 园林小品工程的工程量计算

(1) 塑树皮、竹节、壁画面的工程量按图示尺寸的展开面积计算，塑树根、柱干按长度计算。

(2) 小型设施的景窗、平板、花檐、角花、博古架、飞来椅、栏杆等均按延长米计算。木纹板按面积计算。砖砌园林小摆设按体积计算。

2. 园林小品工程预算编制的注意事项

(1) 塑松根和松皮柱，定额是按一般造型考虑的，若为艺术造型（如树枝、老松皮、寄生等），应另行计算。

(2) 黄竹、金丝竹、松根等每条长度不足 1.5m 者，人工乘系数 1.5。

(3) 凡本章定额中缺项者，可按其相应项目执行。

四、土方工程

土方工程由于建设地点、地质情况不同，土石类别所占比例不同，各类土由于其坚硬度、粘度、透水性以及冻土、非冻土等情况不同，施工时，无论采用何种方法，其不同类别的土石方工程所消耗的人工、机械台班以及采取的措施，其材料上有很大差别，综合反应施工费用也不同。因此，正确区分土石方的类别对于准确套用定额，计算土石方工程量很有价值。所应确定的资料还有：土方放坡、支挡土板、确定起点标高。熟悉的内容有：干湿土界限、土壤放坡系数、工作面宽度等。

(一) 土方工程图例 (表 2-39)

土石方工程示例图 表 2-39

序号	图 例	名 称	序号	图 例	名 称
1		自然土壤	3		砂、灰土
2		夯实土壤	4		砂砾石、碎砖三合土

（二）工程内容

土方工程包括平整场地、人工挖土、原土打夯、回填土、余土外运、围堰及木桩钎等。

1. 平整场地

"平整场地"项目适用于建筑场地厚度在±30cm以内的挖填、运、找平。

人工平整是指地面凸凹的高差在±30cm以内的就地挖填找平，凡高差超过±30cm的每增加10cm，增加人工费35％，不足10cm的按10cm计算。

机械平整不论地面凸凹高差多少，一律执行机械平整。

2. 挖方

在进行挖方施工之前，应按设计图纸的要求，在现场进行定点放线工作，为使施工充分表达设计意图，测设工具应尽量精确。

土方工程根据场地条件，施工条件和工程量的大小可采用人为施工、机械施工和半机械施工等方法。

挖方时对于规模较大，土方较集中的工程一般采用机械化施工；对于工程量不大，施工点较分散的工程或受地场的限制不便采用机械施工的地段，一般采用人力施工或半机械化施工。

人力挖方和机械挖方是挖方工程的两种施工方式。

人力挖方施工一般常用于中小规模的土石方工程中，因为这是由其优点和缺点来制约的。其优点是：具有灵活、细致、机动。适应多种复杂条件下的施工，但是也有它的缺点：施工时间长、工效低、施工安全性稍低等。

在进行施工之前，要准备好足够的人力和施工所用的工具。人力施工所用的工具主要有铁锤、镐、钢钎、铁锹等；还要准备好爆破时所用的火药、雷管，这是为在岩石地施工做准备的，在进行人力施工时最为重要的工作之一是要确保施工安全。

在进行挖方过程中，要随时进行检查和排除安全隐患、确保安全。应注意以下几方面：

①施工人员要有足够的施工工作面，每人平均4～6m^2，开挖时两人操作间距应大于2.5m。

②挖土应由上而下，逐层进行，严禁先挖坡脚，向里凹着挖或递坡挖土方，以防坍塌。

③在坡上或坡顶施工者，要注意坡下的情况，不得向坡下滚落重物等。

④不得在危岩、孤石的下边或贴近未加固的危险建筑物的下面进行土方的挖掘。

在进行垂直挖土施工时，应注意不能挖得过深，要使所挖的边坡合理，在确定边坡坡度大小时，应根据其土质的密实或疏松情况而定，具体情况见表2-40所示。

垂直挖土挖深   表 2-40

土质情况	挖深（垂直向下）
松软土	≤0.7m
中密度土质	≤1.25m
硬土	≤2m

在进行对岩石地面挖方施工时，一般情况是先将地表一定厚度的岩石层炸裂成碎块，然后再挖方施工，即所谓的先行爆破，在其施工过程中首要问题是确保人员安全。

机械挖方，在土方工程施工中应用最广泛的园林机械就是推土机、挖土机等。挖土机在园林机械中有专门的介绍，下面是针对推土机来说的。

① 在动工前首先先向推土机手介绍进行施工地段的地形情况及其设计地形的特点。推土机手要亲自到现场去实地进行勘查，了解实地定点放线的情况，如施工标高、桩位等。

② 针对机械施工的特点，在进行施工放线阶段，应注意使桩点和放线清晰明显，可进行加高桩木的高度或在桩木上做一些醒目的标志，以引起施工人员的注意，如在桩木上涂上鲜艳的色彩或挂小彩旗。

③ 在用机械挖掘水体时，首先先将土推至水体四周，主要是用来堆置地形，最后再用人工进行修整岸坡。

④ 在进行施工期间，技术人员应经常到现场随时随地地用测量仪检查桩点和放线情况，掌握全局，以免挖错或推错位置。

⑤ 如果施工现场土壤的利用价值比较高，土方施工过程中应做好表土的保护工作，即在施工之初应先用推土机将施工地段的表土推到施工场指定处，等到绿化栽植阶段再把表土铺回来，虽然这一过程比较麻烦，但可以降低工程总造价。

3. 原土打夯

原土打夯是按设计规定的铺土厚度回填沟槽，使用压实机具夯实，使之具有一定的密实性、均匀性。

4. 回填土

基础工程完成后或为了达到垫层以下的设计标高，必须进行土方回填。回填土一般在距离5m内取用，故常称就地回填土。

在进行土方的填埋时，要满足工程的质量要求。土壤的质量是要根据填方的用途和要求加以选择。绿化地段的用土应满足植物栽植的要求；而作为建筑用地的土壤则以能满足将来地基的稳定为原则的，在利用外来土垫地堆山时，要进行土壤检定，然后再进行利用，目的是为了防止劣土及被污染过的土壤进入利用避免对游人的健康造成危害及影响将来植物的生长。具体包括：①土料要求；②填土含水量要求；③填土边坡的要求。

人工填土方法：一般情况下，是以人工用锄、耙、铁锹等工具将土装上车，然后用手推车送土进行回填。一般情况下，是从场地最低部分开始；先填石方，后填土方；先填底土，后填表土；先填近处，后填远处。在进行填土时，是采取分层填筑的方式进行的，一层一层地填，每层先虚铺一层土，然后夯实，应注意：黏性土应≤200mm；沙质土应≤300mm，在进行填筑时，当有深浅坑相连时，应先将深坑填至与浅坑相平时再进行全面分层填夯。如果要采取分段进行填筑时，在其交界处就填成阶梯形，在进行墙基及管道回填时，所应注意的是两侧均用细土同时均匀地进行回填，夯实，以防止墙基及管道中心线发生位移。

5. 余土外运

余土＝总挖方－总填土，将这一余下未填完的土方运出施工场地至指定的位置，这一过程称为余土外运，主要包括两种方法：人力转运和机械或半机械转运。

针对人工转运土方，一般情况下是用人力车拉，由人力肩挑背扛或用手推车推等短途的小搬运。它适用于某些园林局部或小型工程施工。

而针对机械转运土方，主要是利用装载机和汽车进行运土，一般情况下为工程量非常大或较长距离时运土。除此之外，根据具体的工程施工特点和工程量大小情况的不同，我们还可采用半机械转运和人工转运相结合的方式。不论哪种转运，都要视具体情况而定。它们在挖方和填方的过程中都有一定的分量。

6. 围堰

围堰就是在基坑四周修筑一道临时、封闭、挡水的构筑物。

7. 木桩轩

木桩轩是指叠山、驳岸、步桥等项目施工时所采取的基础处理措施。

（三）统一规定

1. 挖土不分土的类别并综合了干、湿土。定额中不包括排除地下障碍物、排除地下水费用，发生时应另行计算，但雨后积水排除费用不得计算。

（1）土的分类

土的分类是根据土的物理及化学性质的不同而进行的归纳总结。分类的尺度方式不同，所分土的类别也不相同。在建筑工程中通常采用两种分类方法：一种是按土的坚硬程度、开挖难易划分，即通常所见的以普氏分类为标准，主要用在工程概（预）算定额、劳动定额以及其他生产管理部门中，用于计算工程费用、考核生产效率、选择施工方法及确定配套机具等。

在土方工程施工中，为了正确识别并掌握土的有关物理力学特性而根据土的各种特性把土区分为各种类型。土的种类繁多，其工程性质直接影响支护结构设计、施工方法、劳动量消耗和工程费用。

根据《土方与爆破工程施工及验收规范》，土有三种分类方法：

1）根据土的颗粒级配或塑性指数，分为碎石类土、砂土和黏性土。碎石类土根据颗粒形状和级配又分为漂石土、块石土、卵石土、碎石土、圆砾土、角砾土；砂土根据颗粒级配又分为砾砂、粗砂、中砂、细砂、粉砂；黏性土根据塑性指数 IP 又分为黏土、粉质黏土、粉土。

2）根据土的沉积年代，黏性土又分为老黏性土、一般黏性土和新近沉积黏性土。不同的黏性土，其强度和压缩性也不同。

3）根据土的工程特性尚可分出特殊性土，如软土、人工填土、黄土、膨胀土、红黏土、盐渍土和冻土。

（2）干、湿土

干、湿土的划分应根据地质勘测部门提供的勘察资料以地下常水位为准进行划分；地下常水位以上为干土，常水位以下为湿土。地下常水位由地质勘测资料提出或实际测定，凡在地下水位以下挖土，均按湿土计算，在同一槽内或坑内有干湿土时，应分别计算工程量，但使用定额时仍需按槽坑全深计算。

（3）地下水

地下水指除去冰山、海洋、河流、湖泊等地面水之后，在地表层下的土壤、岩层中所含的水量。

（4）雨后积水

雨后积水指雨过之后，不能完全渗入地下而聚积在低洼地面的水。

2. 土方工程不论带挡土板和不带挡土板，均执行本定额。

挡土板指直接与沟槽侧壁接触，将支撑传递来的作用力用于沟槽侧壁，维护土壁稳定的一种钢制或木制板材。它有钢支撑挡土板、木挡土板、竹支撑挡土板三种。钢支撑挡土板是由钢套管、铁撑角两者配合使用的作为工具式的横撑，采用它时，应随挖随撑，支撑牢固，施工中应经常检查，如有松动变形时，应及时加固及更换，在雨季或化冻期更应加强检查。木挡土板：即木制挡土板，其宽度为厚度的三倍或三倍以上，用来维护土壁的稳定。在某些地区，因为缺乏木材，竹料相对丰富，就采用竹制挡土板，要求所用竹料是生长三年以上的毛竹（楠竹）。

3. 定额中的挖、填土。挖河道池塘淤泥，均包括 300m 以内的运输，如运距超过 300m 时，其超运距增加运费，按本定额的相应子目计算。

（1）挖土

挖土是人工用铁锹、耙、锄等工具挖土方。在土方工程中，挖土是指槽宽大于 3m 或坑底面积大于 20m² 或±30cm 以上的场地平整。

（2）淤泥

淤泥是指在静水或缓慢的流水环境中沉积，并经生物化学作用而形成的粘性土。

（3）池塘

池塘是通过人工挖土，而形成的面积一定的用于灌溉农田、养鱼或种植水生植物的蓄水池。

4. 人工平整场地是指园路、水池、假山、花架、步桥等五个项目施工前的场地平整，其他项均不得计取。

（1）园路

园路是绿地构图中的重要组成部分，是联系各景区、景点以及活动中心的纽带，有引导游览，分散人流的功能，同时也可供游人散步和休息之用。园路本身与植物、山石、水体、亭、廊、花架一样起到展示景物和点缀风景的作用。园路还需满足园林建设、养护管理、安全防火和职工生活对交通运输的需要。园路配布合适与否，直接影响到公园的布局和利用率，因此需要把道路的功能作用和艺术性结合起来，精心设计，因景设路，因路得景，做到步移景异。

（2）水池

水池属于平静水体，在园林设置水池，是为扩展空间，攫取倒影，造成"虚幻之境"。

（3）假山

本来的假山是从土山开始，逐步发展到叠石为山的。园林中的假山则是模仿真山，创造风景，它是由人工构筑的仿自然山形的土石砌体，是一种仿造的山地环境。假山可作为园林内的重要观赏品，也可以作为可憩可游可登攀的园景设施。

（4）花架

花架是用钢性材料构成一定形状的格架，供攀缘植物攀附的园林设施。花架可作遮阳供游人通过或休息，或作分隔空间之用，增加景观层次或起背景的作用。花架是一种建筑与植物相结合的形式，分点状和线状两类。点状主要是观景使用，称为点景；线状花架可分隔空间，二层次组织路线。花架的形式可分为梁架式、单纯花架、半面立柱半面墙、单列柱花架、圆形花架（又称弧形花架）、网格式花架等。其布局有两种方式，即附建式和独立式。附建式仅起装饰作用，设计时需考虑与建筑的比例问题。独立式是从园林设计的景观来考虑的。花架一般宽度为 2.5～3.0m，高度一般为 2.3～2.7m，花架条为 50～60cm。

（5）步桥

步桥是一种没有桥面，只有桥墩的特殊的桥，是采用线状排列的步石、混凝土墩、砖墩或预制的踏步构件，将其布置在浅水区、沼泽区形成的能够行走的通道。它分为规则式和自然式两类，具有简易、造价低、铺装灵活、适应性强、富于情趣的特点。

5. 余（亏）土运输项目，应与人工挖土配套使用，不分运输方式、车辆种类、运距，均按本定额执行，不得调整。

（1）亏土运输

亏土运输指单位工程总填方量大于总挖方量时，将不足土方从堆土场取回运到填土地点。

（2）运输方式

土方的转运方式见表 2-41。

土方的运转方式   表 2-41

转运方式	搬运方式（工具）	使用范围
人力转运	人力车拉、用手推车推、人力肩挑背扛	短途小搬运
机械转运	装载机、汽车	长距离及工程量大时运土
半机械转运	根据工程施工特点和工程量大小的不同情况具体安排	

在土方转运的过程中，不论哪种转运方式，都需先制定出最优调配方案图。从而达到缩短工期提高经济效益的目的。

6. 围堰排水是指在围堰筑堤后，将原河道、池塘中的地表水排放在堰外的专用定额子目。

河道通常指能通航的河，属水路交通。将河道结合到园林中成为园景，并把它的水引入园内，构成河湖系统。

7. 在已经干涸的河道、池塘中挖土，应按本章相应的挖土定额执行，不得套用河道、池塘挖淤泥子目。

淤泥是指在静水或缓慢的流水环境中沉积，并经生物化学作用形成的黏性土。计算挖淤泥工程量使用挖土方的计算方法，以立方米为计量单位，套用人工挖淤泥定额。同时，还要按照施工组织设计采用的排水机械，另行计算所需排水费用，列入工程预算内。

8. 草袋围堰定额是按内外坡双层筑堰、堰心填土的作法考虑的。如与实际围堰作法不同时，均不得调整。

（1）草袋围堰

草袋围堰是将草袋内装占容量 1/2～1/3 松散的黏土或亚黏土，袋口缝合，上下内外错缝地堆码在水中形成围堰。草袋围堰适用于水深 3.0m，流速 1.5m/s 以内，河床土质渗水性较小的河床。

（2）内外坡双层筑堰、堰心填土

内外坡双层筑堰、堰心填土指草袋围堰用双排土袋与中间填充黏土组成，填土时不可随意倾填，以防土填在土袋上，使围堰强度降低。草袋应尽量堆码整齐。

9. 草袋围堰的草袋装土、堰心填土数量表见表 2-42。

系数表 表 2-42

围堰堤高	1.5m 以内	2m 以内	2.5m 以内
草袋装土	3.00	4.00	5.00
堰心填土	0.49	1.20	2.19
每米用土量	3.49m³	5.20m³	7.19m³

10. 全部园林附属工程的土方平衡后仍亏土的工程，需外购土时，其外购土土价按有关规定计算。

（1）附属工程

园林附属工程，是指园林、庭院、室内景点中建造的园路、水池、假山、堤岸、步桥、栏杆、花架、桌凳以及带有园林艺术性的砖、石、混凝土花池、花坛、门窗框、匾额、灯座和其他零星小品的制作、安装及装饰，但不包括雕塑艺术类的制品。

（2）土方平衡

土方平衡是指单位工程总挖方量与总填方量的平衡，没有余土或亏土。

11. 木梅花桩钎是指叠山、驳岸、步桥等项目施工时所采取的基础处理措施。本定额是按人工陆地打桩、桩长在 1.5m 以内的木桩编制的。如人工在水中打木桩钎时，按定额人工费乘以系数 1.8 执行。

（1）木梅花桩钎

这是一种古老的基础作法，多用于湖泥沙地，特别对于水中的假山或山石驳岸运用的特别广泛。木桩多采用杉木桩或柏木桩，因为它较耐水湿又较平直。木桩的顶面的直径约在 10～15 厘米范围内。平面布置按梅花形排列，所以称为"梅花桩"。

（2）叠山

叠山是指利用可叠假山的天然石料，人工叠造而成的石假山。

（3）驳岸

驳岸是保护岸或堤不坍塌的建筑物，多用石块筑成。假山石驳岸是传统园林中最常用的水岸处理方式，现代园林中也常用。

（4）基础处理措施

建筑物的全部荷载都由它下面的地层来承担，受建筑物影响的那一部分地层称为地基，建筑物向地基传递荷载的下部结构就是基础。基础处理措施就是对基础的承载能力按工程的要求进行调整而采取的方法。

（四）工程量计算规则

1. 平整场地

（1）园路、花架分别按路面、花架柱外皮间的面积乘系数 1.4 以平方米为单位进行计算。

（2）水池、假山、步桥，按其底面积乘 2 以平方米为单位进行计算。

（3）人工平整场地工程量按平整场地的面积计算，计量单位：10m²。

（4）机械平整场地工程量，按不同平整机械，以平整场地的面积计算，计量单位：$1000m^2$。

路面就是路的表层，用土、小石块、混凝土或沥青等铺成。

2. 人工挖、填土方按立方米计算，其挖、填土方的起点，应以设计地坪的标高为准，如设计地坪与自然地坪的标高高差在±30cm以上时，则按自然地坪标高计算。

（1）人工挖土

人工挖土堤台阶工程量，按不同土堤横向坡度、土壤类别，以挖前的堤坡斜面积计算，计量单位：$100m^2$。

（2）设计地坪

设计地坪标高不一定等于自然地坪标高，设计地坪标高是根据施工图纸的设计要求，在工程竣工后形成的地坪。

（3）自然地坪

自然地坪指工程开挖前施工场地的原有地坪。

3. 人工挖土方、基坑、槽沟按图示垫层外皮的宽、长，乘以挖土深度以立方米计算。并按图示量分别乘以表2-43中的系数。

表 2-43

项 目	挖深在1.4m以内	挖深在1.4m以外
人工挖土方	1.09	1.23
人工挖槽沟	1.16	1.27
人工挖柱基	1.40	1.64

注：系数中包括工作面及放坡增量，但挖深在1.4m以内者，只包括工作面增量。

（1）人工土方定额

人工土方定额是按干土编制的，按土壤类别和挖土深度划分定额子目。不仅挖土方，而且挖地槽、地坑、山坡切土均以天然湿度的干土为准编制统一定额。挖湿土时，由于湿土粘附挖掘、运输工具等，故在人工挖湿土时，定额套用应将相应项目乘以系数1.18。人工挖土方，挖深在1.4m以内的，人工乘以系数1.09；挖深在1.4m以外的，人工乘以系数1.23。人工挖槽沟，挖深在1.4m以内的，人工乘以系数1.16；挖深在1.4m以外的，人工乘以系数1.27。人工挖柱基坑时挖深在1.4m以内的，人工乘以系数1.40；挖深在1.4m以外的，人工乘以系数1.64。

（2）沟槽

沟槽指槽底宽度在3m以内，并且槽长大于槽宽三倍的坑。

（3）基坑

基坑指坑底面积（长×宽）小于$20m^2$，并且宽小于长的三分之一的坑。

4. 路基挖土按垫层外皮尺寸以体积计算。

（1）人工装、运土方

人工装、运土方工程量，按不同运土车辆、运距，以运输土方的天然密实体积（自然方）计算，计量单位：$100m^3$。如运虚土，可将虚土体积乘以0.77折合成天然密实体积。土方运距应以挖土重心至填土重心或弃土重心最近距离计算，挖土重心、填土重心、弃土重心按施工组织设计确定。人工运土、双轮斗车运土，土坡坡度在15%以上，斜道运距按斜道长度乘以5。

（2）路基

路基是路面的基础，它承受着本身土体的自重和路面结构的重量，同时还承受由路面传递下来的行车荷载，所以路基是公路的承重主体。

通常根据公路路线设计确定的路基标高与天然地面标高是不同的，路基设计标高低于天然地面标高时，需进行挖掘；路基设计标高高于天然地面标高时，需进行填筑。由于填挖情况的不同，路基横断面的典型形式，可归纳为路堤、路堑和填挖结合等三种类型。路堤是指全部用岩土填筑而成的路基，路堑是指全部在天然地面开挖而成的路基，此两者是路基的基本类型。当天然地面横坡大，且路基较宽，需要一侧开挖而另一侧填筑时，为填挖结合路基，也称为半填半挖路基，在丘陵或山区公路上，填挖结合是路基横断面的主要形式。

（3）垫层

垫层是指在路基排水不畅，易受潮受冻的情况下，为便于排水，稳定路面而在土基与基层之间设置的一道结构层。

垫层的功能是改善土基的湿度和温度状况，以保证面层和基层的强度、刚度和稳定性不受土基水温状况变化所造成的不良影响，另一方面的功能是将基层传下的车辆荷载应力加以扩散，以减小土基产生的应力和变形。同时也能阻止路基土挤入基层中，影响基层结构的性能。

修筑垫层的材料，强度要求不一定高，但水稳定性和隔温性能要好。常用的垫层材料分为两类，一类是由松散粒料，如砂、砾石、矿渣等组成的透水性垫层；另一类是用水泥或石灰稳定土等修筑的稳定类垫层。

垫层分刚性和柔性两大类。

5. 回填土应扣除设计地坪以下埋入的基础垫层及基础所占体积，以立方米为单位进行计算。

（1）人工松填土工程量按土方松填的体积计算，计量单位：100m³。

（2）人工填土夯实工程量按不同填土部位（平地或槽坑），以夯实土的体积计算，计量单位：100m³。

（3）人工原土夯实工程量，按不同夯土部位（平地或槽坑），以原土夯实的面积计算，计量单位：100m²。

（4）机械原土夯实工程量，按不同夯土部位（平地或槽坑），以原土夯实的面积计算，计量单位：100m²。

（5）机械填土夯实工程量，按不同填夯部位（平地或槽坑），以夯实土的体积计算，计量单位：100m³。

（6）机械原土碾压工程量，按不同碾压机械，以原土碾压的面积计算，计量单位：1000m²。

（7）机械填土碾压工程量，按不同碾压机械，压路机的重量，以填土碾压的面积计算，计量单位：1000m²。

基础是指建筑物向地基传递荷载的下部结构。

6. 余土或亏土是施工现场全部土方平衡后的余土或亏土，以立方米计算。

余土或亏土＝挖土量－回填量－（灰土量×90％）－土山丘用土＋围堰弃土。其结果为负值即亏土；正值即余土。

7. 堆筑土山丘，按其图示底面积乘设计造型高度（连座按平均高度）乘以 0.7 系数，以立方米计算。

8. 机械推、挖、装、运土方：

（1）推土机推土工程量，按不同推土机功率（kW）、推土距离、土壤类别，以推运土方的天然密实体积（自然方）计算，计量单位：1000m³。

推土机重车上坡坡度大于 5％，斜道运距按斜道长度乘以如下系数，上坡坡度 5％～10％，系数为 1.75；上坡坡度 10％～15％，系数为 2.0；上坡坡度 15％～20％，系数为 2.25；上坡坡度 20％～25％，系数为 2.5。

（2）铲运机铲运土方工程量，按不同铲运机型式、铲斗容量、运土距离、土壤类别，以铲运土方的天然密实体积（自然方）计算，计量单位：1000m³。

运土距离按挖土重心至填土重心（或弃土重心）最近距离加转向距离计算。拖式铲运机（3m³）加 27m 转向距离；其余型号铲运机加 45m 转向距离。重车上坡斜道运距算法同推土机。

（3）挖掘机挖土工程量，按不同挖桩机类型、斗容量、装车与否、土壤类别，以挖掘土方的天然密实体积计算，计量单位：1000m³。

（4）装载机装松散土工程量，按不同装载机斗容量，以装松散土的体积计算，计量单位：1000m³。

装载机装运土方工程量，按不同装载机斗容量、运距，以运土的密实体积计算，计量单位：1000m³。

（5）自卸汽车运土工程量，按不同自卸汽车载重、运距，以运土的密实体积计算，计量单位：1000m³。

（6）抓铲挖掘机挖土、淤泥、流砂工程量，按不同土壤类别、淤泥、流砂、抓铲斗容量，装车与否，开挖深度，以挖掘土、淤泥、流砂的自然体积计算，计量单位：1000m³。

堆筑土山丘是山体以土壤堆成，或利用原有凸起的地形、土丘，加堆土壤以突出其高耸的山形。为使山体稳固，常需要较宽的山麓。因此布置土山需要较大的园地面积。

9. 围堰筑堤，根据设计图示不同堤高，分别按堤顶中心线长度，以延长米计算。

（1）筑土围堰、草袋围堰工程量按围堰的体积计算，计量单位：100m³。

围堰体积按围堰的施工断面积乘以围堰中心线的长度计算。

（2）过水土石围堰、不过水土石围堰工程量，按围堰的体积计算，计量单位：10m³。

（3）圆木桩围堰工程量，按不同圆木桩围堰高，以圆木桩围堰的中心线长度计算，计量单位：10m。

围堰高度按施工期内的最高临水面加 0.5m 计算。

（4）钢桩围堰工程量，按不同钢桩围堰高，以钢桩围堰的中心线长度计算，计量单位：10m。

（5）钢板桩围堰工程量，按不同钢板桩围堰高，以钢板桩围堰的中心线长度计算，计量单位：10m。

（6）双层竹笼围堰工程量，按不同双层竹笼围堰高，以双层竹笼围堰的中心线长度计算，计量单位：10m。

围堰筑堤是在河岸或水中修筑墩台时，为防止河水由基坑顶面浸入基坑，需要修筑围堰堤防。

围堰筑堤包括300m以内取土、装袋、码砌、堰心填土及拆除后运至岸边堆放等全过程。土袋内应装袋容量1/2～1/3松散的黏土或亚黏土，袋口缝合。堆码在水中的草袋，其上下层和内外层（竖向）应相互错缝，尽量堆码密实整齐，并整理坡角。草袋围堰采用双排土袋时，在中间填充黏土。填土不可随意倾填，以防土填在土袋上，使围堰强度降低。待墩台修筑出水后，再对基坑回填并拆除围堰。

10. 木桩钎（梅花桩），按设计图示尺寸以组计算，每组五根余数不足五根者按一组计算。

木桩钎制作、运输、打桩、截平是按照设计要求选择木桩直径和大致长度。将桩头削尖，运至施工场地，将桩木打入地面或湖底，桩木相隔大约20cm。为便于在桩顶铺筑石块或灰土，将桩顶面截平。

11. 围堰排水工程量，按堰内河道、池塘水面面积及平均深度以体积计算。

围堰排水是指在围堰筑堤后，将原河道、池塘中的地表水排放在堰外。

12. 河道、池塘挖淤泥及其超运距运输均按淤泥挖掘体积以立方米为单位进行计算。

超运距运输指挖河道、池塘淤泥，定额中包括300m范围内的运距，如运距超过300m时，计算其超距增加运费。

（1）人工挖淤泥、流沙工程量，按开挖淤泥、流沙的自然体积计算，计量单位：100m³。

（2）人工运淤泥、流沙工程量，按不同运距，以运输淤泥、流沙的自然体积计算，计量单位：100m³。

（五）土方工程量计算

土方工程量一般情况下是在原有地形等高线的设计地形图上进行，通过计算，又可反过来修订设计图中不合理之处，使图纸更趋于完善，除此之外，土方量计算所得到的资料又是建设投资预算和施工组织设计等项目重要依据。所以说，进行土方量的计算在园林设计工作中，是一项必不可少的程序。

估算和计算是在进行土方量计算工作中按照所要求的精确度不同而划分的。估算适用于规划阶段，而计算则用于施工设计时，因为此时要求精确度高，在进行土方量计算时方法很多，但是我们常用的主要有以下四种：用体积公式估算、断面法、等高面法、方格网法。

1. 用体积公式估算

优点是简易便捷，缺点是：局限性强，精度较差，常用规划阶段的估算，在土方工程当中，不论是设计地形还是原地形，常常会遇到一些类似棱台，锥体等几何形体的地形单体，如类似棱台的池塘，锥体的山丘等，对于这些地形单体的体积可以采用相近的几何体公式进行计算。表2-44计算公式可选用：使用表中的公式得出的土方量只是一个粗略的数值，对土方量的多少只可大致进行判定，为了提高数值的精度，可将计算得出的结果与土方工程现场具体的情况相比对，并进行修正。

2. 断面法

它是用一组不等距或者等距离的相互平行的截面将要进行计算的地形单体（如池、

岛、山等)、地块以及土方工程（如沟、堤、路堤、路堑、渠、带状山体等）分截成段，再分别计算这些分截段的体积，然后将它们的体积加在一起，这样就可以求出所要计算对象的土方量。它适用于计算长条形地形单体的土方量，它的精度主要取决于截取的断面数量，即所截取的断面越多，截距越短，也就越精确，反之亦然。计算方法如下：

当 $S_1 = S_2$ 时，$V = S \times L$

当 $S_1 \neq S_2$ 时，并且它们两相邻断面之间的距离 L 小于 50m 时，用：$V = 1/2(S_1 + S_2) \times L$

式中　S——断面面积(m^2)；

　　　　L——两相邻断面之间的距离(m)。

表 2-44

序号	几何体名	几何体形状	体积公式
1	圆台	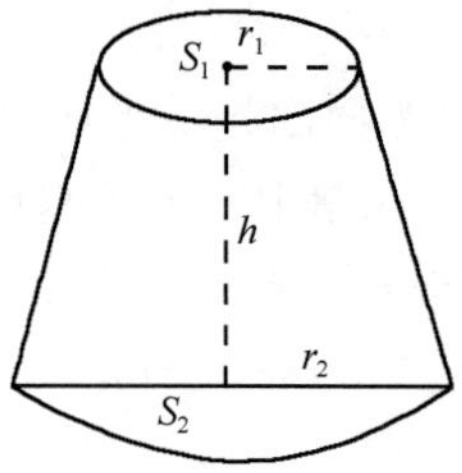	$V = \dfrac{1}{3}\pi h(r_1^2 + r_2^2 + r_1 r_2)$
2	棱台	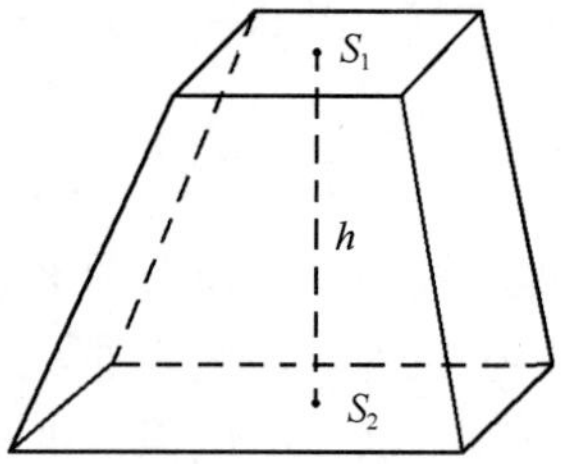	$V = \dfrac{1}{3}h(s_1 + s_2 + \sqrt{s_1 s_2})$
3	球缺	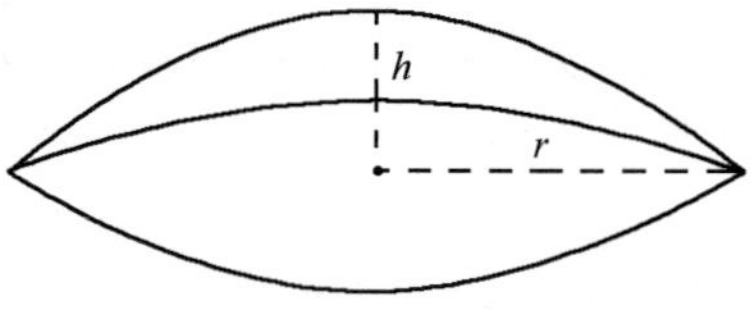	$V = \dfrac{\pi h}{6}(h^2 + 3r^2)$
4	棱锥	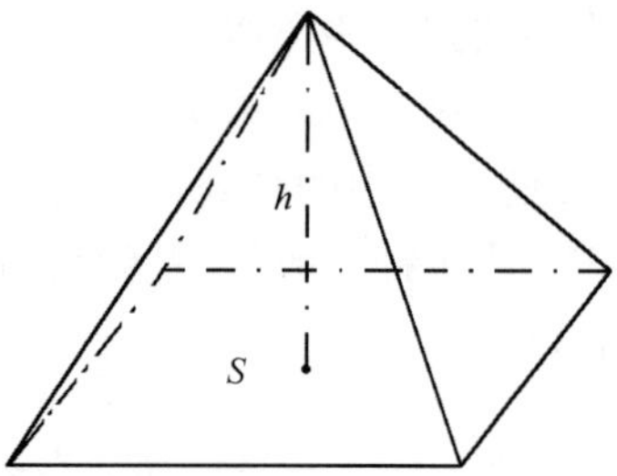	$V = \dfrac{1}{3}s \cdot h$

序号	几何体名	几何体形状	体积公式
5	圆锥	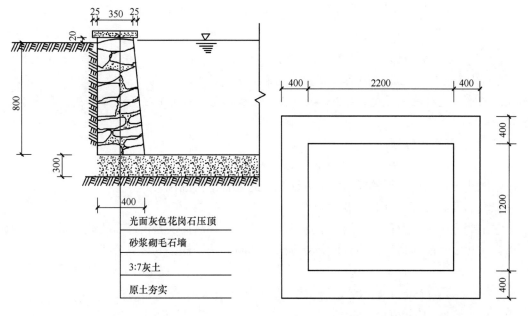	$V=\dfrac{1}{3}\pi r^2 h$
	V——土方体积，m^3；　　r——土体半径，m； s——土体底面积，m^2；　　h——土体高度，m； r_1——圆台上底半径，m；　　r_2——圆台下底半径，m。		

当 S_1 与 S_2 的面积相差较大或者两相邻断面之间的距离 L 大于 50m 时，则用下列公式进行运算：

$$V=\frac{S_1+S_2+4S_0}{6}\times L$$

【注释】公式中 S_0——中截面积，它有两种求法：

① 用 S_1 和 S_2 各相应边的平均值，求 S_0 的面积：它主要适用于沟渠或堤。

② 用中截面积公式计算：

$$S_0=\frac{1}{4}\ (S_1+S_2+2\sqrt{S_1 S_2})$$

【例 13】如图 2-49、图 2-50 所示，毛石水池示意图，该水池为长方形，长 3m，宽 2m，试求其工程量。

图 2-49　毛石水池剖面示意图　　　　　图 2-50　毛石水池平面图

【解】（1）清单工程量：

毛石水池清单工程量计算规则：

按设计图示尺寸以水平投影面积计算

毛石水池清单工程量：$S = $ 长×宽 $= (2.2+0.4×2)×(1.2+0.4×2) = 2×3m^2 = 6m^2$

清单工程量计算见表 2-45。

清单工程量计算表   表 2-45

项目编码	项目名称	项目特征描述	计量单位	工程量
050307020001	柔性水池	方形毛石水池，3∶7 灰土垫层厚 300mm	m²	6

（2）定额工程量：

1）挖地坑定额工程量：

由题意及图 2-49、图 2-50 所示：

$V = $ 长×宽×高 $= 3×2×(0.8+0.3)m^3 = 6.6m^3$（套用定额 1-3）

【注释】 毛石水池挖地坑长 3m，宽 2m，深度为（0.8+0.3）m，其中 0.8m 为水池深度，0.3m 为垫层厚度。

2）3∶7 灰土垫层工程量：

$V = $ 长×宽×厚度 $= 3×2×0.3m^3 = 1.8m^3$（套用定额 2-1）

【注释】 灰土垫层长 3m，宽 2m，垫层厚度为 0.3m。体积可知。

3）砂浆砌毛石墙工程量：

$$V = \frac{1}{2} × (上底 + 下底) × 高 × 中心线的长$$

$$= \frac{1}{2} × (0.35+0.4) × (0.8+0.02) × (3×2+1.2×2)m^3$$

$$= 2.58m^3（套用定额 4-10）$$

【注释】 毛石墙为梯形，上底长 0.35m，下底长 0.4m，高为（0.8+0.02）m，其中 0.8 为水池深度，0.02 为压顶厚度，梯形面积可知。水池长度为（3×2+1.2×2）m，3 为长边长度，包括池壁厚度，1.2 为短边长度。水池毛石墙的工程量＝梯形截面积×水池长度。

4）原土夯实工程量：

$S = $ 长×宽 $= 3×2m^2 = 6m^2$（套用定额 1-56）

断面法也可以用于平整场地的土方计算，此处就不再细说。

3. 等高面法（即水平断面法）

它主要适用于大面积的自然山水地形的土计算，等高面法是沿等高线截取断面，等高距即为二相邻断面的高，如图，计算时方法，同断面法一样，其计算公式如下：

$$V = (S_1+S_2)h/2 + (S_2+S_3)h/2 + \cdots\cdots + (S_{n-1}+S_n)h/2 + S_n h/3$$

$$= [(S_n+S_2)h/2 + S_2+S_3+S_4+S_5+\cdots\cdots + S_{n-1}]h + s_n h/3$$

式中 V——土方体积（m³）；

      S——断面面积（m²）；

174

h——等高距（m）。

我国在园林方面崇尚自然，讲究山水布局，因地制宜地进行地形的设计，这样可充分利用原地形，以节约人工，节约经费。有时，为了选景的需要又要使地形起伏变化。因此，在进行自然山水园林土方工程量计算时必须考虑原有地形的影响，这就会使在进行自然山水园林土方工程计算时带来较为繁杂的麻烦。但是如果用等高面法进行计算，就可以方便地解决这一问题。因为园林设计图纸上的原地形和设计地形都是用等高线来表示的。

4. 方格网法

在进行建园的过程中，地形改造除了挖湖堆山外，还有许多大大小小的地坪、缓坡地等需要进行平整，平整场地的工作就是将原本高低不平，比较坑洼、比较破碎的地形按设计要求整理成为平坦的、具有一定坡度的场地，例如，体育场、集散广场、停车场等，方格网法最适宜于计算整理这类地形的土方。

利用方格网法就是把平整场地的设计工作和土方量计算工作结合在一起进行的。其计算方法步骤包括：

① 布方格网：即在附有等高线的施工现场地形图上作方格网，控制施工场地，方格网边长数值，取决于所求的地形变化的复杂程度和计算精度，在园林工程中一般采用20～40m。

② 编号角点（图2-51）。

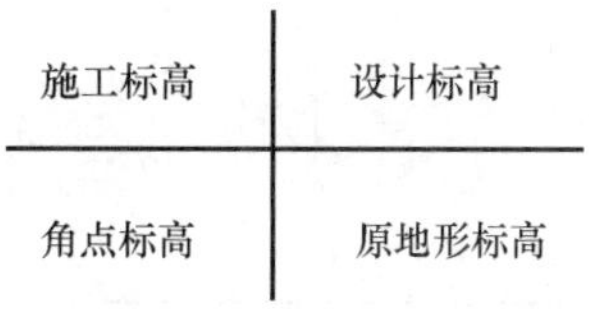

③ 求原地形标高（H），可利用插入点法进行求解。

施工标高	设计标高
角点标高	原地形标高

图2-51　编号角点

$$H_x = H_a \pm \frac{h_x}{L}$$

式中　H_x——任意点标高；

　　　H_a——位于低边等高线的高程；

　　　x——该点距低边等高线的距离；

　　　H——等高距；

　　　L——过该点的相邻等高线间的最小距离。

用插入法求某点原地面高程，通常会遇到三种情况：

① 待求点标高 H_x 在两等高线之间。

$$H_x = H_a + H_x/L$$

② 待求点标高 H_x 在高边等高线的上方。

$$H_x = H_a + H_x/L$$

③ 待求点标高 H_x 在低边等高线的下方。

$$H_x = H_a - H_x/L$$

求解：

① 求平整标高（H_0）。

② 求设计标高（H_1）。

③ 求施工标高（h）。

④ 求零点位置。

零点公式为：

$$x = ah_1/(h_1 + h_2)$$

式中　x——零点距 h_1 一端的水平距离（m）；

　　h_1，h_2——方格相邻两点的施工标高的绝对值（m）；

　　　a——方格边长（m）。

⑤ 求土方量，见表 2-46。

土方计算公式　　　　　　　　　　表 2-46

项目内容	图形	计算公式
一点填方或挖方（三角形）	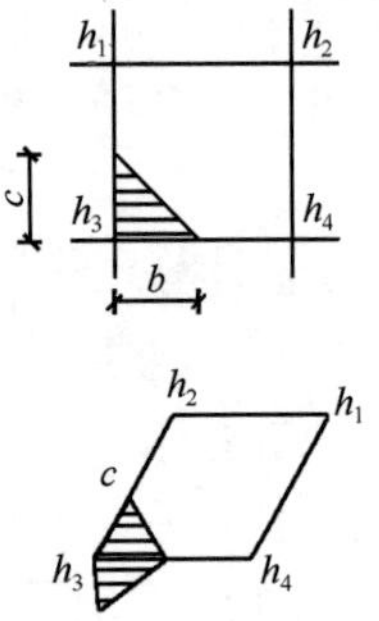	$V = \dfrac{1}{2}bc\dfrac{\sum h}{3} = \dfrac{bch_3}{6}$ 当 $b = c = a$ 时，$V = \dfrac{a^2 h_3}{6}$
二点填方或挖方（梯形）	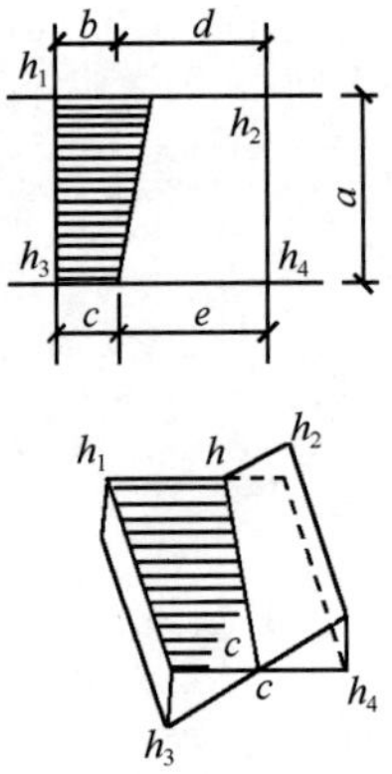	$V_- = \dfrac{b+c}{2}a\dfrac{\sum h}{4} = \dfrac{a}{8}(b+c)(h_1+h_3)$ $V = \dfrac{d+e}{2}a\dfrac{\sum h}{4} = \dfrac{a}{8}(d+e)(h_2+h_4)$
三点填方或挖方（五角形）	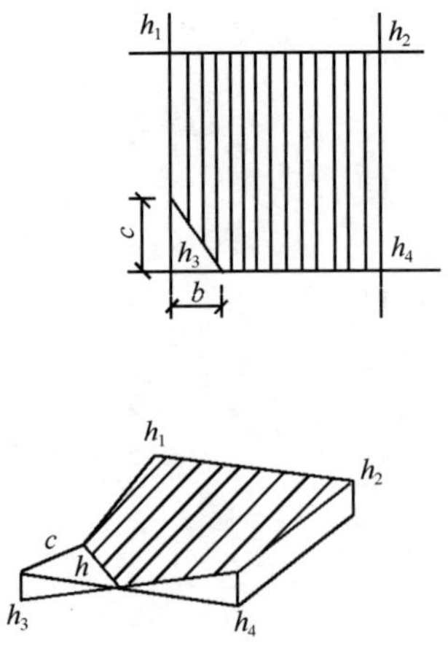	$V_+ = \left(a^2 - \dfrac{bc}{2}\right) \cdot \dfrac{\sum h}{5} = \left(a^2 - \dfrac{bc}{2}\right)\dfrac{h_1+h_2+h_4}{5}$

176

项目内容	图形	计算公式
四点填方或挖方（正方形）	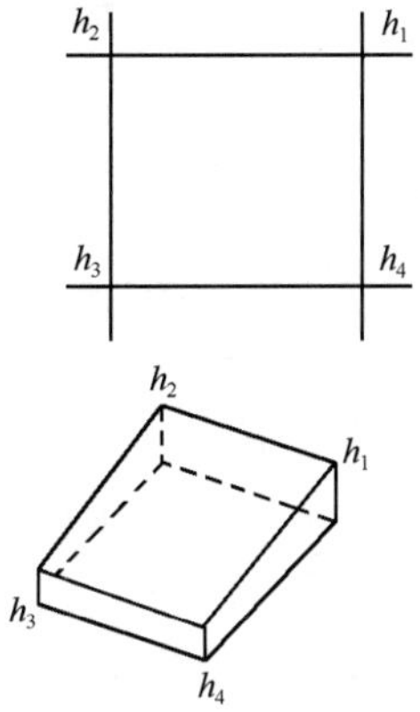	$V_- = \dfrac{a^2}{4}\sum h = \dfrac{a^2}{4}(h_1 + h_2 + h_3 + h_4)$

⑥ 土方平衡。

（六）土方及基础工程预算编制的方法

1. 编制步骤

（1）查核建筑基础部分和其他土方工程部分的图纸，熟悉图纸内容。

对图纸中各种建筑物的基础结构类型和主要尺寸，及其他土方工程的设计内容和要求，应该事先查核对照，看懂记熟，要求达到闭着眼睛，就能够想象出它们的基本轮廓。

（2）认真阅读定额的"章节说明"和"工程量计算规则"。

看完图纸后阅读定额，是正确编制预算的前提，它对计算工程量和套用有关项目，都做了相应的规定和说明，因此，在编制本部分预算之前，一定要认真阅读，决不可忽视。

（3）按照定额编号顺序，对照项目名称查阅图纸，选取计算项目。

从定额编号 1-1 开始，看其所示项目在施工图中，能否找出其相应的内容，如定额编号 1-1 是一二类土挖深 2m 内的人工挖地槽，看基础图内有否符合这种情况的挖土。如果图纸中没有，再看定额编号 1-2 的项目，可否在图纸中找到；如此向后逐项对照，直到定额项目与图纸内容一致时，即可将该定额编号和项目名称写下，然后继续往后查找，有者写下，无者后阅，直到最后一个定额编号，就可选择出该章部分所需要计算的所有项目内容。即使有个别内容被遗漏掉，也没有关系，它将在以后的计算工作中，会逐渐被察觉出来，然后再补加进去。

（4）对每个所选项目，逐项查取尺寸，计算工程量。

工程量的计算是在"工程量计算表"上进行的，首先，在表的第一行中，"定额编号"栏内，写上"一"，表示是第一章的内容；并在"项目名称"栏内，写上"土方与基础工程"，说明第一章的项目名称。

然后将所选的第一个定额编号和项目名称，写在第二行，随后对照图纸查取尺寸，在"计算式"栏内，列出具体尺寸的计算公式，将所计算的结果列入"工程量"栏内，并写出单位。计算式可以分轴线、分线段、分断面大小等情况，进行分别列算，见表 2-47。第一项完成后，紧在下行列出第二个定额编号和项目名称，重复上述工作，直至将所有选取的项目全部计算完成。

定额编号	项 目 名 称	单 位	工程量	计 算 式
一	土方与基础工程			
1-1	人工挖地槽	m³	516.8	
	其中：断面 1-1	m³	210	2.5×1.2×70＝210
	断面 2-2	m³	316.8	2.2×1.2×120＝316.8
	……			……

（5）对照定额编号，查套定额基价表，计算项目费用

当所有项目的工程量计算完成后，就可逐项将定额编号和项目名称，抄写到"工程预算表"上，并将工程量数值按定额基价表的计量单位填写进去；然后分别查出各定额编号项目的定额"基价"、"人工费"、"材料费"、"综合费"等，并填写到表中相应"定额"栏内见表 2-48 中的"8.42"、"7.94"、"0.48"等。接着按下式进行计算：

土方基础工程工程预算表   表 2-48

定额编号	项 目 名 称	单位	工程量	预算价值		人工费		材料费		综合费	
				基价	元	定额	元	定额	元	定额	元
一	土方与基础工程										
1-1	人工挖地槽	m³	516.8	8.42	4351.46	7.94	4103.39			0.48	248.06
	……			……		……				……	

预算价值＝工程量×基价

见表 2-48 中预算价值＝516.8×8.42＝4351.46 元，并填写到相应栏"元"内。

人工费＝工程量×"人工费定额"

见表 2-48 中人工费＝516.8×7.94＝4103.39 元，并填写到相应栏"元"内。

材料费＝工程量×"材料费定额"

综合费＝工程量×"综合费定额"

见表 2-48 中综合费＝516.8×0.48＝248.06 元，并填写到相应栏"元"内。

（6）按照预算表相同的方法，进行工料分析。

工料分析是在"工料分析表"上进行的，其方法与计算预算表一样，只是查取计算的内容是定额人工和定额材料，见表 2-49。

土方基础工程工料分析表   表 2-49

定额编号	项 目 名 称	单位	工程量	综合工日					
				定额	工日	定额		定额	定额
一	土方与基础工程								
1-1	人工挖地槽	m³	516.8	0.32	165.38				
	……			……					

当以上三个表中的内容全部计算完成，该部分的预算工作就基本告一段落。在这一计算过程中，因为查看图纸比较细致，会逐渐发现出漏选项目或选错的项目。这时应及时补上即可。

2. 土方工程预算编制示例

现以八角亭为例，说明查看图纸和运用定额的方法。

【例 14】八角亭基础平面图如图 2-52 所示，台明部分基础见 Ⅱ-Ⅱ 剖面图，柱下基础 Ⅰ-Ⅰ 剖面。亭心地面在回填土上，筑 300mm 厚 3：7 灰土夯实，50mmC10 混凝土垫层，20mm 厚 M5 水泥砂浆面层（加烟黑，压线分格，作金砖海墁效果）。

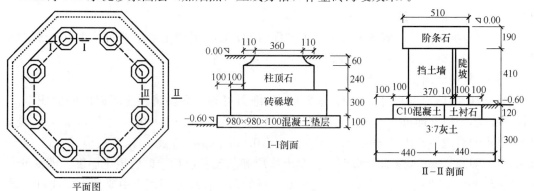

图 2-52 八角亭基础图

【解】结合上述，具体步骤如下：

（1）阅读图纸：根据 Ⅱ-Ⅱ 剖面所示，台明地坪设计标高±0.000，自然地面相对标高为-0.60m。台明边绑从上而下为：阶条石、陡板石和栏土墙、土衬石和混凝土垫层、灰土垫层。从土衬石顶面向下，需挖 0.42m 的土，沿台明一圈，故应属挖地槽，槽宽 0.88m，槽长按灰土垫层中心线长计算。

从 Ⅰ-Ⅰ 剖面可以看出，柱顶石下为砖磉墩，再下是混凝土垫层，垫层埋入自然地面（-0.60m）下 0.04m，故属挖地坑。

土壤类别，因挖土不深，可按一二类土。

（2）阅读定额说明及工程量计算规则：前面已有叙述，此处从略。

（3）选取计算项目：现按《全国仿古建筑及园林工程预算定额 2000 年湖北省统一基价表》，第一章按定额顺序翻阅，选取定额编号和项目名称如下：

1-1	一二类土挖地槽	1-19	一二类土挖地坑
1-71	平整场地	1-73	地面回填
1-75	槽坑回填	1-88	3：7 灰土垫层
1-98	混凝土垫层		

（4）计算工程量：计算挖地槽、灰土垫层、混凝土垫层等，都要事先找出计算长度。

已知檐柱中心线至台明边的距离（下檐出）为 0.80m，只要找出八边形的对边距离，就可依附剖面图的尺寸，按下式计算出八边形的周长：

$$L = n \times s \times \text{tg} \frac{180^\circ}{n}$$

式中 L ——多边形周长;

n ——多边形的边数;

s ——多边形的对边长,图 2-52 八边形的对边线长为:$s=a\div tg\,(180/n)\,=2.4\div$ $tg22.5°=2.4\div0.41421=5.794m$。

1）挖地槽的尺寸:檐柱中至台明边的距离为 0.8m,依图Ⅱ—Ⅱ剖面可知,从台明边向里 0.24m 即为灰土垫层的中心线。该中心线所形成八边形的对边线应为 5.794m+2× (0.8-0.24) m=6.914m。所以,灰土垫层中心线长为:

$L=8\times6.914\times tg22.5°=22.91m$,这就是挖地槽的长度;地槽挖宽为灰土垫层宽,即 0.88m;挖深为 0.42m。

2）挖地坑的尺寸:依图 2-52 Ⅰ—Ⅰ剖面可知,C10 混凝土垫层平面尺寸为:垫层面积=0.98×0.98=0.9604m^2,挖深为 0.04m,共计 8 个。

3）平整场地面积:已经算出。

4）地面回填土的尺寸,由图 2-52 Ⅱ—Ⅱ剖面可知,只要将栏土墙以内的面积求出后,乘以填土厚度即可。其中,台明的对边线长为 5.794m+2×0.8m=7.394m,因此,栏土里边的对边线长为 7.394m-2× (0.48+0.03挡土下混凝土突出的部分折算厚) =6.374m。填土深为将台明高 0.6m 减去面层砂浆、混凝土垫层和灰土垫层后,即为填土厚度。即 0.6- (0.3+0.05+0.02)见例说明 =0.23m。这里要注意的是,在地面回填土中要扣除柱顶石、磉墩和 6cm 厚混凝土垫层的体积。

5）槽坑回填土的尺寸:地坑没有回填,地槽只有在土衬石外回填 10cm 宽,其周长为 (6.914+0.39×2) ×8×0.41421=25.5m 的填土。

6）混凝土垫层:有磉墩下混凝土垫层和栏土墙下混凝土垫层。其中栏土墙下混凝土垫层的中心线长为 (6.914-0.155×2) ×8×0.41421=21.88m。

磉墩下混凝土垫层按方形平面计算。

由以上分析,即可计算见表 2-50。

八角亭土方基础工程工程量计算表   表 2-50

定额编号	项目名称	单位	工程量	计 算 式
一	土方与基础工程			
1-1	人工挖地槽	m^3	8.47	22.91×0.88×0.42=8.47
1-19	人工挖地坑	m^3	0.31	0.98×0.98×0.04×8=0.31
1-71	平整场地	m^2	109.25	即 109.25
1-73	地面回填	m^3	7.42	0.82843× (6.374)^2×0.23-0.32=7.74-0.32=7.42
	其中扣减柱顶石、磉墩、垫层体积		-0.32	0.58×0.58×0.24+0.78×0.78×0.3+0.9604×0.06 =0.08+0.18+0.06=0.32
1-75	槽坑回填	m^3	0.31	25.5×0.1×0.12=0.31
1-88	3:7 灰土垫层（地槽垫层+地面垫层）	m^3	18.57	同挖地槽 8.47+0.82843× (6.374)^2×0.3* =8.47 +10.1
1-98	混凝土垫层（磉墩下+栏土墙下）	m^3	1.74	0.98×0.98×0.1×8+21.88×0.37×0.12=0.77 +0.97
补 1-59	人工运土（设按 20m）	m^3	1.05	挖土 (8.47+0.31) -填土 (7.42+0.31) =1.05

在表 2-50 中，将所有挖土与所有回填土一对比，发现土方还有多余，即：挖土－回填土＝（8.47＋0.31）－（7.42＋0.31）＝1.05m³，这多的土方需要运走，因此，在"工程量计算表"中需要增加一项土方运输。

另外，还发现亭心地面的 300mm 厚灰土垫层被漏掉未算，所以也应在表中补加上去，见表 2-45。

（5）计算费用：将表 2-50 中定额编号和工程量抄写入预算表中，其中注意，平整场地的单位，定额是按 10m²，故写工程量数值时，应将 109.25m²，变成 10.93（10m²）。查取基价进行计算见表 2-51。最后将计算值分别累加写在最上一行。

八角亭土方基础工程工程预算表　　　　表 2-51

定额编号	项目名称	单位	工程量	预算价值		人工费		材料费		综合费	
				基价	元	定额	元	定额	元	定额	元
一	土方与基础工程				2660.87		865.91		1533.05		150.66
1-1	人工挖地槽	m³	8.47	8.42	71.32	7.94	67.25			0.48	4.06
1-19	人工挖地坑	m³	0.31	9.47	2.94	8.93	2.77			0.54	0.17
1-59	人工运土	m³	1.05	8.94	9.39	8.43	8.85			0.51	0.54
1-71	平整场地	10m²	10.93	14.72	160.89	13.89	151.82			0.83	9.07
1-73	地面回填	m³	7.42	7.30	54.17	4.71	34.95			0.41	3.04
1-75	槽坑回填	m³	0.31	9.61	2.98	6.20	1.92			0.54	0.17
1-88	3：7 灰土垫层	m³	18.57	105.05	1950.78	26.04	483.56	68.25	1267.40	5.95	110.49
1-98	混凝土垫层	m³	1.74	234.71	408.40	65.97	114.79	152.67	265.65	13.29	23.12

（6）进行工料分析：将预算表中项目名称和工程量抄写到"工料分析表"中，并按定额编号查取定额，具体计算见表 2-52。

八角亭土方基础工程工料分析表　　　　表 2-52

定额编号	项目名称	单位	工程量	综合工日		3：7 灰土		C10 混凝土		锯　材		圆钉	
				定额	工日	定额	m³	定额	m³	定额	m³	定额	kg
一	土方与基础工程				34.92		19.69		1.77		0.003		0.02
1-1	人工挖地槽	m³	8.47	0.32	2.71								
1-19	人工挖地坑	m³	0.31	0.36	0.11								
1-59	人工运土	m³	1.05	0.34	0.36								
1-71	平整场地	10m²	10.93	0.56	6.12								
1-73	地面回填	m³	7.42	0.19	1.41								
1-75	槽坑回填	m³	0.31	0.25	0.08								
1-88	3：7 灰土垫层	m³	18.57	1.05	19.50	1.01	19.69						
1-98	混凝土垫层	m³	1.74	2.66	4.63			1.02	1.77	0.002	0.003	0.01	0.02

至此，本部分的预算基本结束，共计算费用 2660.87 元，其中人工费 865.91 元，材料费 1533.05 元，综合费 150.66 元；共需人工 34.92 工日，3∶7 灰土 19.69m³，C10 混凝土 1.77m³，锯材 0.003m³，圆钉 0.02kg。

清单工程量计算见表 2-53。

清单工程量计算表 表 2-53

序号	项目编码	项目名称	项目特征描述	计量单位	工程量
1	010101003001	挖沟槽土方	人工挖槽，土壤类别为一、二类土	m³	8.47
2	010101004001	挖基坑土方	人工挖地坑土壤类别为一、二类土	m³	0.31
3	010101001001	平整场地	土壤类别是一、二类土	m²	109.25
4	010103001001	土（石）方回填	地面回填	m³	7.42
5	010103001002	土（石）方回填	槽坑回填	m³	0.31
6	010404001001	垫层	3∶7 灰土垫层	m³	18.57
7	010404001002	垫层	混凝土垫层 980×980×980	m³	1.74

五、喷泉工程

喷泉是人工构筑的整形或天然泉池，以喷射优美的水形取胜，多分置在建筑物前、广场中央、主干道交叉口等处，为使喷泉线条清晰，常以深色景物为背景。在园林中，喷泉常为局部构图中心，它常以水池、彩色灯光、雕塑、花坛等组合成景。

喷泉的景观非常优美，而现代喷泉的喷头是形成千姿百态水景的重要因素之一，喷泉的形式多种多样，有蒲公英形、球形、涌泉形、扇形、莲花形、牵牛花形、雪松形、直流水柱形等。近年来随着光、电、声波及自控装置在喷泉上的运用，已有音乐喷泉和间歇喷泉、激光喷泉等新形式的出现，更加丰富了游人在视觉、听觉上的双重美感。

随着时代的发展，喷泉在现代公园、宾馆、商贸中心、影剧院、广场、写字楼等处，配合雕塑小品，与水下彩灯、音乐一起共同构成朝气蓬勃、欢乐振奋的园林水景。喷泉还能增加空气中的负氧离子，具有卫生保健之功效，备受青睐。近年来随着电子工业的发展，新技术、新材料的广泛应用，喷泉设计更是丰富多彩，新型喷泉层出不穷，成为城市主要景观之一。

喷泉设计必须与环境取得一致。设计时，要特别注意喷泉的主题、形式和喷水景观。做到主题、形式和环境相协调，起到装饰和渲染环境的作用。主题式喷泉要求环境能提供足够的喷水空间与联想空间；装饰性喷泉要求以浓绿的常青树群为背景，使之形成一个静谧悠闲的园林空间；而与雕塑组合的喷泉，需要开阔的草坪与精巧简洁的铺装衬托；庭院、室内空间和屋顶花园的喷泉小景，使人备感节日的欢乐气氛。

为了欣赏方便，喷泉周围一般应有足够的铺装空间。据经验，大型喷泉其欣赏视距为中央喷水高度的 3 倍；中型喷泉其欣赏视距为中央喷水高度的 2 倍；小型喷泉其欣赏视距为中央喷水高度的 1~1.5 倍。

（一）喷泉工程图例（表 2-54）

喷泉工程图例 表 2-54

序号	名 称	图 例	说 明
1	喷泉		仅表示位置，不表示具体形态
2	阀门（通用）、截止阀	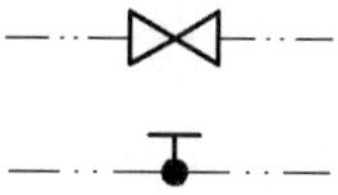	 1.没有说明时，表示螺纹连接 法兰连接时—▷◁—  焊接时—▶◀—  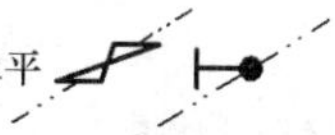
3	闸阀		2.轴测图画法 阀杆为垂直
4	手动调节阀		阀杆为水平
5	球阀、转心阀		
6	蝶阀	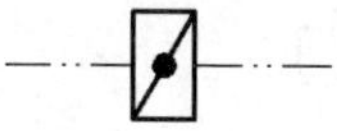	
7	角阀	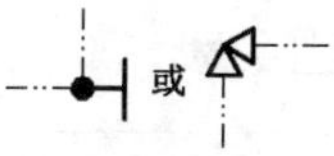	
8	平衡阀		
9	三通阀	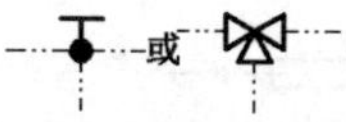	
10	四通阀	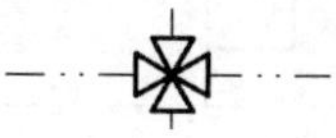	
11	节流阀		
12	膨胀阀	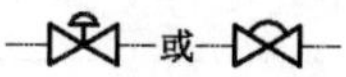	也称"隔膜阀"
13	旋塞	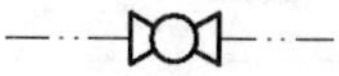	
14	快放阀		也称快速排污阀

序号	名　称	图　例	说　明
15	止回阀		左、中为通用画法，流法均由空白三角形至非空白三角形；中也代表升降式止回阀；右代表旋启式止回阀
16	减压阀	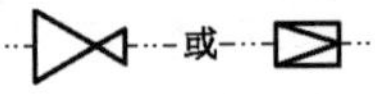 或	左图小三角为高压端，右图右侧为高压端。其余同阀门类推
17	安全阀		左图为通用，中为弹簧安全阀，右为重锤安全阀
18	疏水阀	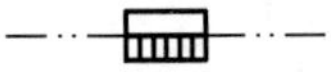	在不致引起误解时，也可用  — ◑ — 表示，也称"疏水器"
19	浮球阀	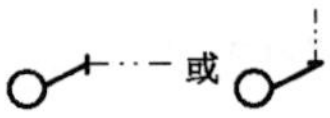 或	
20	集气罐、排气装置	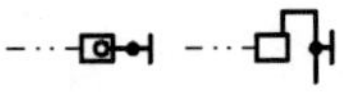	左图为平面图
21	自动排气阀		
22	除污器（过滤器）	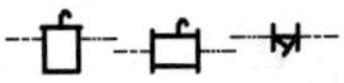	左为立式除污器，中为卧式除污器，右为 Y 型过滤器
23	节流孔板、减压孔板		在不致引起误解时，也可用  —╫— 表示
24	补偿器（通用）		也称"伸缩器"
25	矩形补偿器		
26	套管补偿器		
27	波纹管补偿器		
28	弧形补偿器		
29	球形补偿器	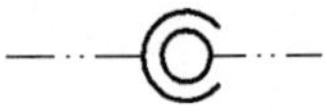	

184

序号	名 称	图 例	说 明
30	变径管异径管		左图为同心异径管，右图为偏心异径管
31	活接头	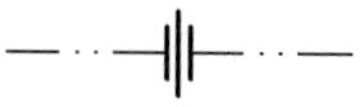	
32	法兰	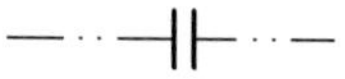	
33	法兰盖	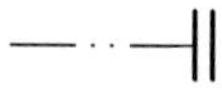	
34	丝堵	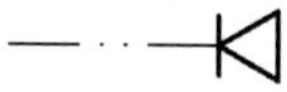	与可表示为： 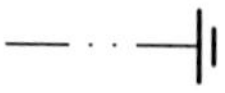
35	可屈挠橡胶软接头		
36	金属软管		也可表示为： 
37	绝热管		
38	保护套管	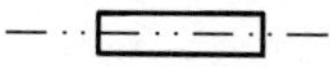	
39	伴热管	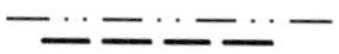	
40	固定支架	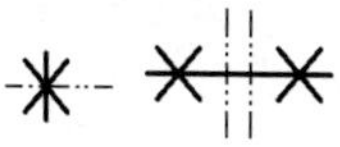	
41	介质流向	 或	在管道断开处时，流向符号宜标注在管道中心线上，其余可同管径标注位置
42	坡度及坡向	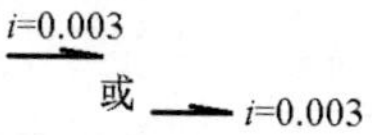 $i=0.003$ 或 $i=0.003$	坡度数值不宜与管道起、止点标高同时标注。标注位置同管径标注位置
43	套管伸缩器	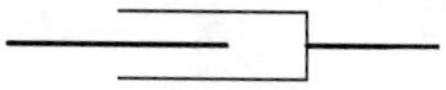	
44	方形伸缩器	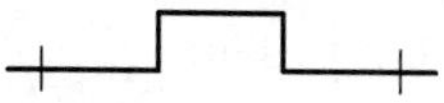	
45	刚性防水套管	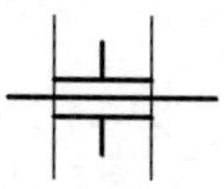	

序号	名 称	图 例	说 明
46	柔性防水套管		
47	波纹管		
48	可曲挠橡胶接头		
49	管道固定支架		
50	管道滑动支架		
51	立管检查口		
52	水泵	平面　系统	
53	潜水泵		
54	定量泵		
55	管道泵		
56	清扫口	平面　　系统	
57	通气帽	成品　　铅丝球	
58	雨水斗	YD-　YD- 平面　系统	
59	排水漏斗	平面　系统	

序号	名 称	图 例	说 明
60	圆形地漏	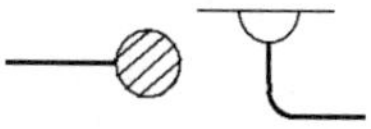	通用。如为无水封，地漏应加存水弯
61	方形地漏	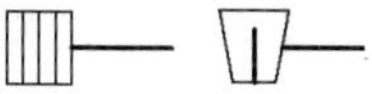	
62	自动冲洗水箱		
63	挡墩	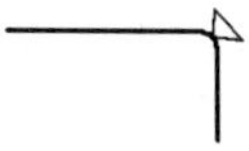	
64	减压孔板	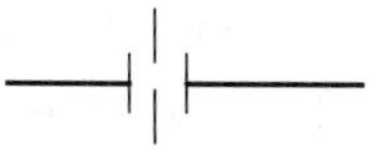	
65	除垢器	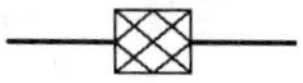	
66	水锤消除器	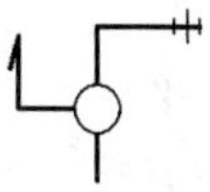	
67	浮球液位器	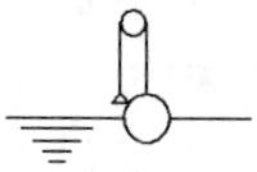	
68	搅拌器	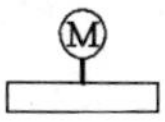	

（二）喷泉工作程序

喷泉的工作流程是：水源通过水泵（清水离心泵要设置泵房）提水将其送到供水管，进入分水槽或分水箱（主要是使各喷头有同等的压力），再经过控制阀门，最后至喷嘴，喷射出各式各样的水姿。如果喷水池水位升高超过设计水位，水就由溢流口流出，进入排水井排走。喷泉采用循环供水，多余的溢水回送到泵房，作为补给水回收。时间长了出现泥沙沉淀，可通过格栅沉泥井进入泄水管清污，污物由清污管进排水井排出，从而保证池水的清洁。

（三）喷水池

喷水池的形状、大小应根据周围环境和设计需要而定。形状可以灵活设计，但要求富有时代感；水池大小要考虑喷高，喷水越高，水池越大，一般水池半径为最大喷高的1～1.3倍，平均池宽可为喷高的3倍。实践中，如用潜水泵供水，吸水池的有效容积不得小于最大一台水泵3分钟的出水量。水池水深应根据潜水泵供水、吸水池的有效容积不得小于最大一台水泵 3 分钟的出水量。水池水深应根据潜水泵、喷头、水下灯具等的安装要求确定，其深度不能超过 0.7m，否则必须设置保护措施。

喷水池由基础、防水层、池底、压顶等部分组成。

1. 基础：基础是水池的承重部分，由灰土和混凝土层组成。施工时先将基础底部素土夯实，密实度不得低于 85％。灰土层厚 30cm（3：7 灰土）。C10 混凝土厚 10～15cm。

2. 防水层：水池工程中，防水工程质量的好坏对水池安全使用及其寿命有直接影响，因此，正确选择和合理使用防水材料是保证水池质量的关键。水池防水材料种类较多。按材料分，主要有沥青类、塑料类、橡胶类、金属类、砂浆、混凝土及有机复合材料等。按施工方法分，有防水卷材、防水涂料、防水嵌缝油膏和防水薄膜等。一般水池用普通防水材料即可。钢筋混凝土水池还可采用抹 5 层防水砂浆（水泥中加入防水粉）的做法。临时性水池则可将吹塑纸、塑料布、聚苯板组合使用，均有很好的防水效果。

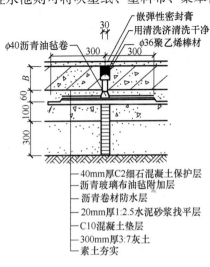

图 2-53 变形缝做法

3. 池底：池底直接承受水的竖向压力，要求坚固耐久。多用现浇钢筋混凝土池底，厚度应大于 20cm，如果水池容积大，要配双层钢筋网。施工时，每隔 20m 选择最小断面处设变形缝，变形缝用止水带或沥青麻丝填充；每次施工必须从变形缝开始，不得在中间留施工缝，以防漏水，如图 2-53 所示。

4. 池壁：池壁是水池竖向的部分，承受池水的水平压力。池壁一般有砖砌池壁、块石池壁和钢筋混凝土池壁三种，如图 2-54 所示。池壁厚视水池大小而定，砖砌池壁采用标准砖，M7.5 水泥砂浆砌筑，壁厚≥240mm。砖砌池壁虽然具有施工方便的优点，但红砖多孔，砌体接缝多，易渗漏，使用寿命短。块石池壁自然朴素，要求垒石严密。钢筋混凝土池壁厚度一般不超过 300mm，常用 150～200mm，宜配直径 8mm、12mm 钢筋，中心距 200mm，C20 混凝土现浇，如图 2-55 所示。

5. 压顶：压顶是池壁最上部分，它的作用是保护池壁，防止污水泥沙流入池内。下沉式水池压顶至少要高出地面 5～10cm。池壁高出地面时，压顶的做法要与景观相协调，可做成平顶、拱顶、挑伸、倾斜等多种形式。压顶材料常用混凝土及块石。

（四）喷泉的布置要点

喷泉的布置，直接影响到周边环境的协调。同时，它也是反映建筑物及其环境的主题的重要因素之一，一般来说，应将喷泉融入环境当中，用环境来烘托喷泉，用喷泉来点缀环境，达到一种特有的艺术意境。例如北京天安门前的喷泉就颇为雄伟、壮观，与天安门形成鲜明的映射。

喷泉通常都设置在建筑广场人流比较集中的地方，对于花坛群，则可设在花坛之中，而在庭院中、空间转折处、门口两侧、公共建筑大厅内，往往都布置一些小的喷泉，这种喷泉既灵活，又能起到装饰效果，因此应用相当普遍。当然喷泉布置也有一定的规定，如不能把喷泉设置在风口处，以免受风的影响，而使喷泉水形遭到破坏。

188

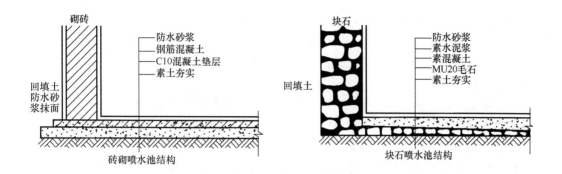

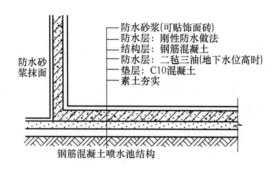

图 2-54　喷水池池壁（底）的构造

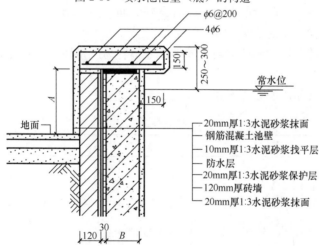

图 2-55　钢筋混凝土池壁做法

规则式和自然式是喷水池的两种形式。其喷水的位置一般位于水池中心，组成各种图案，也能偏于一侧或进行自由地布置。再则，喷水池喷水的形式、规模以及喷水池的大小比例要视喷泉所在地空间尺度来确定。一般常见情况如下：

①在建筑物前、街道转角等狭长的场地，水池常选用长方形或者其变形。

②街道中心岛、水池、公园入口、车站前等开阔的场地常选用规则式喷泉池。

③饭店、展览会会场、旅馆等现代建筑，水池常为长方形或圆形等。

④中国传统式园林的水池形状常为自然式。

对于喷泉池所处空间及环境不同，其喷水的形式、照明情况也不同：

对于①的要求：水池要大，喷水要高，照明不要太华丽。

对于③的要求：喷泉的水量要大，水感要强烈，照明可以比较华丽。

对于④的要求：喷泉的形式比较简单，可以使之成为瀑布、涌泉、迭水等，以表现天然的水态为主。

对于旅游宾馆、游乐中心等热闹的场所，喷水水态一般要多变，色彩要华丽，可使用各种各样的音乐喷泉。

对于公园内的一些小局部等寂静的场所，其形式自由，可与各种装饰性小品如雕塑等结合，但是一般情况下，色彩要求比较朴素，不要过于华丽，变化不要过多。

（五）喷头与喷泉造型

1. 常用的喷头种类

喷泉的主要组成部分之一是喷头，其形式、结构、制造的外观和质量等，对整个喷泉的艺术效果都会有重要的影响。

喷泉的作用就是把具有一定压力的水，经过喷嘴，可形成各种绚丽的水花造型。

喷头要求具有良好的耐磨性、耐锈蚀性，这是因为喷头常受水流摩擦，过去的材料一般为具有一定强度的青铜或黄铜。近些年来，为了节省钢材，也常使用铸造尼龙制造喷头。

铸造尼龙制造的喷头的优缺点如下所示：

（1）优点：铸造尼龙制造的喷头，具有良好的润滑性、耐磨性，并且加工容易、成本低以及轻便（其重量为铜的1/7）等特点。

（2）缺点：用铸造尼龙制造的喷头零件尺寸不容易严格控制，并且使用寿命短、易老化，常用于低压喷头。

就目前而言，常使用的喷头形式有（表2-55）：

喷头类型　　　　　　　　　　　　　　　　　　　　　表 2-55

喷头类型	相关图例	喷头类型	相关图例
雪松型	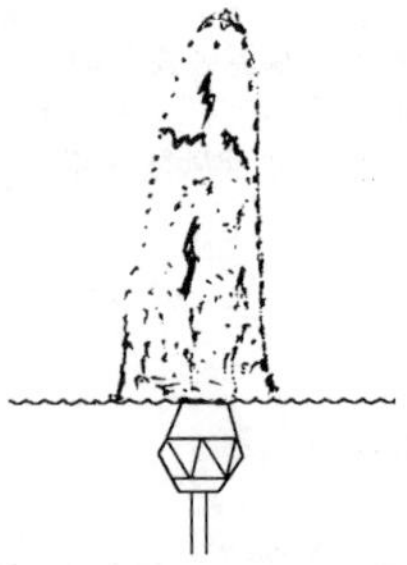	牵牛花型	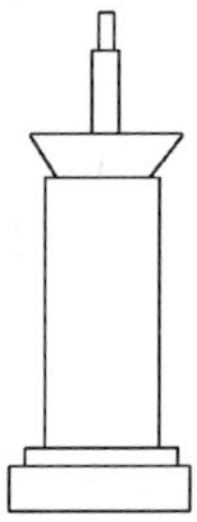
柱形	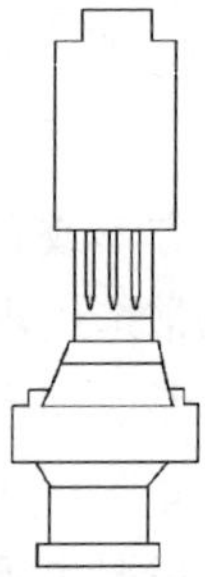	旋转型	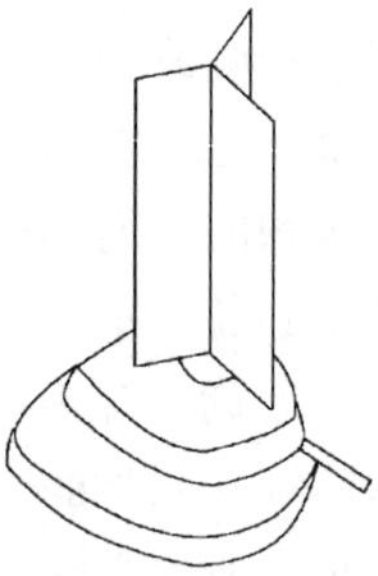

（1）旋转喷头

是指它可以绕自身铅垂线旋转的喷头，水流一般呈集中射流状，它的特点是边喷洒边旋转。该喷头流量范围大，射程较远，喷灌强度低，均匀度高，它是目前农、林、园林绿地使用特别广的一种形式。旋转式喷头的结构形式很多，根据其旋转驱动机构的原理和结构的不同又可分为：水涡流驱动式、反作用式、叶轮式、全射流式、摇臂式等。

（2）单射流喷头

喷泉中应用最为广泛的一种喷头，是单射流喷头，同时它也是压力水喷出的最基本形式。它的特点是：可单独使用，也能组成、分布为各种阵列，从而形成各种各样的喷水水形图案。

（3）吸力喷头

该喷头常有吸水性喷头、吸气性喷头和吸气吸水性喷头3种，它们共同的特点是利用水压差将空气和水吸入，待喷水与其混合喷出时，水柱膨大且含大量小气泡，成为白色带泡沫的不透明水柱。如果在夜间并且经彩灯照射时，则更加光彩夺目。

（4）趵突喷头

趵突喷头属于环形喷头，它的出水口为环形断面，即外实内空，使水形成集中而不分散多环形水柱。它常以粗犷、雄伟的气势跃出水面，常带给人们一种激进向上的气氛。

（5）盘龙抱柱喷头

盘龙抱柱喷头是一种组合式喷头。组合式喷头是由两种或两种以上形体各异的喷嘴。根据水花造型的需要，组合成一个大喷头，称为组合式喷头，它能够形成较复杂的花形。

（6）玉柱喷头

玉柱喷头属于吸力喷头的一种。

（7）树形喷头

树形喷头属于吸力喷头的一种。

（8）扇形喷头

扇形喷头的外部形状特别像常见的鸭嘴（扁扁的）。但是它能喷出的水膜像扇子形状，水花像开屏时的孔雀一样的漂亮。

除此以外，还有喷雾喷头、多孔喷头、变形喷头以及蒲公英喷头等。

2. 喷泉的水型设计

喷泉的水型是由以下几个方面因素控制的：

①喷头的不同仰俯角

②喷头的不同组合方式

③喷头的不同种类

喷泉水型设计所依据的不同，其产生的效果情况也不一样。

①从喷泉水流的基本形象分，有四种组合形式：组合射流、散射流、集射流、单射流。

②从构成来说，它的最基本构成要素是由不同形式喷头喷水产生的不同水型。即：水带、水花、水膜、水雾、水蒂等。

随着科技的快速发展，喷头的设计也在不断地改进，喷泉的自动化、声光化、智能化方面，喷泉机械的创新以及喷泉与电子设备、声光等方面的组合，它们都有日新月异的发展，喷泉水景效果会更加丰富，五光十色，更加奇特美妙。

在当前，在大部分地区喷泉水型样式已经踊跃而出，多种多样。在我们实际进行设计当中，各种各样的水型既可单独使用，又可将几种水型相互组合在一起使用。处于同一喷泉池中，喷头的组合越多，种类越多，水型样式越多，越丰富，就越能构成复杂和美丽的图案（表 2-56）。

喷泉的水姿形式   表 2-56

名称	喷泉水型	名称	喷泉水型
圆柱形		篱笆形	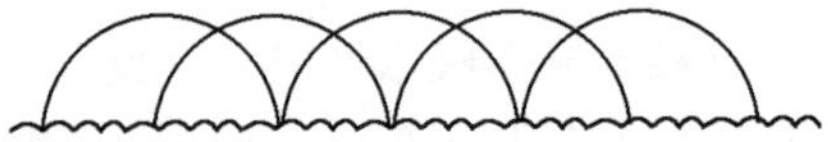
向心形		拱顶形	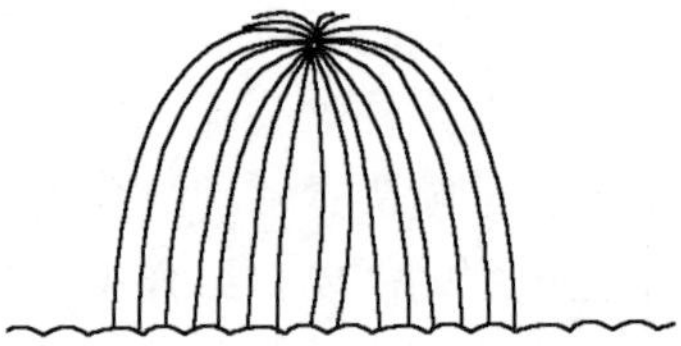
洒水形	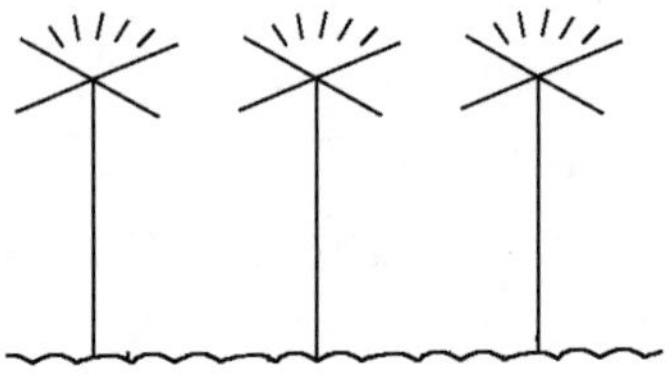	水幕形	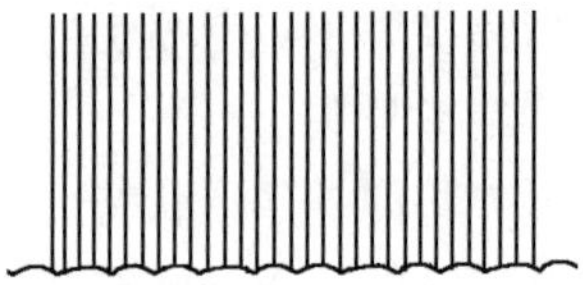
单射形		牵牛花形	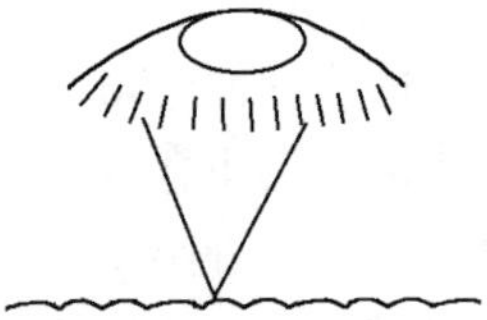

（六）喷泉水力计算

喷泉设计中为了达到预定的水型，必须确定与之相关的流量，管径和所需的水压，为喷泉的管道布置和水泵选择提供依据。

1. 喷头流量计算公式

$$q = \mu f \sqrt{2gH} \times 10^{-3}$$

192

式中 q——单个喷头流量（L/s）；

　　μ——流量系数，一般 $0.62\sim0.94$ 之间；

　　f——喷嘴断面积（mm^2）；

　　g——重力加速度（m/s^2）；

　　H——喷头入口水压，m 水柱。

根据单个喷头的喷水量计算一个喷泉喷水的总流量 Q，即在同一时间内同时工作的各个喷头流量之和的最大值。

2. 管径计算

$$D=\sqrt{\frac{4Q}{\pi v}}$$

式中 D——管径（mm）；

　　Q——管段流量（L/s）；

　　π——圆周率，取 3.1416；

　　v——流速（常用 $0.5\sim0.6m/s$ 来确定）。

扬程计算：

$$总扬程＝实际扬程＋水头损失$$
$$实际扬程＝工作压力＋吸水高度$$

工作压力是指水泵中线至喷水最高点的垂直高度，喷泉最大喷水高度确定后，压力可确定，例如喷 15m 的喷头，工作压力为 150kPa（15m）水柱。吸水高度，也称水泵允许吸上真空高度（泵牌上有注明），是水泵安装的主要技术参数。

水头损失是管道系统中损失的扬程。由于水头损失计算较为复杂，实际中可粗略取实际扬程的 $10\%\sim30\%$ 作为水头损失。

3. 水泵泵型选择

水泵是喷水工程给水系统的主要组成部分。喷泉工程系统中使用较多的是卧式或立式离心泵和潜水泵。小型喷泉也可用管道泵、微型泵等。

离心泵分为单级离心泵和多级离心泵。其特点是依靠泵内的叶轮旋转所产生的离心力将水吸入并压出。它结构简单，使用方便，扬程选择范围大，应用广泛。值得注意的是，离心泵在使用时要先向泵体及吸水管内灌满水排除空气，然后才能开泵供水。

潜水泵具有体积小、质量轻、移动方便、安装简易、不需要建造泵房等特点。其泵体与电动机在工作时均浸入水中。启动时不要灌水，不装底阀和总阀，效率高，在现代喷泉工程中使用广泛。

泵型选择：水泵选择要做到"双满足"，即流量满足、扬程满足。因此流量和扬程是选择水泵的两个主要指标。

（1）流量确定：按同时工作的各喷头流量之和来确定。

（2）扬程确定：按喷泉水力计算总扬程确定。

（3）水泵选择：根据总流量和总扬程查水泵性能表。如喷泉要用两个或两个以上水泵提水时，用总流量除水泵数求出每台水泵流量，再利用水泵性能表选泵。若遇两种泵型都适用，应优先选择功率小、效率高、叶轮小，质量轻的型号。

【例 15】 某单位要在办公楼广场设计循环供水组合式喷泉，采用独立水泵供水，各经验数据由表 2-57 给出，请选择泵型。

喷泉所需技术参考表　　　　　　　　　　　　　　　表 2-57

喷头类型	数量（个）	流量［m³/（h·个）］	工作压力（kPa）	最大喷高（m）
中心喷头	1	15	100	10
外圈喷头	5	9	60	3

注：损失扬程为实际扬程的 15%。

（1）流量和扬程确定：

流量：$Q=15+5\times9=60m^3/h=16.7L/s$

扬程：$H=10+10\times15\%=11.5m$

（2）泵型选择

以流量 $Q=16.7L/s$，扬程 $H=11.5m$ 查得适用的泵型为 IS80-65-125A。

【例 16】水泵的最高供水点比抽水处水位高出 11m，供水点处设计有喷泉，设计喷高 10m，干管流量 $50m^3/h$，供水距离为 60m，用两台水泵同时供水，请选择水泵型号。（注：每米阻力为≥2.08mm 水柱）。

【解】（1）流量、扬程确定：

流量：$Q=50/2=25m^3/h$

扬程：$H=h_1+1.2\times$ 管长 $\times$（每米阻力/1000）$+3+h_2$

$\quad\quad=11+1.2\times60\times$（2.08/1000）$+3+10=24.15m$

式中　h_1——地形高差（供水点至抽水水位的高差）；

$\quad\quad h_2$——喷泉设计最大喷高。

（2）泵型选择

以流量 $Q=25m^3/h$，扬程 $H=24.15m$ 查得，符合已知要求的水泵是 IS65-50-160，考虑应给水泵的扬程能力和流量适当留有余地，选定 IS65-50-160，转速 2900r/min，流量 $30m^3/h$，扬程 30m。

（七）喷泉设计实例

如图 2-56～图 2-58 作简要说明：

图 2-56　喷泉立面效果示意

该喷泉位置在公园中心，它两侧均有一弧形的花廊，不言而喻，喷泉则是构图的中心，可使人产生一种强烈的内聚力。它采用造型设计为主题造型。其中雕塑"母与子"离水面高度为 2.5m，圆形喷水池，其直径为 15m，在水池与雕塑之间有 18 个仰角为 30°的直流喷头，一共有 6 组，每组均有 4 种喷头：菊花、钟罩、旋转以及喇叭形，成均匀分布。分别由直径为 5cm 的管道供水，每根上均设有电磁阀，由时间继电器控制，每 15s 变换一次轮流喷水，每个电磁阀上均设有用于调节水压的手动截止阀，进行音乐调控。这是通过磁电阀来完成的，其整个循环流量是：$10\sim13\text{m}^3/\text{h}$，总消耗电功率在 4kW 左右。

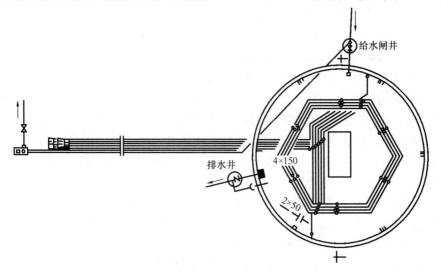

图 2-57　喷泉管道平面图

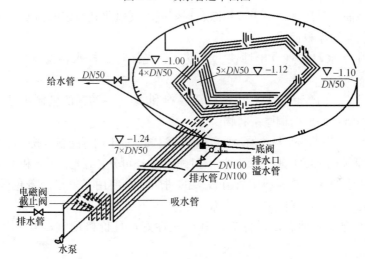

图 2-58　喷泉管道系统布置图

六、装饰及杂项工程

（一）工程内容

装饰及杂项工程内容包括白灰砂浆、水泥砂浆、水刷石、干粘石、剁斧石、油漆等各种装饰，以及圆桌、圆凳、铁栏杆安装、找平层、卷材防水层等杂项工程。

1. 装饰

白灰砂浆是以石灰膏为胶结材料，由石灰膏和水、砂按一定比例拌合而成的。

水泥砂浆是以水泥为胶结材料，由水泥、砂和水按一定比例拌合而成的。

水刷石是将水泥石碴砂浆抹在建筑物表面，在水泥初凝前用毛刷刷洗或用喷枪冲掉表面的水泥浆皮，使内部的石碴半露出来，通过不同色泽的石渣，达到装饰目的。

水刷石的组成与水磨石组成也基本相同，只是石渣的粒径稍小，一般使用大八厘、中八厘石碴。为了减轻水泥的沉暗色调，可在水泥中掺入适量优质石灰膏（冬季不掺）。用白水泥或白水泥加无机颜料制成彩色底的水刷石，装饰效果更好。

水刷石粗犷、自然、美观、淡雅、庄重，通过分色、分格、凹凸线条等处理可进一步提高其艺术性以及装饰性。但其缺点是操作技术要求高、费料费工、湿作业量大、劳动条件差，主要用于外墙面、阳台、檐口、腰线、勒脚、台坛等。

剁斧石又称为斩假石、剁假石。剁斧石与水磨石的光亮、细腻质感不同，它是将硬化后的水泥石碴抹面层用钝斧剁琢变毛，其质感酷似粗（细）琢面的天然石材。

剁斧石的配料与水磨石基本相同，只是石碴的粒径较小，一般多使用 2mm 以下的（有时也使用小八厘），并掺入 30％的石屑（0.15～1.0mm）。欲获花岗石效果，须在石碴中掺入适量 3～5mm 粒径的黑色或深色小粒矿石，并掺入适宜的无机矿物颜料。

剁斧石朴实、自然、素雅、庄重，具有天然石材的质感，外观极象天然石材。其缺点是费工费力、劳动强度大、施工效率低。剁斧石主要用于勒脚、柱面、桩基、台阶、花坛、栏杆、矮墙等，有时也用于整个外墙面。

油漆分为清油、清漆、厚漆、调合漆、磁漆和底漆，有时根据特殊需要，还有防锈漆、防腐漆和木器漆等。

清油又称熟油，是用干性油经过精漂、提炼或吹气氧化到一定的粘度，并加入催干剂而成的。可单独作为涂料使用。

清漆俗称凡立水，它具有干性快、漆膜硬、光泽好、抗水性及耐化学药品性好等特点。

厚漆俗称铅油，由着色颜料、大量体质颜料和 10％～20％的精制干性油或炼豆油，并加入润湿剂等研磨而成的稠厚浆状物。

调和漆，是以干性油为基料，加入着色颜料、溶剂、催干剂等配制而成的可直接使用的涂料。它分为油性调和漆和磁性调和漆两种，有时按漆面还可分为有光、半光和无光三种。

磁漆与调和漆的区别是漆料中含有较多的树脂，并使用了鲜艳的着色颜料、漆膜坚硬、耐磨、光亮、美观，好像磁器，故称为磁漆。

底漆是用于物体表面打底的涂料。其填充性好，且价格便宜，但美观性差、耐候性差。

防锈漆是由基料、红丹、锌黄、偏硼酸钡、磷酸锌等配制而成的具有防锈作用的底漆。主要用于钢铁材料的底涂涂料。

防腐漆是具有优良耐腐蚀性的涂料，它主要通过屏蔽作用、缓蚀和钝化作用、电化学作用等来实现防腐，主要用于金属材料的表面防腐。

木器漆属于高级专用漆，它具有漆膜坚韧、耐磨、可洗刷等特性。常用的有硝基木器漆、过氯乙烯木器漆、聚酯木器漆等。主要用于高级家具、木装饰件等。

（1）抹灰

抹灰工程内容有砂浆调制、运输、清底层、抹灰找平、压光、刷粘石碴、剁斧养护等全过程。

砂浆调制就是按照一定的比例将砂浆调制配好，达到各种要求。在调制中应注意：

1）不宜用过粗颗粒的骨料，以免影响抹面效果。

2）分层涂抹时，不同层要求用不同的材料与配比。

3) 为使表面光洁，面层胶材料应采用石灰、石膏掺入有机高分子材料。

4) 必要时掺入麻刀、纸筋、矿质纤维等掺料以防开裂，提高粘结度。

5) 注意砂浆的和易性，以保证砂浆质量。

运输指用装载工具将砂浆或刷浆等装饰材料从一处运到另一处。

底层主要起与基层的粘结和初步找平作用。使用砂浆的稠度为 100～120mm，使用材料与基层有关，室内砖墙常用石灰砂浆、石灰渣浆和石灰黏土草秸灰；室外砖墙面常用水泥砂浆。混凝土基层宜先刷素水泥浆一道，采用混合砂浆打底，而高级装饰工程的预制混凝土顶棚宜先用 108 胶水泥砂浆打底。木板条、苇箔、钢丝网基层，常用混合砂浆、麻刀灰和纸筋灰，并将灰浆挤入基层缝隙内，以加强拉结。

抹灰找平指通过抹灰来找平。

压光指将抹灰层的表面处理光滑。

石碴，也称为石粒、石米等，是由天然大理石、白云石、方解石、花岗石破碎而成，具有多种色泽（包括白色），是石碴类装饰砂浆的主要材料，也是预制人造大理石、水磨石的原料，其规格、品种及质量要求见表 2-58。刷粘石碴是装饰抹面的一道工序。

彩色石碴规格及质量要求 表 2-58

规格与粒径的关系		常用品种	质量要求
规格	粒径（mm）	东北红、东北绿、丹东绿盖平红、粉黄绿、王泉灰、旺青、晚霞、白云石、云彩绿、红玉花、奶油白、竹根霞、苏州黑、黄花玉、南京红、雪浪、松香石、墨玉、汉白玉、曲阳红等	1. 颗粒坚韧有棱角、洁净，不得含有风化石粒 2. 使用时应冲洗干净
大二分	约 20		
一分半	15		
大八厘	8		
中八厘	6		
小八厘	4		
米粒石	0.3～1.2		

剁斧养护是做剁斧石面层的一道工序。在中层抹灰面上浇水湿润，刮水泥浆（水灰比为 0.37～0.40），随即将配制好的水泥石屑抹上，并赶平压实。抹完后要注意防晒和冰冻，洒水养护 2～3d。

以砖为主要砌体材料的墙，称为砖墙。

混凝土是以水、砂、石子、水泥等混合在一起经搅拌、振捣、养护而制成的一种人造石材。

剁斧石饰面是仿制天然石料的一种墙面抹灰。先用 15mm 厚 1:2 水泥砂浆打底。刷素水泥一道，面层用 10mm 厚 1:2 水泥白石屑罩面，在底层未干透时就将面层抹上，待所抹面层水泥达到一定强度后，即开始斩剁。

水刷石饰面是先用 1:2 水泥砂浆打底，扫毛或划纹，刷素水泥浆一道（内掺水重 3%～5% 的 108 胶），再用 1:2 水泥石子浆抹面。石子多用石英石、白云石、玻璃屑等。抹好后用铁抹子压光，待六成干时，用刷子加水，将外皮石子间的水泥浆洗掉，使 1/3 的石子表面完全露出，最后用喷水器自上而下喷水，把表面的那层水泥洗掉。

石灰是一种气硬性无机胶结材料，加水后形成的浆体，均只能在干燥空气中凝结硬化，而不能在水中硬化，因此只能用于干燥环境中的工程部位，而不能用于潮湿环境及水中的工程部位。工程石灰的主要用途为配制砂浆、三合土和灰土等。

石灰凝结硬化慢、强度低。石灰浆体的硬化过程包括干燥、结晶和碳化过程；其吸水性强、耐水性差，生石灰存放时间过长，会吸收空气中的水分而熟化，并且发生碳化使石灰的活性降低；保水性好。熟石灰膏具有良好的可塑性与保水性；石灰硬化后有较大体积收缩，石灰浆硬化过程中，大量水分蒸发，使内部网状毛细管失水收缩，导致表面开裂；石灰放热量大，腐蚀性强。生石灰的熟化是放热反应，会放出大量的热，熟石灰中的 $Ca(OH)_2$ 具有较强的腐蚀作用。

石灰按化学成分划分为生石灰粉和建筑消石灰粉二类。其中生石灰粉又分钙质生石灰粉和镁质生石灰粉，消石灰粉分钙质消石灰粉、镁质消石灰粉和白云石质消石灰粉；按燃烧程度划分为过火石灰、正火石灰和欠火石灰等；按生石灰的熟化速度划分为快熟石灰、中熟石灰和慢熟石灰三种；按 $CaO+MgO$ 含量划分为建筑生石灰、建筑生石灰粉、建筑消石灰粉分别可分为优等品、一等品和合格品三个等级。工程中使用的石灰品种主要有块状生石灰、磨细生石灰粉、消石灰粉和熟石灰膏等。

108 胶即聚乙烯醇缩甲醛胶，它是以聚乙烯醇与甲醛在酸性介质中进行缩合反应而得到的。外观呈无色透明的水溶液状，有良好的粘结性能，粘结强度可达 0.9MPa，在常温下（10℃以上）能长期贮存，但在低温下容易冻胶。它可用于墙纸、墙布的裱糊。除此以外，还可以用作室内外墙面涂料的主要成膜物质，或用于拌制水泥砂浆，能增加砂浆层的粘结力。在工程中应用非常广泛，因为它不仅具有良好的粘结性能，价格也比较便宜。但它有一个缺点，就是这种胶粘剂在生产过程中，由于聚合反应进行得不完全，有一部分游离的甲醛存在，扩散到空气中，对人的呼吸道和眼睛会产生强烈的刺激。室内使用这种胶粘剂后，一定要通风晾置一定的时间，将游离的甲醛排除掉，以免对健康造成影响。

石屑是比石粒更小的细骨料，主要用于配制外墙喷涂饰面用聚合物砂浆。

（2）油漆粉刷

油漆粉刷工程内容有清污迹、防锈、刮腻子、磨砂纸、刷油、刷浆等全过程。

清污迹是为了使油漆和基层表面粘结牢固，节省材料，必须对涂刷在木料、金属、抹灰层和混凝土基层上的表面进行处理。木材基层表面油漆前，要求将表面的灰尘、污垢清除干净，表面上的缝隙、毛刺、节疤和脂囊修整后，用腻子填补。抹腻子时对于宽缝、深洞要深入压实，抹平刮光。

防锈指金属基层表面油漆前，应除去表面锈斑、尘土、油渍、焊渣等杂物，防止锈蚀。

刮腻子是指待底油干燥后，即可披腻子。采用的腻子应具有良好的塑性和易涂性，干燥后应坚固。腻子的品种应与基层、底漆、面层漆的性质配套使用。腻子的配合比可参阅建筑施工手册。

腻子涂抹厚度应适度，过厚易于龟裂和脱落，降低油漆涂层的强度。腻子过薄则影响油漆层的平整和光洁度。填刮腻子时不宜往返刮的次数过多，防止将腻子中的油分挤出形成一层油膜，致使腻子干燥缓慢或因腻子内部油分过少引起裂缝。分遍刮腻子时，应控制几道腻子涂刮的时间间隔，必须待前道腻子干透后，方可打磨和涂刮下道腻子。涂刮的腻子应坚实牢固，不得有起皮和裂缝。腻子涂刮遍数由油漆工程等级决定。

磨砂纸是可以将基层打磨光滑的一种纸。

刷油指防锈漆和第一遍银粉漆，应在设备、管道安装就位前涂饰，最后一遍银粉漆，应在刷浆工程完工后涂饰。不刮腻子的薄钢板屋面、檐沟、水落管、泛水等处，防锈漆涂饰应不少于两遍。高级油漆做磨退时，应用醇酸树脂油漆油饰，并根据膜厚度增加 1～3 遍刷油漆和磨退、打砂蜡、打油蜡、擦亮的工作。

刷浆是指用水质涂料喷刷建筑物内、外表面的一种装饰。一般分为室内刷浆工程和室外刷浆工程。

刷浆常用的材料有石灰浆、大白浆、可赛银浆、聚合物水泥浆和水溶性涂料等。刷浆一般应在抹灰层充分干燥后进行。刷浆前应将基层表面的灰尘、污垢、溅浆和砂浆流痕清除干净，表面裂缝和孔洞用腻子嵌实。腻子干燥后用木砂纸磨光磨平。喷色浆基层，复补腻子要加适量的同色颜料。刷浆常用腻子分室外用乳胶腻子和室内用乳胶腻子。室内刷浆按质量标准和浆料品种、等级来分几遍涂刷，机械喷浆则不受遍数限制，以达到质量要求为主。室外刷浆如分段进行，施工缝应留在分格缝、墙洞角或水落管等分界线处。同一墙面应用相同的材料和配合比。

小面积刷浆工具采用扁刷、圆刷或排笔刷涂。大面积刷浆工具采用手压或电动喷浆机进行喷涂。刷浆次序为：先顶棚，后由上而下刷（喷）四面墙壁，每间房屋要一次做完，刷色浆应一次配足，以保证颜色一致。室外刷浆，如分段进行时，应以分格缝、墙的阳角处或水落管处等为分界线。同一墙面应用相同的材料和配合比，涂料必须搅拌均匀，要做到颜色一致、分色整齐、不漏刷、不透底，最后一遍的刷浆或喷浆完毕后，应加以保护，不得损伤。室内刷浆的主要工序参见表 2-59，室外刷浆的主要工序见表 2-60。

室内刷浆的主要工序 表 2-59

项次	工 序 名 称	石灰浆		聚合物水泥浆		大白浆		可赛银浆		水溶性涂料		
		普通	中级	普通	中级	普通	中级	高级	中级	初级	中级	高级
1	清扫	＋	＋	＋	＋	＋	＋	＋	＋	＋	＋	＋
2	用乳胶水溶液或聚乙烯醇缩甲醛胶水溶液湿润			＋	＋							
3	填补缝隙，局部刮腻子	＋	＋	＋	＋	＋	＋	＋	＋	＋	＋	＋
4	磨平	＋	＋	＋	＋	＋	＋	＋	＋	＋	＋	＋
5	第一遍满刮腻子							＋	＋		＋	＋
6	磨平							＋	＋		＋	＋
7	第二遍满刮腻子							＋				＋
8	磨平							＋				＋
9	第一遍刷浆	＋	＋	＋	＋	＋	＋	＋	＋	＋	＋	＋
10	复补腻子		＋		＋		＋	＋	＋		＋	＋
11	磨平		＋		＋		＋	＋	＋		＋	＋
12	第二遍刷浆	＋	＋	＋	＋	＋	＋	＋	＋		＋	＋
13	磨浮粉							＋				＋
14	第三遍刷浆							＋				＋

注：1. 表中"＋"号表示应进行的工序；

2. 高级刷浆工程，必要时可增刷一遍浆；

3. 机械喷浆可不受表中遍数的限制，以达到质量要求为准；

4. 湿度较大的房间刷浆，应采用具有防潮性能的腻子和涂料；

5. 腻子配比（重量比），乳胶：滑石粉或大白浆：2％羧甲基纤维素＝1：5：3.5。

室外刷浆的主要工序 表 2-60

项 次	工 序 名 称	石灰浆	聚合物水泥浆	无机涂料
1	清扫	+	+	+
2	填补缝隙，局部刮腻子	+	+	+
3	磨平		+	+
4	找补腻子，磨平			+
5	用乳胶水溶液或 108 胶水溶液湿润		+	
6	第一遍刷浆	+	+	+
7	第二遍刷浆	+	+	+

注：1. 表中"＋"号表示应进行的工序；

2. 机械喷浆可不受表中遍数的限制，以达到质量要求为准；

3. 腻子配比（重量比），乳液：水泥：水＝1：5：1。

金属件是由金属制成的构件。

防锈漆是由基料、红丹、锌黄、偏硼酸钡、磷酸锌等配置而成的具有防锈作用的底漆，常用的有醇酸红丹防锈漆、酚醛硼酸钡防锈漆等。主要用于金属件材料的底涂涂料。

调和漆，它是以干性油为基料，加入着色颜料、溶剂、催干剂等配置而成的可直接使用的涂料。基料中没有树脂的称为油性调和漆，其漆膜柔韧，容易涂刷，耐候性好，但光泽和硬度较差。含有树脂的称为磁性调和漆，其光泽好，但耐久性较差。磁性调和漆中醇酸调和漆属于较高级产品，适用于室外；酚醛、酯胶调和漆可用于室内外，调和漆按漆面还分为有光、半光和无光三种，常用的为有光调和漆，可洗刷；半光和无光调和漆的光线柔和，可轻度洗刷，建筑上主要用于木门窗和室内墙面。

铁骨架指构筑物的总体轮廓铁架子。

清油又称熟油，是用干性油经过精漂、提炼或吹气氧化到一定的粘度，并加入催干剂而成的。清油可以单独作为涂料使用。适用于调制厚漆和防锈油的油料，还可单独用于木质表面的涂刷，作防水、防锈之用。"木材面油漆"定额子目中的"底油一遍"就是指刷清油一遍。

无光调和漆是由干性油、颜料、体质颜料研磨后，加催干剂、200 号油漆溶剂油调配而成。漆膜色彩柔和，用于涂刷室内墙面。

油漆溶剂油是一种稀释剂。掺入油漆中，能控制油漆的粘度，使之便于涂饰施工，还应具有一定的挥发性。

催干剂用于以油料为主要成膜物质的涂料，它的作用是加速油料的氧化、聚合、干燥成膜过程，并在一定程度上改善涂膜的质量。常用的催干剂大多为过渡金属元素钴、铅、锰、锌等的氧化物、盐以及它们与油酸、亚油酸、环烷酸等反应制成的金属皂类。

乳胶漆也称合成树脂乳液内墙涂料，它是以合成树脂乳液为主要成膜物质，加入着色颜料、体质颜料、助剂，经混合、研磨而制得的薄质内墙涂料。乳胶漆以水为分散介质，随着水分的蒸发而干燥成膜，施工时无有机溶剂溢出，因而无毒，可避免施工时发生火灾的危险。其涂膜透气性好，因而可以避免因涂膜内外温度差而鼓泡，可以在新建的建筑物水泥砂浆及灰泥墙面上涂刷。用于内墙涂饰，无结露现象。乳胶漆种类很多，通常以合成树脂乳液来命名，主要有：聚醋酸乙烯乳胶漆、丙烯酸酯乳胶漆、乙—丙乳胶漆、苯—丙乳胶漆、聚氨酯乳胶漆等。

羧甲基纤维素是一种以羧甲基为成膜物质的纤维素涂料的一种。

涂料的类别见表 2-61。

涂料的类别

表 2-61

序号	类别	主要成膜物质	代号
1	油脂	天然植物油、合成油等	Y
2	天然树脂	松香及其衍生物、虫胶、乳酪素、大漆及其衍生物等	T
3	酚醛树脂	酚醛树脂、改性酚醛树脂	F
4	沥青漆类	天然沥青、石油沥青、煤焦油沥青等	L
5	醇酸树脂	甘油醇酸树脂、改性醇酸树脂	C
6	氨基树脂	脲醛树脂	A
7	硝基	硝基纤维素、改性硝基纤维素	Q
8	纤维素	乙基纤维、苄基纤维、醋酸纤维、羟基纤维等	M
9	过氯乙烯树脂	过氯乙烯、改性过氯乙烯	G
10	烯烃类树脂	氯乙烯共聚物、聚醋酸乙烯及其共聚物、聚苯乙烯树脂、氯化聚丙烯树脂等	X
11	丙烯酸树脂	丙烯酸树脂及其共聚物改性树脂	B
12	聚酯树脂	饱和聚酯树脂、不饱和聚酯树脂	Z
13	环氧树脂	环氧树脂、改性环氧树脂	H
14	聚氨酯树脂	聚氨基甲酸酯	S
15	元素有机聚合物	有机硅、有机钛、有机铝等	W
16	橡胶	天然橡胶及其衍生物	J
17	其他	以上 16 类未包括的其他成膜物质，如无机高分子材料等	E

2. 杂项

圆桌、圆凳是园林中必备的供游人休息、赏景之用的设施，一般把它布置在有景可赏、安静休息的地方或游人需要停留休息的地方。在满足功能的前提下，结合花、挡土墙、栏杆、山石等，设置在如树荫下、路边、水边等处。力求造型美观、舒适耐用、构造简单、易清洁、装饰简洁大方，色彩、风格与环境协调，可单独布置也可组合布置。

栏杆是主体的附属品，具有防护和分隔空间的作用。铁栏杆是以铁为材料做成分栏杆。

找平层指的是在垫层上、楼板上或轻质、松散材料层（有隔声、保温等功能）上起整平、找坡或加强作用的构造层，它一般包括水泥砂浆找平层和细石混凝土找平层。

卷材是指用天然的或人工合成的有机高分子化合为基础原料，经过一定的工艺处理而制成的，且在常温常压下能够保持形状不变的柔性防水材料。以原纸为胎芯浸渍而成的卷材为常用卷材，以植物纤维、人造纤维为胎芯浸渍沥青或无胎改性沥青加工而成的卷材为特种卷材，习惯上称为油毡。

（二）统一规定

1. 本定额中水刷石、干粘石、剁斧石等项目，分为普通水泥和白水泥两种作法，应根据设计要求分别套用。

（1）普通水泥

普通水泥指的是硅酸盐水泥，根据即将实施的国家标准《GB 175－2007/XG2－2014》规定：凡由硅酸水泥熟料，0%～5%石灰石或粒化高炉矿渣，适量石膏磨细制成的水硬性胶凝材料，称为硅酸盐水泥。硅酸盐水泥分为不掺混合材料的Ⅰ型硅酸盐水泥（代号P·Ⅰ）和掺加不超过水泥质量5%的石灰石或粒化高炉矿渣混合材料的Ⅱ型硅酸盐水泥（代号P·Ⅱ）。

生产硅酸盐水泥的原料，主要是石灰质原料和黏土质原料两类。石灰质原料（如石灰石、白垩、石灰质凝灰岩等）主要提供CaO，黏土质原料（如黏土、黏土质页岩、黄土等）主要提供SiO_2，Al_2O_3，Fe_2O_3。有时，这两种原料化学组成不能满足要求，还要加入少量的辅助原料（如黄铁矿渣等）。此外，为了改善煅烧条件常常加入少量的矿化剂（如萤石等）。

硅酸盐水泥生产的基本步骤是：先把几种原材料按适当比例配合后在磨机中磨成生料。然后将制得的生料入窑进行煅烧；再把烧好的熟料配以适当的石膏在磨机中磨成细粉，即得到水泥。因此，水泥的生产工艺可简单地概括为"两磨一烧"，即：

1）生料的配制与磨细；

2）将生料煅烧至部分熔融，形成熟料；

3）将熟料与适量石膏共同磨细成硅酸盐水泥。

其流程图如图2-59所示。

图2-59　流程图

（2）白水泥

凡以适当成分的生料烧至部分熔融，所得以硅酸钙为主要成分，氧化铁含量少的熟料为白色硅酸盐水泥熟料。由白色硅酸盐水泥熟料加入适量石膏，磨细制成的白色水硬性胶凝材料称为白色硅酸盐水泥，简称白水泥。

白水泥与硅酸盐水泥的主要区别在于着色的铁含量少，因而色白。一般硅酸盐水泥呈灰色，其主要原因是由于水泥中存在氧化铁成分。当氧化铁含量在3%～4%时，熟料呈暗灰色；0.45%～0.7%时，带淡绿色；而降到0.35%～0.4%后，即接近白色。因此，白色硅酸盐水泥的生产特点，主要是降低氧化铁的含量。

白色硅酸盐水泥的强度要求、白度要求及产品等级分别见表2-62～表2-64。

白水泥强度要求（GB/T 2015－2005）　　　　　　　　　　　　表2-62

标号	抗压强度（MPa）			抗折强度（MPa）		
	3d	7d	28d	3d	7d	28d
325	14.0	20.5	32.5	2.5	3.5	5.5
425	18.0	26.5	42.5	3.5	4.5	6.5
525	23.0	33.5	52.5	4.0	5.5	7.0
625	28.0	42.0	62.5	5.0	6.0	8.0

白水泥白度要求（GB/T 2015－2005） 表 2-63

等级	特级	一级	二级	三级
白度（%）	86	84	80	75

白水泥产品等级（JC/T 452－2009） 表 2-64

白水泥等级	白度级别	白水泥标号
优等品	特级	625、525
一等品	一级	525、425
	二级	525、425
合格品	二级	425、325
	三级	325

（3）干粘石

干粘石是在素水泥浆或聚合物水泥砂浆粘结层上，把石碴、彩色石子等备好的骨料粘在其上，再拍平压实即为干粘石。干粘石的操作方法有手工甩粘和机械甩喷两种。要求石子要粘牢，不掉粒，不露浆，石子应压入砂浆 2/3。干粘石工艺是由传统水刷石工艺演变而得，具有与水刷石相同的装饰效果。但与水刷石相比，特点是操作简单、造价较低、饰面效果好。

2. 圆桌、圆凳安装项目，是按工厂制成品，豆石混凝土基础，按座浆安装编制的，如采用其他做法安装时，仍按本定额执行，不得换算。圆桌、圆凳安装定额单价中，未包括桌、凳成品价值，编制预算时应另列项目。

工厂制成品是在工厂里生产，而不必进行现场施工就可在现场安装的产品。

豆石混凝土是以豆石为砂石材料组成的混凝土。

在混凝土中掺入 20%～30% 的豆石，就配成了豆石混凝土。用豆石混凝土做成的基础称之为豆石混凝土基础。豆石混凝土基础所用的豆石的粒径不能太大。当基础较深较大时，可用豆石混凝土作成台阶形，每阶宽度不应小于 400mm。如果地下水对普通水泥有侵蚀作用时，应采用矿渣水泥或火山灰水泥拌制混凝土。

3. 铁栅栏是按型钢制品编制的，如设计采用铸铁制品，其铁栅栏单价应予换算，其他各项不变。

铁栅栏指按一定的造型浇铸，耐剥蚀，装饰性强，较石栏杆通透、稳重，能预制，宜用于室外。

经热轧成型或冷压成型的钢称为型钢。热轧型钢有角钢、工字钢、槽钢和钢管。

铸铁是现代工业中极其重要的材料。工业上使用的铸铁，一般含碳量为 2.5%～4%。与钢相比，铸铁所含的杂质较多，机械性能较差，性脆，不能进行碾压和锻造，但它具有良好的铸造性能，可铸出形状复杂的零件。此外，它的减震性、耐磨性和切削加工性能较好，抗压强度高，成本低，因而常用在机械行业中。常用的铸铁有：灰口铸铁、球墨铸铁。由于可锻铸生产周期长、成本高，故在实际生产中很少应用。

4. 选洗石子是指设计指定采用外地卵石时，选洗卵石为专用定额中的本地卵石（单价中已包括选洗费用）不得重复使用。

卵石产于河床之中，属于多种岩石类型，如花岗石、砂岩、流纹岩等。石材的颜色种类很多，白、黄、红、绿、蓝等各色都有。由于流水的冲击和相互摩擦的作用，石头棱角渐渐被磨去，呈现卵圆形、长圆形或圆整的异形。这类石头由于石形浑圆，不易进行石间组合。因此一般不用作假山石，而是用在路边、草坪上、水池边作为石景或石桌石凳，也可在棕树、蒲葵、芭蕉、海芋植物的下面配成景石与植物小景。卵石主要产于山区河流的下游地区。

5. 混凝土构件综合运距运输是附属工程采用工厂制品预制构件（包括标准和非标准的）自构件厂至施工现场的市内运输而设置的专用项目，与实际运距不符时，仍按本定额执行。

组成机械的部件称之为构件。构件由混凝土做成称之为混凝土构件。

预制构件是指在进行现场施工安装之前，就已经完成的构件，它通常由两种途径完成：

①在预制加工厂直接定购各种构件；

②按照工程施工图纸（卫生、采暖以及通风空调）和园林工程的相关尺寸，进行预先下料、加工和部件组合等一系列程序来完成的。

（三）工程量计算规则

1. 水池、墙面和桥洞的各种抹灰，均按设计结构尺寸以面积计算。

水池属于平静水体，在园林设置水池的目的是扩展空间，撮取倒影，造成"虚幻之境"。

墙面即墙体的表面。墙体按材料和构造不同，分为实砌砖墙、空斗墙、空心砖墙、石墙、夯土墙、组合板材墙和大型砖砌块墙；按受力情况不同，分为承重墙和非承重墙两种。非承重墙又分为自承重墙和隔墙两种；按其在平面中的位置不同，分为外墙和内墙。

抹灰又称粉刷，是由水泥、石灰膏为胶结料加入砂或石渣，与水拌和成砂浆或石渣浆，然后抹到墙面上的一种操作工艺，属湿作业范畴。它是一种传统的墙面装修方式，主要特点是材源广、施工简便、造价低廉；缺点是饰面的耐久性低、易开裂、易变色。因多系手工操作，且湿作业施工，工效较低。

2. 各类建筑小品抹灰：

（1）须弥座按垂直投影面积计算。

（2）花架、花池、花坛、门窗框、灯座、栏杆、望柱、假山座、盘，以及其他小品，均按设计结构尺寸以平方米计算。

门框一般由两根边梃和上槛组成，有腰窗的门还有中横档，多扇门还有中竖梃，外门及特种需要的门有些还有下槛，可作防风、隔尘、挡水以及保温、隔声之用。窗框是墙与窗扇之间的联系构件。

栏杆主要起防护作用，也起装饰美化、分隔作用，坐凳式栏杆还可供游人休息。栏杆在园林绿地中一般不易多设，即使设置也不易过高，应当把防护、分隔的作用，巧妙地与美化装饰结合起来。常用的栏杆材料有钢筋混凝土、石、铁、钢、砖、木、竹等。石制栏杆粗壮、坚实、朴素、自然；钢筋混凝土栏杆可预制花纹，经久耐用；钢或铁栏杆占地面积少，布置灵活，但应注意防锈蚀。

假山是以天然真山为蓝本，加以艺术提炼和夸张，用人工再造山的景观。它是以造景、游赏为主要目的，同时结合其他功能而发挥其综合作用。在园林中的假山体量有的较大，可观可游。组成假山的基座称为假山座。

凡用自然岩石做成的假山座称为"盘"。

园林建筑小品是指园林中体量小巧、数量多、分布广、功能简明、造型别致，具有较强的装饰性，富有情趣的精美设施。它包括两个方面，一是园林的局部（如花架）和配件（如园门、景墙等）；二是园林小品建筑的局部和配件（如景窗、栏杆、花格等）。园林小品虽然小，但其装饰性较强，对园林绿地景色影响很大，在园林中占有很重要的地位，尤其在造景方面。

3. 油漆：

（1）铁栅栏及其他金属部件，均按其安装工程量以吨计算。

（2）抹灰面油漆及刷浆，按抹灰工程量以面积计算。

刷浆是指涂抹于建筑物表面上的砂浆，按其功能通常分为一般抹面砂浆和装饰抹面砂浆。一般抹面砂浆有外用和内用两类。为保证抹灰层平面平整，避免开裂脱落，抹面砂浆通常以底层、中层、面层三个层次分层涂抹。底层砂浆主要起与基底材料的粘结作用；中层砂浆主要起抹平作用；面层砂浆起保护、装饰作用。装饰抹面是用于室内外装饰，以增加建筑物美感为主的砂浆，应具有特殊的表面形式及不同的色彩和质感。装饰抹面的砂浆常以白水泥、石灰、石膏、普通水泥等作为胶结材料，以白色、浅色或彩色的天然砂、大理石及花岗岩的石屑为骨料。常用抹灰砂浆配合比见表 2-65。

抹灰砂浆配合比及应用　　　　　　　　　　表 2-65

砂浆种类	配合比（体积比）						应用范围
	水泥	石灰膏	黏土	石膏	砂	其他	
石灰砂浆		1			2～5		砖石墙面（但檐口、勒脚、女儿墙及潮湿处除外）
石灰黏土砂浆		1	0.3		3～6		干燥环境的内墙抹面
石灰石膏砂浆		1 1 1		0.2～1 0.6～1 2	2～5 2～3 2～4		不潮湿环境的墙、天棚干燥环境的墙、天棚不潮湿房间线脚、修饰工程
石灰水泥砂浆	1	0.5～1			4.5～6		用于檐口、勒脚、女儿墙补脚及较潮湿部位
水泥砂浆	1 1 1				2.5～3 1.5～2 0.5～1		浴室及潮湿部位的基层地面、天棚、墙面的面层混凝土地面随时压光用
装饰砂浆	1	0.5～1				白石子 1.5～2	用于水刷石面层（底层用 1:0.5:3.5 混和砂浆）
	1					石子 1.5	用于剁石（底层用 1:2～2.5 水泥砂浆）
	1					白石子 (1～2)	用于水磨石面层（底层用 1:2.5 水泥砂浆）
		100				麻刀 （重量比）2.5	用于木板条天棚底层
		100				麻刀 1.3 （或纸筋 3.8）	用于木板条天棚面层
		1m³				纸筋 3.6kg	较高级墙及天棚抹灰

4. 圆桌和圆凳安装及其基础，按件计算。

圆桌和圆凳是供人们休息、赏景用的，同时圆桌和圆凳的艺术造型亦能装点园林。圆凳主要设置在路旁或嵌入在绿篱的凹处；围绕林阴大树的树干设置，既保护了大树，又提供了乘凉之所。圆椅可以设置在大灌木丛的前面或背面，为游人提供相对隐蔽和安静的休息场所。圆凳可以散布在树林里，有的与石桌配套安放在树阴下，为人们休息、娱乐或就餐提供方便。圆桌与圆凳的造型宜简单朴实、舒适美观、制作方便、坚固耐久。色彩风格、桌凳高矮均要与周围环境相协调。桌凳的基础一定要做得坚实可靠，和柱脚的结合一定要坚固；基础的顶部最好不露出铺装地面。桌面与支座的连接也要求做得十分稳固。当两条长凳并排设置时，其顶面和边线要注意协调一致。座凳的顶面应该采用光洁材料进行抹面或贴面处理，不得做成粗糙表面。

5. 铁栅栏安装，按设计图示用量以吨计算。

先准备好预制围栏构件，根据设计图确定围栏的具体位置，在地面放线，并且为围栏支撑柱定点。支撑柱位点之间的间距依照设计确定。柱下挖穴，深达柱高的 $1/5 \sim 1/4$。桩脚埋入穴中，填石块、填土或填混凝土加以稳固。然后，再装配栏杆、栏板。预制混凝土围栏可用白色或其他浅色的涂料刷涂饰面；铁丝网格围栏则要先除锈，涂防锈漆两道后，再涂各色装饰面漆。链索围栏一般设计高度为 90cm，是由铁柱支起链索，铁柱下有底盘，可自立于地面。

6. 选洗石子，按相应工程项目的定额用量以吨计算。

混凝土中常用的石子有卵石或碎石。卵石表面光滑，空隙率与表面积较小，故拌制混凝土时水泥用量少，但与水泥浆的粘结力较差，所以卵石混凝土的强度较低。碎石表面粗糙，空隙率和总表面积较大，故所需的水泥浆较多，与水泥浆的粘结力强，因此用它拌制的混凝土强度较高，但碎石的加工费较卵石高。

石子的级配和最大粒径对混凝土质量影响较大。级配越好，其空隙率及总表面积越小。这样不仅能节约水泥用量，而且混凝土的和易性、密实性和强度也越高。所以碎石或卵石的颗粒级配一般应符合表 2-66。

碎石或卵石的颗粒级配范围　　　　　　　　表 2-66

级配情况	公称粒级(mm)	累计筛余（按重量计%）											
		筛孔尺寸（圆孔筛，mm）											
		2.5	5	10	15	20	25	30	40	50	60	80	100
连续粒级	5~10	95~100	80~100	0~15	0								
	5~15	95~100	90~100	30~60	0~10								
	5~20	95~100	90~100	40~70		0~10	0						
	5~30	95~100	90~100	70~90		15~45		0~5	0				
	5~40		95~100	75~90		30~65			0~5	0			
单粒级	10~20		95~100	85~100		0~15	0						
	15~30		95~100		85~100			0~10					
	20~40			95~100		80~100			0~10	0			
	30~60				95~100			75~100	45~75		0~10	0	
	40~80					95~100			70~100		30~60	0~10	0

注：1. 公称粒级的上限为该粒级的最大粒径。单粒级一般用于组合成具有要求级配的连续粒级，它也可与连续粒级的碎石或卵石混合使用，以改善它们的级配或配成较大粒度的连续粒级。
　　2. 根据混凝土工程和资源的具体情况，进行综合技术经验分析后允许直接采用单粒级，但必须避免混凝土发生离析。

7. 找平层，分厚度按设计图示尺寸以平方米为单位进行计算。

找平层是起找平作用，如水泥砂浆地面两层作法的底层水泥砂浆、卷材防水层下面的水泥砂浆等都属于找平层。找平层一般设在填充材料如炉渣垫层和硬基层如混凝土、砖石等的上面。有水泥砂浆找平层、沥青砂浆找平层和细石混凝土找平层三种。

找平层工程量按主墙间净空面积以平方米为单位进行计算。扣除凸出地面的构筑物、设备基础、室内管道、地沟等所占面积，不扣除柱、垛、间壁墙、附墙烟囱及面积在0.3m² 以内的孔洞所占面积。

8. 豆石混凝土灌缝，按设计图示缝隙容积，以立方米为单位进行计算。

按照预制钢筋混凝土构件的实体积计算，具体方法如下：

（1）柱与柱基的灌缝，按首层柱体积计算；首层以上柱灌缝按各层柱体积计算。

（2）预制钢筋混凝土框架柱现浇接头按设计规定断面和长度以体积立方米为单位计算。

（3）空心板堵孔的人工材料已包括在定额内，如不堵孔时应按规定扣除相应的费用。

9. 卷材防水层，不分平、立面，按设计图示面积乘系数 1.05 进行计算。

卷材防水层是采用沥青油毡、再生橡胶、合成橡胶或合成树脂类等柔性防水材料粘贴成一整片能防水的屋面覆盖层做成的防水层。其构造示意图详见图 2-60。

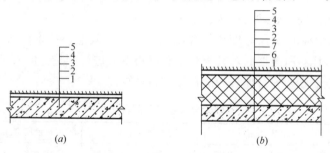

图 2-60　卷材屋面构造示意图

（a）不保温卷材屋面；（b）保温卷材屋面

1—结构层；2—找平层；3—冷底子油结合层；4—油毡防水层；
5—绿豆砂保护层；6—隔气层；7—保温层

10. 油膏灌缝，按设计图示长度以延长米计算。

涂膜屋面防水层的油膏灌缝、玻璃布盖缝、屋面分格缝，均以延长米计算。

11. 混凝土构件综合运距运输，按工厂制品预制构件的体积以立方米为单位进行计算。

所谓预制的混凝土构件，顾名思义就是事先准备好的混凝土构件。即在进行现场施工安装之前，就已制成的，它通常由两种途径来完成：

①在预制加工厂直接定购的各种混凝土构件。

②按照工程施工图（卫生、采暖以及通风空调）和土建工程的相关尺寸，进行预先下料，加工和部件组合等一系列程序来完成的。

此种方法优点是：加快施工速率，提高机械化程度，缩短工期，节省资金。

运距指运输的距离。预制混凝土构件运输的最大运距为 50km 以内。

（四）各种抹灰的预算编制

1. 各种抹灰的工程量计算

（1）内墙抹灰按主墙间结构面的净长乘高度，以每 10m² 计算面积，应扣除门窗洞口和空圈所占面积，但门窗洞口及空圈的侧壁面积亦不增加；不扣除门柱、踢脚线、挂镜线、装饰线、什锦窗洞口及 0.3m² 以内孔洞所占面积，其侧壁面积亦不增加；垛的侧壁并入墙体内计算，高度由地（楼）面算起，有露明梁者算至梁底；有吊顶抹灰者算至顶棚底，吊顶不抹灰的算至顶棚底另加 20cm 计算；有墙裙者应扣除墙裙高度。

（2）外墙抹灰按外墙长乘高，以每 10m² 面积计算，其中，应扣除门窗洞口所占面积，不扣除门柱、什锦窗洞口及 0.3m² 以内的孔洞面积；垛的侧壁并入墙体工程量内计算。其高度由台明上皮（无台明的由散水上皮）算至出檐下皮，若下肩不抹灰者应扣除其高度。

（3）槛墙或墙裙抹灰，按长乘高，以每 10m² 计算，不扣除门柱、踢脚线所占面积。

（4）门窗口塞缝按门窗框外围面积计算；车棚碹抹灰按展开面积计算。

（5）须弥座、冰盘檐抹灰按垂直投影面积，以每 10m² 计算。

2. 各种抹灰预算编制的注意事项

（1）本章抹灰定额中，均包括材料加工、调制灰浆、材料运输、搭拆高度在 3.6m 以内简单脚手架，以及底层处理、抹灰、找平、罩面等。

（2）本章抹灰砂浆的分层厚度和配合比见表 2-67。灰浆损耗率以表 2-68 为准。如设计砂浆厚度和配合比有所改变时，其材料量和材料费应进行调整，但人工不变。砂浆中的材料，按各地编制的砂浆配合比表内配比量进行计算。

砂浆分层厚度及配合比　　　　　　　　　表 2-67

项　目		底层（cm）		中层（cm）		面层（cm）		砂浆总厚度（mm）
		砂浆种类	厚度	砂浆种类	厚度	砂浆种类	厚度	
白灰砂浆砖墙面	普通	1:3 白灰砂浆	14			麻刀灰	4	18
	高级	1:3 白灰砂浆	13	1:3 白灰砂浆	8	麻刀灰	4	25
水泥砂浆	须弥座冰盘檐	1:3 水泥砂浆	13			1:2.5 水泥砂浆	5	18
剁假石	须弥座冰盘檐	1:3 水泥砂浆	12	素水泥浆	一道	1:2.5 水泥石渣浆	10	22
	花台、花坛等	1:3 水泥砂浆	12	素水泥浆	一道	1:2.5 水泥石渣浆	10	22

墙面灰浆损耗率见表 2-68。

灰浆损耗率　　　　　　　　　表 2-68

灰浆种类	水泥砂浆	白灰砂浆	混合砂浆	麻刀砂浆	纸筋砂浆	水泥石渣浆
墙　面	9.1%	11.9%	9.1%	7.2%	17%	21.4%

（五）抹灰工程预算编制时的注意事项

1. 抹灰工程中的有关换算内容

（1）砂浆抹灰中的有关换算内容

1）天棚抹灰中的换算内容

①带密肋小梁和井字梁的天棚抹灰，定额规定按混凝土天棚抹灰的综合工日乘以系数1.5。由此，应如下换算定额基价和人工费，即：

换算后综合工日＝定额综合工日×系数（1.5）

换算后人工费＝定额人工费×系数（1.5）

换算后基价＝定额基价＋定额人工费×（系数－1）×（1＋综合费率）

②带有弧形天棚的抹灰，定额规定按相应抹灰定额的综合工日乘以1.2系数。其换算内容与上同。

2）墙面抹灰中的换算内容

①圆弧形墙面的抹灰，定额规定按相应抹灰定额的综合工日乘以系数1.2。此时的换算内容同上述天棚一样。

②外墙抹灰如需嵌缝起线者，定额规定每 $10m^2$ 增加 0.19 工日、二等小枋 $0.005m^3$。如需嵌玻璃条时，每 $10m^2$ 增加 0.46 工日、3mm 厚玻璃 $0.23m^2$。此时，不仅要换算人工费和基价，还应换算材料费，具体如下：

换算后综合工日＝定额综合工日＋增加工日

换算后人工费＝定额人工费＋增加工日×人工单价＝定额人工费＋增加人工费

换算后材料费＝定额材料费＋增加材料量×材料单价＝定额材料费＋增加材料费

换算后基价＝定额基价＋（增加人工费＋增加材料费）×（1＋综合费率）

③圆柱抹灰，定额规定按相应梁柱面定额，每 $10m^2$ 增加 0.62 工日，其他不变。此情况换算 2）中②下换算后综合工日计算方法、换算后人工费计算方法。

（2）装饰抹灰中的有关换算内容

1）水泥白石子浆的换算

水泥石子浆的配合比一般不得换算，如设计采用白水泥、色石子者，可按定额配合比的数量进行换算。如需使用颜料时，颜料用量按石子浆水泥用量的8％计算。此条换算有两个内容：

①将配合比中的白石子量换成同数量的色石子量，这是增加材料价差的换算。

②如掺用颜料时，应增加颜料数量及其颜料费，颜料用量按石子浆配合比中的水泥配比量乘以8％。颜料费等于颜料量乘颜料单价，然后按 2）中②下算后材料费计算公式以及换算后基价计算公式换算材料费和基价。

2）装饰抹灰面如分格者的换算

一般装饰抹灰定额内已考虑了分格时的工料，但剁假石墙面、墙裙如分格者，可增加0.72 工日。此时换算同 2）中②下面换算后综合工日计算公式以及换算后人工费计算公式。柱分格者，人工乘以系数1.25。

3）水磨石圆柱面的换算

对水磨石圆柱面应每 $10m^2$ 增加 0.96 工日。换算同上。

（3）镶贴块料面层中的有关换算内容

瓷砖如用100mm×100mm 或 150mm×75mm 时，人工乘以系数1.43；弧形墙贴瓷砖时，人工乘以系数1.18。

该条所指是增加人工的换算。但瓷砖规格改变了，则定额瓷砖耗用量也会变动，其中灰缝按 1mm，损耗率按 3%。

例如：采用 100mm×100mm 瓷砖时，则瓷砖用量为：

100mm×100mm 瓷砖量＝10÷（0.101×0.101）×1.03＝1009.7 块

设该种瓷砖单价为 0.20 元/块，而定额瓷砖为 150mm×150mm，耗用量为 451.1 块，则材料费差额为：

瓷砖材料费＝1009.7×0.2－451.1×0.26＝201.94－117.29＝84.65 元，此差额得出后，即可加到定额材料费内换算基价。

2. 编制预算中的注意事项

（1）关于抹灰脚手架问题

1）关于天棚抹灰脚手架

①天棚抹灰用的脚手架，当抹灰高度在 3.6m 及其以下时，其脚手架的工料费用已包括在其他材料费中，不得再行计算。

②当天棚抹灰高度超过 3.6m 时应计算抹灰脚手架，计算方法按满堂脚手架定额执行。

2）关于墙面抹灰脚手架

①墙面抹灰用的脚手架，当抹灰高度在 3.6m 及其以下时，其脚手架的工料费用已包括在其他材料费中，不得再行计算。

②当内墙抹灰高度超过 3.6m 时应计算一面墙的抹灰脚手架，计算方法按抹灰脚手架定额执行。但已计算满堂脚手架后，不得再计算抹灰脚手架。

③外墙抹灰，可以利用砌墙脚手架，所以，当已计算砌墙脚手架后，不得再计算外墙抹灰脚手架。如果不能利用砌墙脚手架者，应以外墙垂直投影面积，按抹灰脚手架定额执行。

（2）关于计列定额项目时的注意事项

1）墙裙抹灰与墙面抹灰的划分

墙裙有外墙裙和内墙裙之分。外墙裙是指第一层窗台线以下的墙面部分，内墙裙是指楼地面向上 1.5m 以内的墙面部分。当这些部分墙面的抹灰与整个墙面抹灰不同时，应按墙裙抹灰计算；如果这些部分的抹灰材料与墙面没有区别，均应按墙面抹灰定额执行。

2）扣减门窗洞口面积时的尺寸取定

计算内外墙抹灰时，都应扣减门窗洞口所占的面积。在一般设计图纸中门窗图示尺寸，大多标注的是门窗洞口尺寸，除门窗细部图外，很少标注框外尺寸。因此，扣减门窗洞口面积时，应将门窗洞口宽减去 0.02m；窗洞高减 0.02m、门洞高减 0.01m 后，再计算门窗洞口面积。

3）门窗套抹灰与门窗洞口侧壁抹灰的区别

门窗套是指门窗洞口周边 25cm 宽范围以内墙面部分的面积，此部分面积的砌砖，如果采用优砖精砌者称为门窗套。此部分面积如果单独抹灰者称为门窗套抹灰。因此，门窗套抹灰工程量是抹灰长乘以抹灰宽，即称为展开面积。

门窗洞口侧壁是指洞口里的内侧面，在木作工程中如果用木板装饰者称为筒子板，此内侧面的抹灰随外墙面或内墙面抹灰计算。

4）窗台线抹灰与腰线抹灰的区别

窗台线又称窗台板，它是窗洞底边伸出墙面的平板，此板如果采用木装饰板者，则称为窗台板。如果用砖砌者，因凸出墙面部分如一条横线，故通称为窗台线。窗台线抹灰包括平面、凸出部分的立面和底面，凸出部分的底面抹灰可以全抹，但大多只抹 2～3cm 宽，作为滴水。

腰线是指墙面中段部位的装饰横线，早先墙面多为清水墙，砌在墙内的钢筋混凝土梁则需用水泥砂浆抹灰罩面，对此部分的抹灰称为腰线，以后逐渐发展，为了增加墙的装饰效果，将平接窗台线的墙面采用砖砌凸出横线进行抹灰装饰，此线开始称为装饰线，但套用定额时，常与腰线列入同一定额项目内，故以后通称为腰线。所以定额规定，当窗台线与腰线连接时，窗台线并入腰线内计算。

（六）木材面油漆的预算编制

1. 木材面油漆的工程量计算

（1）木材面油漆，不同油漆种类，均按刷油部位，分别采用系数乘工程量，以平方米（或延长米）计算。

因为在一般工程中，木制构件和木制品的项目内容很多，其构件和制品面的油漆不能一一都编制出单一的油漆定额，故此，定额只编制了：单层木门窗、单层组合窗、木扶手（不带托板）、其他木材面、柱梁架桁枋古式木构件和木地板等六大项木材面油漆项目，凡制作为成品的木制构件和制品，均分别列入这六个项目内，按所规定的工程量系数计算后，即可分别按这六个项目的油漆定额执行。各项目所包含的木制构件制品及其相应的系数，编制定额时都专列有一个执行表（表 2-69～表 2-73），在计算木材面的油漆工程量时，即按所属表中之系数乘以该木构件制品的工程量后，即可套用该项的油漆定额。其项目执行表如下：

1）按单层木门窗项目执行的木制构件表（表 2-69）。

系　数　表　　　　　　　　　　　　　　　　　　　　　表 2-69

项目名称	系数	工程量计算方法	项目名称	系数	工程量计算方法
单层木门窗	1.00	框（扇）外围面积计算	石库门	1.15	框（扇）外围面积计算
双层木门窗	1.36		屏门	1.26	
三层木门窗	2.40		拱式槅子对子门	1.26	
百叶木门窗	1.40		间壁、隔断	1.10	长×宽（满外量，不展开）计算
古式长窗（宫、葵、万、海棠、书条）	1.43		木栅栏、木栏杆（带扶手）	1.00	
古式短窗（宫、葵、万、海棠、书条）	1.45		古式木栏杆（带碰嵌）	1.32	
圆形多角形窗（宫、葵、万、海棠、书条）	1.44		吴王靠（美人靠）	1.46	
古式长窗（冰、乱纹、龟六角）	1.55		木挂落	0.45	延长米计算
古式短窗（冰、乱纹、龟六角）	1.58		飞罩	0.50	
圆形、多角形窗（冰、乱纹、龟六角）	1.56		地罩	0.54	外围长度计算
厂库房大门	1.20				

2）按单层组合窗项目执行的木制构件表（表 2-70）。

项 目 名 称	系 数	工程量计算方法
单层组合窗	1.00	外围长度计算
双层组合窗	1.40	

3）按木扶手（不带托板）项目执行的木制构件表（表 2-71）。

系　数　表　　　　　　　　　　表 2-71

项目名称	系数	工程量计算方法	项目名称	系数	工程量计算方法
木扶手（不带托板）	1.00	延长米计算	挂衣板、黑板框、生活园地	0.50	延长米计算
木扶手（带托板）	2.50		挂镜线、窗帘棍、顶棚压条	0.40	
窗帘盒	2.00		瓦口板、眠沿、勒望、里口木	0.45	
夹堂板、封檐板、博风板	2.20		木座槛	2.39	

4）按其他木材面项目执行的木制构件表（表 2-72）。

系　数　表　　　　　　　　　　表 2-72

项目名称	系数	工程量计算方法	项目名称	系数	工程量计算方法
木板、胶合板顶棚	1.00	长×宽	木护墙、墙裙	0.90	长×宽
屋面板带桁条	1.10	斜长×宽	壁橱	0.83	投影面积之和，不展开
清水板条檐口顶棚	1.10	长×宽	船篷轩（带压条）	1.06	
吸声板（墙面或顶棚）	0.87		竹片面	0.90	长×宽
鱼鳞板墙	2.40		竹结构	0.83	展开面积
暖气罩	1.30		望板	0.83	扣除椽面后的净面积
出入口盖板、检查口	0.87		山填板	0.83	
筒子板	0.83				

5）按木地板项目执行的木构件表（表 2-73）。

系　数　表　　　　　　　　　　表 2-73

项 目 名 称	系 数	工程量计算方法
木 地 板	1.00	长×宽
木 楼 梯	2.30	水平投影（不包括底面）
木 踢 脚 板	0.16	延长米

（2）柱、梁、架、桁、枋、古式木构件的工程量计算，均按其展开面积计算。对于斗栱、牌科、云头、戗角出檐及椽子等零星木构件工程量，也按展开面积计算，套用柱、梁、架、桁、枋、古式木构件项目定额，但人工应增加 20％（即将柱、梁、架、桁、枋、古式木构件的综合工乘以 1.2 系数）。

2. 木材面油漆预算编制的注意事项

（1）各种油漆项目中，均已综合考虑了手工操作和机械喷涂的因素，不论实际采用何种施工方法，均按定额执行。

（2）室内净高 3.6m 内的脚手架费用已包括在相应定额内，超过 3.6m 时，按相应脚手架定额计算一次悬空脚手架费用。当墙面油漆和刷浆无脚手架可利用时，按相应定额计算一次抹灰脚手架费用。

（3）计算斗栱、牌科、云头、戗角出檐及橼子等零星木构件时，套用柱、梁、架、桁、枋、古式木构件项目，应增加 20% 的综合工日，同时注意要对定额人工费和基价也应作相应增加。

（4）广（国）漆退光四遍的门窗，定额是按单面制定的，如需双面做退光漆者，其工料和人工费、材料费应乘以系数 2.11。

（七）混凝土构件油漆的预算编制

1. 混凝土构件油漆工程量计算

混凝土柱、梁、架、桁、枋等仿古式构件油漆的工程量，按构件展开面积计算，除柱、梁、架、枋等仿古式构件以外的构件（如吴王靠、挂落等），按柱、梁、架、桁、枋等仿古式构件项目乘表 2-74 所示的系数计算。

按混凝土仿古构件油漆项目执行的混凝土构件表 表 2-74

项 目 名 称	系 数	工程量计算方法	项 目 名 称	系 数	工程量计算方法
柱、梁、架、桁、枋等仿古构件	1.00	展开面积	挂落	1.00	延长米
古式栏杆	2.90	长×宽（满外量，不展开）	封檐板、博风板	0.50	
吴王靠	3.21		混凝土座槛	0.55	

2. 混凝土构件油漆预算编制注意事项

（1）各种油漆项目中，均已综合考虑了手工操作和机械喷涂的因素，不论实际采用何种施工方法，均按定额执行。

（2）室内净高 3.6m 内的脚手架费用已包括在定额内，超过 3.6m 时，按脚手架定额计算一次悬空脚手架费用。当墙面油漆和刷浆无脚手架利用时，按定额计算一次抹灰脚手架费用。

（3）计算斗栱、牌科、云头、戗角出檐及橼子等零星木构件时，应增加 20% 的综合工日（即乘 1.2 系数），定额人工费和基价也应作相应增加。

（八）抹灰面油漆、壁纸的预算编制

1. 抹灰面油漆、壁纸的工程量计算

抹灰面油漆工程量按抹灰面积，贴壁纸按图示尺寸的实贴面积，以每 10m² 进行计算，墙柱面以外的抹灰面工程量按乘以表 2-75 的系数计算。

按抹灰面项目执行的油漆项目 表 2-75

项 目 名 称	系数	工程量计算方法	项 目 名 称	系数	工程量计算方法
槽形底板、混凝土折瓦板	1.30	按：长×宽	密肋、井字梁底板	1.50	按：长×宽
有梁底板	1.10		混凝土平板式楼梯底	1.30	按：水平投影面

2. 抹灰面油漆、壁纸预算编制注意事项

（1）各种油漆项目中，均已综合考虑了手工操作和机械喷涂的因素，不论实际采用何种施工方法，均按定额执行。

（2）室内净高3.6m内的脚手架费用已包括在定额内，超过3.6m时，按脚手架定额计算一次悬空脚手架费用。当墙面油漆无脚手架利用时，按定额计算一次抹灰脚手架费用。

（3）贴壁纸定额是按仿锦缎材料编制的，如采用金属或其他壁纸，材料单价可以调整。若与大单元对花者，壁纸用量乘以系数1.2，其他材料不变。

（九）水质涂料预算的编制事项

1. 水质涂料的工程量计算

水质涂料按涂刷面，以每 $10m^2$ 面积计算。

2. 水质涂料预算的编制事项

（1）水质涂料不分抹灰面、砖墙面、混凝土面、拉毛墙面，均按定额执行。

（2）本定额均已综合考虑了手工操作和机械喷涂的因素，不论实际采用何种施工方法，均按定额执行。

（3）室内净高3.6m内的脚手架费用已包括在定额内，超过3.6m时，按脚手架定额计算一次悬空脚手架费用。当墙面油漆和刷浆无脚手架利用时，按定额计算一次性抹灰脚手架费用（抹灰、油漆、刷浆等不得重复计算）。

（4）白水泥浆喷刷抹灰面（毛面）时，按抹灰面（光面）项目，将人工和材料乘以系数1.25，基价也作相应调整。

（十）金属面油漆的预算编制

1. 金属面油漆的工程量计算

金属面油漆的单层钢门窗和薄钢屋面板，按油漆面积以 $10m^2$ 计算；其他金属面按钢构件重量以吨计算。除这三项金属面以外的钢构件，分别列入这三项内乘以系数计算，如表2-76～表2-78所示。

（1）按单层钢门窗项目执行的钢构件表（表2-76）。

系数表   表 2-76

项 目 名 称	系 数	工程量计算方法	项 目 名 称	系 数	工程量计算方法
单层钢门窗	1.00	按：框（窗）外围面积	包镀锌铁皮门	1.63	按：框（扇）外围面积
双层钢门窗	1.50		满钢板门	1.60	
半截百叶钢门	2.20		间壁	1.90	按：长×宽
铁百叶窗	2.70		平板屋面	0.74	按：斜长×宽
铁折叠门	2.30		瓦垄板屋面	0.88	
钢平开、推拉门	1.70		排水、伸缩缝盖板	0.78	按：展开面积
铁丝网大门	0.80		吸气罩	1.63	按：水平投影面积

（2）按其他油漆面项目执行的钢构件表（表2-77）。

项 目 名 称	系 数	工程量计算方法	项 目 名 称	系 数	工程量计算方法
钢屋架、天窗架、挡风架、屋架梁、支撑、桁条	1.00	按：重量	钢栅栏门、栏杆、窗栅、兽笼	1.70	按：重量
墙架空腹式	0.50		钢爬梯	1.20	
墙架隔板式	0.80		轻型屋架	1.40	
钢柱、梁、花式梁柱、空花构件	0.60		踏步式钢扶梯	1.10	
操作台、走台	0.70		零星铁件	1.30	

（3）按平板屋面及镀锌铁皮面（涂刷磷化、锌黄底漆）项目执行的构件（表 2-78）。

项 目 名 称	系 数	工程量计算方法	项 目 名 称	系 数	工程量计算方法
平板屋面	1.00	按：斜长×宽	吸气罩	2.20	按：水平投影面积
瓦垄板屋面	1.20		包镀锌铁皮门	2.20	按：框外围面积
排水伸缩缝、盖板	1.05	按：展开面积			

2. 金属面油漆预算的编制事项

（1）各种油漆项目中，均已综合考虑了手工操作和机械喷涂的因素，不论实际采用何种施工方法，均按定额执行。

（2）室内净高 3.6m 内的脚手架费用已包括在定额内，超过 3.6m 时，按脚手架定额计算一次悬空脚手架费用。当墙面油漆和刷浆无脚手架利用时，按定额计算一次抹灰脚手架费用。

（3）防锈漆定额是按一遍编制的，若涂刷二遍防锈漆时，应将综合工日乘系数 1.74，材料乘以系数 2，预算基价作相应调整。

（十一）砌墙脚手架的工程量计算

1. 外脚手架和里脚手架均按墙面的垂直投影面积，以每 10m² 计算，不扣除门窗洞口及空洞的面积。凡砌筑高度在 1.5m 以上的各种砖石砌体均需计算脚手架。外脚手架定额中已综合了斜道、上料平台等的工料，不得重复计算。

2. 外墙脚手架的垂直投影面积，以外墙的长度乘以室外地面至墙顶中心高度计算。内墙脚手架的垂直投影面积，以内墙净长乘内墙净高计算，有山墙者以山尖二分之一高度为准。

3. 建筑物外墙檐高、内墙净高和围墙高度在 3.6m 以内的砖墙，按里脚手架计算。超过 3.6m 的按外墙脚手架计算。

4. 独立砖石柱，高度在 3.6m 以内者，以柱的外围周长乘柱高的垂直面积，按里脚手架计算。超过 3.6m 以上者，按柱周长加 3.6m 乘柱高，按单排外脚手架计算。

5. 屋脊高度在 1m 以内，不计算筑脊脚手架，超过 1m 以上者计算一次双排（高 12m 以内）砌墙脚手架。

（十二）抹灰、悬空、挑脚手架的工程量计算

1. 室内净高在3.6m内墙抹灰脚手架已包括在相应定额内，超过3.6m时计算一次单面墙的抹灰脚手架费用，另一面的抹灰利用砌墙脚手架。有山尖墙的按山尖平均高计算。但已计算满堂脚手架后，不得再计算内墙抹灰脚手架费用。

2. 现浇钢筋混凝土单梁，当底层檐高、楼层层高超过3.6m以上者，按梁的净长乘以地面或楼面至梁顶面的高度计算面积，套用抹灰脚手架定额，计算其脚手架费用。

现浇钢筋混凝土独立柱，当柱高超过3.6m时，按柱的外围周长加3.6m乘以柱高计算面积，套用抹灰脚手架定额计算其脚手架费用。

（十三）满堂脚手架、斜道的工程量计算

1. 天棚抹灰和顶棚的高度在3.6m以内的脚手架费用，已包括在相应的定额内，超过3.6m时，应计算满堂脚手架费用。满堂脚手架的高度以室内地坪至顶棚或屋面底面为准（斜顶棚或坡屋面按平均高计算）。

2. 满堂脚手架按室内水平投影面积计算，不扣除垛、柱等所占面积。

3. 顶棚高度在3.6～5.2m内时，只计算一个满堂脚手架的基本层定额，超过5.2m时，应按每增加1.2m计算一个增加层定额。增加层高度在0.6m以内时舍去不计，超过0.6m时按一个增加层计算。

4. 檐口高度超过3.6m的安装古建筑立柱、架、梁、木基层、挑檐等，可按屋面投影面积计算一次满堂脚手架，不超过3.6m时不计算。但檐高在3.6m内的戗（翼）角安装，按戗（翼）角部分的地面也可计算一次满堂脚手架。

（十四）石浮雕的预算编制

1. 石浮雕的工程量计算

（1）石浮雕的工程量计算

石浮雕按实际雕刻物的底板外框面积，以平方米计算。注意，这里是指图案花纹之外经过"减地"、"压地"、"剔地"后的外框面积，如果图案之外没有"地"，应以花纹最外围的边线为准。

当浮雕中雕刻有线脚时，线脚不分深浅均按一道加工定额另行计算。

（2）碑镌字的工程量计算

碑镌字分阴、阳文不同，按字体外围尺寸大小，以每10个字为单位计算。

（3）踏步、阶沿石、侧塘石、锁口石、菱角石和地坪石的工程量计算。

踏步、阶沿、侧塘、锁口、菱角和地坪等石的制作，按实际加工等级的加工面外框线，以每10m² 为单位进行计算。

踏步、阶沿、侧塘、锁口、菱角和地坪等石的安装，以石制品的主看面为准，按其面积以每10m² 为单位进行计算。

2. 编制预算时的注意事项

（1）石浮雕应注意石料表面的加工等级。

石浮雕定额中已包括了石料本身的价值，石料表面的加工等级，定额规定：素平与减地平钑表面加工做到"扁光"、压地起隐做到"二遍刳斧"、剔地起突做到"一遍起斧"。如果设计要求等级与定额规定不同时，应按表2-79换算人工费，并对基价进行调整；定

额中的材料和其他费用一律不予调整。

改做加工等级 原有等级人工费	改做一步做糙换算系数	改做二步做糙换算系数	改做一遍剁斧换算系数	改做二遍剁斧换算系数	改做三遍剁斧换算系数	改做扁光换算系数
原二步做糙人工费 A 值	0.83A	A	1.13A	1.36A	1.63A	2.61A
原一步做糙人工费 B 值	B	1.20B	1.36B	1.63B	1.96B	3.13B
原二遍剁斧人工费 C 值	0.61C	0.74C	0.83C	C	1.20C	1.92C
原一遍剁斧人工费 D 值	0.74D	0.88D	D	1.20D	1.44D	2.30D

但碑镌字定额基价中只包括字体加工所需的人工和辅助材料，不包括石料本身的价值，石料本身应按实际加工等级另行计算。

（2）踏步、阶沿、侧塘、锁口、菱角和地坪石等应注意制作加工要求。

定额中踏步、阶沿石和菱角石制作是按二遍剁斧加工编制的；侧塘石、锁口石和地坪石是按二步做糙编制的，如果设计要求与规定不同时，应按表 2-79，换算人工费及其基价。

若锁口石内侧，侧塘石四周和地坪石等需做快口者，应另行按快口定额乘以系数 0.5 计算。

七、园林景观工程举例

【例 17】　小游园内有一土堆筑假山，山丘水平投影外接矩形长 8m，宽 5m，假山高 6m，在陡坡外用块石作护坡，每块块石重 0.3t。试求工程量（如图 2-61 所示）。

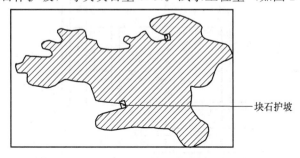

图 2-61　假山水平投影图

【解】（1）清单工程量：

土山丘体积：

$$V_堆 = 长 \times 宽 \times 高 \times \frac{1}{3} = 8 \times 6 \times 5 \times \frac{1}{3} m^3 = 80 m^3$$

清单工程量计算见表 2-80。

清单工程量计算表　　　　　　　　表 2-80

项目编码	项目名称	项目特征描述	计量单位	工程量
050202005001	框格花木护坡	土丘外接矩形面积为 40m²，假山高 6m，块石护坡	m³	80.00

堆筑的人工土山一般不需要基础，山体直接在地面上堆砌即可。在陡坎，陡坡处，可用块石作护坡挡土墙，但不用自然山石在山上造景。

（2）定额工程量：

$$块石护坡重＝2×0.3t$$
$$＝0.6t$$
$$＝0.06（10t）（套用定额 6-17）$$

【例18】如图 2-62 所示为某木花架局部平面图，尺寸如图 2-62 所示，用刷喷涂料于各檩上，各檩厚 150mm，试求其工程量。

【解】（1）清单工程量

$$0.23×0.15×4.7×12m^3＝1.95m^3$$

【注释】檩的截面为 230mm×150mm，长度为 4700mm，共 12 根。

清单工程量计算见表 2-81。

清单工程量计算表 表 2-81

项目编码	项目名称	项目特征描述	计量单位	工程量
050304004001	木花架柱、梁	檩截面 230mm×150mm	m³	1.95

（2）定额工程量同清单工程量

根据工程量清单计价规范，可知木制花架表面刷防护涂料时，按设计图示截面乘长度（包括榫长）以体积计算；定额工程量同样也以体积计算，故得出上面数值。

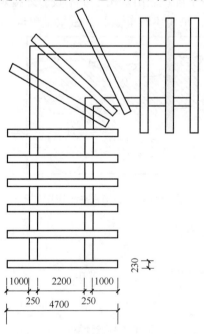

图 2-62　某花架局部平面示意图

第三章　工程量清单计价实例

庭院绿化工程量报价实例

该庭院应主人要求需要重新整修，整修后以休闲优雅为基调，内设小桥流水、小型喷泉、休息桌凳、草中置石，并配置丰富的树种。另外，本设计要对一层屋顶进行绿化，试求其工程量及计价。

该庭院绿化面积共 518.00m²，广场铺装面积共 107.57m²，青石板园路 61m。表 3-1 为植物配置规格及清单工程量计算表。

清单工程量计算表（植物配置规格）　　　　　　表 3-1

序号	植物名称	植物规格	计量单位	数量
1	乌桕	胸径 7~8cm	株	14
2	白蜡	胸径 20cm	株	1
3	合欢	胸径 5~6cm	株	2
4	雪松	高 4~5m	株	3
5	国槐	胸径 5~6cm	株	6
6	紫叶李	胸径 2.5~3cm	株	4
7	红叶碧桃	高 1~1.2m	株	6
8	花石榴	高 1~1.2m	株	27
9	紫荆	高 1 米多分枝	株	13
10	紫薇	胸径 2.5~3cm	株	11
11	石楠	高 1.2~1.5m	株	8
12	枸杞	高 0.3~0.5m	株	14
13	大叶黄杨球	高 1~1.2m	株	30
14	紫藤	4 年生	株	10
15	刚竹	胸径 3cm	株	30
16	月季	2 年生	m²	35.51
17	迎春	2 年生	m²	35
18	结缕草		m²	518.00

实例图纸如图 3-1～图 3-31 所示。

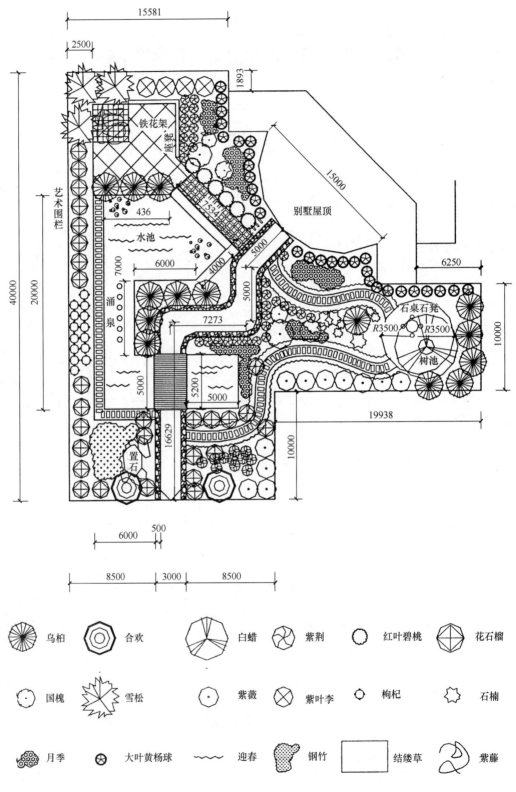

图 3-1 庭院总平面图

图例:

符号	名称	符号	名称	符号	名称
乌桕	乌桕	白蜡	白蜡	红叶碧桃	红叶碧桃
合欢	合欢	紫荆	紫荆	花石榴	花石榴
国槐	国槐	紫薇	紫薇	枸杞	枸杞
雪松	雪松	紫叶李	紫叶李	石楠	石楠
月季	月季	迎春	迎春	结缕草	结缕草
大叶黄杨球	大叶黄杨球	钢竹	钢竹	紫藤	紫藤

图 3-2　园路一平面图

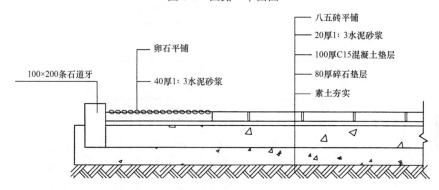

100×200条石道牙

卵石平铺

40厚1：3水泥砂浆

八五砖平铺

20厚1：3水泥砂浆

100厚C15混凝土垫层

80厚碎石垫层

素土夯实

图 3-3　园路一剖面图

六角板

20厚1：3水泥砂浆

100厚C15混凝土垫层

80厚碎石垫层

素土夯实

100×200条石道牙

图 3-4　园路二平面图　　　　　图 3-5　园路二剖面图

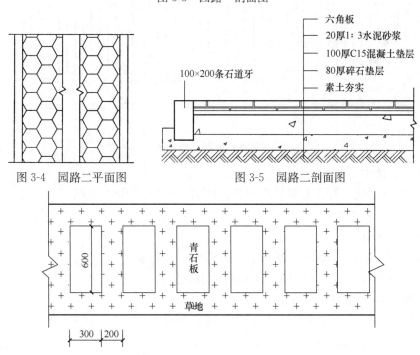

600

青石板

草地

300　200

图 3-6　青石板路平面图

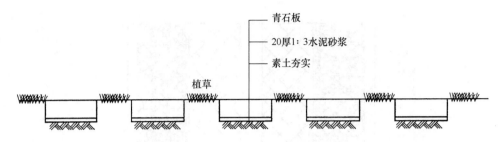

图 3-7　青石板路剖面图

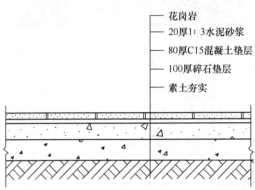

图 3-8　园路二平面图

图 3-9　园路二剖面图

【解】一、清单工程量

依据《园林绿化工程工程量计算规范》（GB 50858—2013）编制。

（一）绿化种植工程

1. 整理绿化场地

项目编码：050101010001　项目名称：**整理绿化场地**

数量：$S=518.00\mathrm{m}^2$（根据表 3-1 中草皮面积得）

2. 栽植乌桕 土球直径 80cm

项目编码：050102001001　项目名称：**栽植乔木**

数量：14 株（见表 3-1）

3. 栽植白蜡 土球直径 120cm

项目编码：050102001002　项目名称：**栽植乔木**

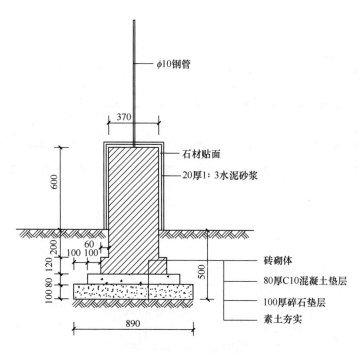

图 3-10 青石板路平面图

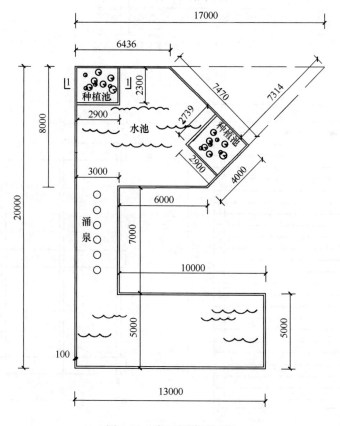

图 3-11 青石板路平面图

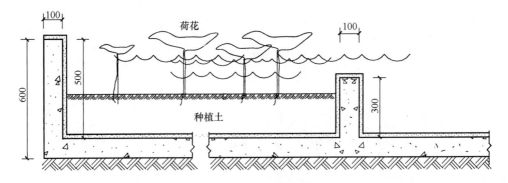

图 3-12　青石板路平面图

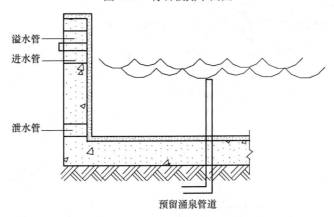

图 3-13　水池剖面图

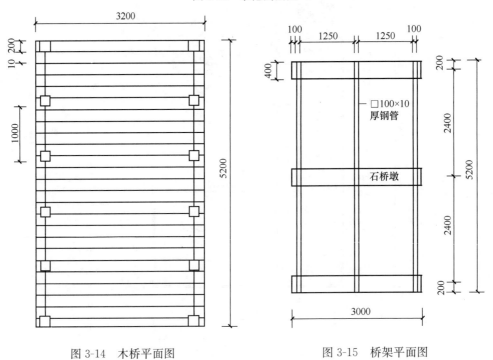

图 3-14　木桥平面图　　　　　图 3-15　桥架平面图

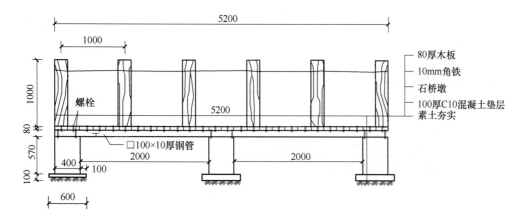

图 3-16　木桥剖面图

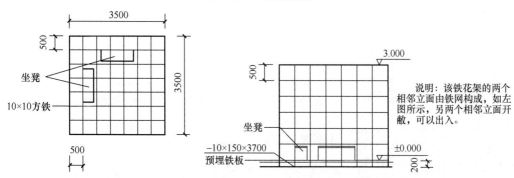

图 3-17　铁花架平面图

图 3-18　铁花架剖面图

说明：该铁花架的两个相邻立面由铁网构成，如左图所示，另两个相邻立面开敞，可以出入。

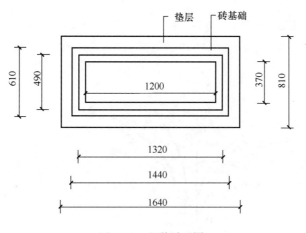

图 3-19　坐凳平面图

数量：1株（见表 3-1）

4. 栽植合欢 土球直径 50cm

项目编码：050102001003　项目名称：栽植乔木

数量：2株（见表 3-1）

5. 栽植雪松

项目编码：050102001004　项目名称：栽植乔木

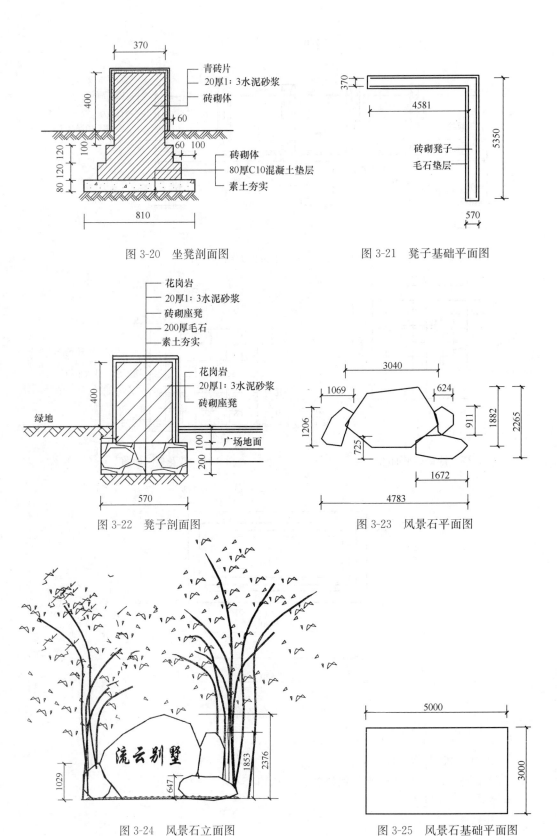

图 3-20 坐凳剖面图

图 3-21 凳子基础平面图

图 3-22 凳子剖面图

图 3-23 风景石平面图

图 3-24 风景石立面图

图 3-25 风景石基础平面图

226

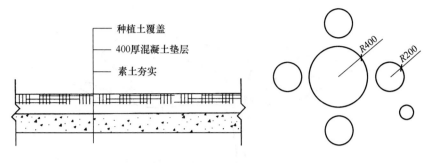

图 3-26　风景石基础剖面图　　　　　图 3-27　石桌石凳平面图

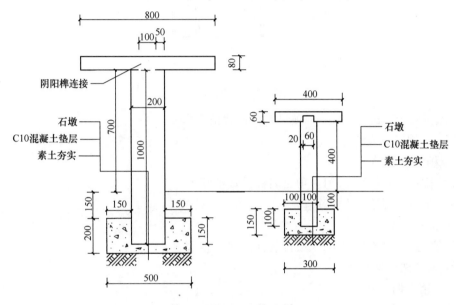

图 3-28　石桌石凳剖面图

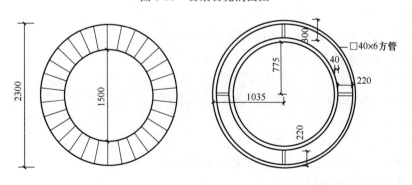

图 3-29　树池平面图　　　　　图 3-30　树池支撑铁架平面图

数量：3 株（见表 3-1）

6. 栽植国槐

项目编码：050102001005　　项目名称：栽植乔木

数量：6 株（见表 3-1）

7. 栽植紫叶李

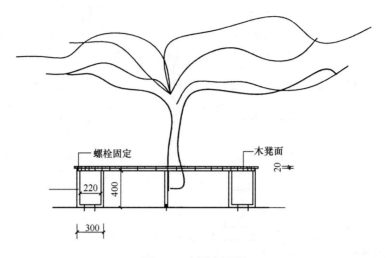

图 3-31　树池剖面图

项目编码：050102001006　项目名称：栽植乔木
数量：4 株（见表 3-1）

8. 栽植红叶碧桃
项目编码：050102002001　项目名称：栽植灌木
数量：6 株（见表 3-1）

9. 栽植花石榴
项目编码：050102002002　项目名称：栽植灌木
数量：27 株（见表 3-1）

10. 栽植紫荆
项目编码：050102002003　项目名称：栽植灌木 数量：13 株（见表 3-1）

11. 栽植紫薇
项目编码：050102002004　项目名称：栽植灌木
数量：11 株（见表 3-1）

12. 栽植石楠
项目编码：050102002005　项目名称：栽植灌木
数量：8 株（见表 3-1）

13. 栽植枸杞
项目编码：050102002006　项目名称：栽植灌木
数量：14 株（见表 3-1）

14. 栽植大叶黄杨球
项目编码：050102002007　项目名称：栽植灌木
数量：30 株（见表 3-1）

15. 栽植紫藤
项目编码：050102006001　项目名称：栽植攀缘植物
数量：10 株（见表 3-1）

16. 栽植刚竹

项目编码：050102003001　项目名称：栽植竹类

数量：30 株（见表 3-1）

17. 栽植月季 普通花坛 11 株/m^2

项目编码：050102008001　项目名称：栽植花卉

数量：74 株（见表 3-1）

18. 栽植迎春 普通花坛 11 株/m^2

项目编码：050102008002　项目名称：栽植花卉

数量：170 株（见表 3-1）

19. 铺种结缕草

项目编码：050102012001　项目名称：铺种草皮

数量：518m^2（见表 3-1）

（二）园路工程

1. 园路一

项目编码：050201001001　项目名称：园路

工程量：$S=(16.63+7.27+5+5)×3=101.70m^2$

【注释】16.63+7.27+5+5——如图所示园路一中线长；

3——主路的宽度。

2. 园路二

项目编码：050201001002　项目名称：园路

工程量：$S=7.534×2m^2=15.07m^2$

【注释】7.534——园路二的长度；

2——园路二的宽度。

3. 青石板

项目编码：050201001003　项目名称：园路

工程量：$S=0.6×0.3×125m^2=22.5m^2$

【注释】0.6——青石板的长度；

0.3——青石板的宽度；

125——青石板的块数。

4. 条石路牙

项目编码：050201003001　项目名称：路牙铺设

工程量：$L=(16.63+7.27+5+5+7.534)×2m=82.87m$

【注释】16.63+7.27+5+5——如图所示园路一中线长；

7.534——如图所示园路二中线长；

2——路牙石位于道路两侧，所以乘以 2；

5. 广场

项目编码：050201001004　项目名称：园路

工程量：$S=107.57m^2$（由题已知）

（三）艺术围栏

1. 挖基槽

项目编码：010101004001　项目名称：挖基坑土方

工程量：$V=长\times宽\times深=(1.893+15.581+40+8.5+8.5+10+19.938+10$
$+6.25)\times0.89\times0.5m^3$
$=53.69m^3$

其中基坑边长＝$1.893+15.581+40+8.5+8.5+10+19.938+10+6.25m=$
$120.66m$

基坑面积＝长×宽＝$120.66\times0.89m^2=107.39m^2$

【注释】1.893、15.581、40、8.5、8.5、10、19.938、10

6.25——各段围栏的边长；

0.89——基槽宽度；

0.5——挖槽深度。

2. 100 厚碎石垫层

项目编码：010404001001　项目名称：垫层

工程量：$V=SH=107.39\times0.10m^3=10.74m^3$

【注释】107.39——基坑的面积；

0.10——碎石垫层厚度。

3. 80 厚 C10 混凝土垫层

项目编码：010404001002　项目名称：垫层

工程量：$V=长\times宽\times厚=120.66\times0.69\times0.08m^3=6.66m^3$

【注释】120.66——垫层的长度；

0.69——混凝土垫层的宽度；

0.08——混凝土垫层的厚度。

4. 砖基础

项目编码：010401001001　项目名称：砖基础

工程量：$V=长\times截面积=120.66\times(0.32\times0.37+0.12\times0.06\times2)\ m^3=16.02m^3$

【注释】120.66——砖基础的长度；

0.32——砖基础的深度；

0.37——砖墙的厚度；

0.12——大放脚的高度；

0.06×2——大放脚的宽度。

5. 人工回填土

项目编码：010103001001　项目名称：回填方

工程量：$V=(挖土方量-碎石垫层-混凝土垫层-砖基础)\times1.15$
$=(53.69-10.74-6.66-16.02)\times1.15m^3$
$=23.31m^3$

【注释】53.69——挖土方的体积；

10.74——碎石垫层的体积；

　　　　6.66——混凝土垫层的体积；

　　　　16.02——砖基础的体积；

　　　　1.15——夯实土壤折算成自然密实度土壤的系数。

6. 砖围栏

项目编码：010401003001　项目名称：实心砖墙

工程量：$V=长×截面积=120.66×0.37×0.6m^3=26.79m^3$

【注释】120.66——砖基础的长度；

　　　　0.37——砖墙的厚度；

　　　　0.6——砖墙的高度。

7. 安装铁艺栏杆

项目编码：050307006001　项目名称：铁艺栏杆

工程量：$L=120.66m$

（四）水池

1. 挖土方

项目编码：010101003001　项目名称：挖沟槽土方

工程量：$V=基坑面积×深$

$=(矩形的面积+梯形面积-三角形面积)×深$

$=[5×13+3×7+\dfrac{(9+17)×8}{2}-\dfrac{1}{2}×7.47×7.314]×0.6m^3$

$=162.68×0.6m^3$

$=97.61m^3$

【注释】5、13、3、7——分割的矩形水池边长；

$\dfrac{1}{2}[(9+17)×8]$——分割的梯形水池面积；

$\dfrac{1}{2}×7.47×7.314$——多加的三角形面积；

　　　　0.6——基坑的深度。

2. C30混凝土水池

项目编码：070101001001　项目名称：池底板

项目编码：070101002001　项目名称：池壁

工程量：$V_{池底板}=(20+13+5+10+7+6+4+7.47+6.436)×0.1×0.5m^3$

$=3.94m^3$

$V_{池壁}=162.68×0.1m^3=16.27m^3$

工程量：$V=V_{池底板}+V_{池壁}=(20+13+5+10+7+6+4+7.47+6.436)×0.1×0.5+$

$162.68×0.1m^3$

$=20.21m^3$

【注释】$20+13+5+10+7+6+4+7.47+6.436m=78.91m$

　　　　78.91m——水池的外边线长；

　　　　0.1——水池的壁厚；

　　　　0.5——池壁高；

162.68——池底面积（由上可知）。

3.20 厚防水砂浆

项目编码：010904003001　项目名称：楼（地）面砂浆防水（防潮）

工程量：S＝池底面积＋池壁面积＝162.68＋0.5×（78.91−9×0.1×2）m²
$$=201.24m^2$$

【注释】162.68——池底面积之和；

0.5——内池壁的高度；

78.91——水池的外边线长；

9——水池的边数；

0.1——水池的壁厚；

2——算内线长时两端均减去壁厚。

（五）种植池

1. 混凝土水池

项目编码：070101002002　项目名称：池壁

工程量：V＝长×截面积＝(2.9＋2.3＋2.9＋2.739)×0.3×0.1m³＝0.33m³

【注释】2.9、2.3、2.739——种植池的边长；

0.3——种植池的壁高；

0.1——种植池的壁厚。

2. 防水砂浆

项目编码：010904003002　项目名称：楼（地）面砂浆防水（防潮）

工程量：S＝壁高×(内边线长＋外边线长)
$$=0.3×(2.9＋2.3＋2.9＋2.739)×2m^2$$
$$=6.50m^2$$

【注释】(2.9＋2.3＋2.9＋2.739)——种植池的中线长；

2——中线长乘以2为内壁加外壁边长之和；

0.3——种植池的壁高。

（六）桥

1. 100 厚 C10 混凝土垫层

项目编码：010404001003　项目名称：垫层

工程量：V＝SHn＝0.6×3.2×0.1×3m³＝0.58m³

【注释】0.6——垫层的宽度；

3.2——垫层的长度；

0.1——垫层厚度；

3——3 个基础垫层。

2. 石桥墩

项目编码：050201007001　项目名称：石桥墩、石桥台

工程量：V＝SHn＝0.57×0.4×3×3m³＝2.05m³

【注释】0.57——桥墩的高度；

0.4——桥度的宽度；

　　　　　3——桥墩的长度；

　　　　　3——桥墩的个数。

3. 钢支架

项目编码：010606012001　项目名称：钢支架

工程量：钢管体积＝截面积×长＝0.01×（0.1－0.005×2）×4×2.6×6m³

　　　　　　　　　　　　　　＝0.056m³

钢管质量＝体积×密度＝0.056×7.85×10³kg＝439.6kg＝0.440t

【注释】0.01——钢管的壁厚；

　　　　　0.1——钢管的边长；

　　0.005×2——钢管的壁厚；

　　　　　　4——钢管的边数；

　　　　　2.6——每根钢管的长度；

　　　　　　6——钢管的根数；

7.85×10³kg/m³——钢的相对密度。

4. 木桥面

项目编码：050201014001　项目名称：木制步桥

工程量：$S＝5.2×3.2m^2＝16.64m^2$

【注释】5.2——木桥面的长度；

　　　　　3.2——木桥面的宽度。

5. 木柱

项目编码：010702001001　项目名称：木柱

工程量：$V＝0.2×0.2×1.08×12m^3＝0.52m^3$

【注释】0.2——木柱的边长；

　　　　　1.08——木柱的高度；

　　　　　12——木柱的个数。

（七）铁花架

1. 花架的制作安装

项目编码：050304003001　项目名称：金属花架柱、梁

工程量：10×10 方铁的体积 $V_1＝0.01×0.01×3.5×48m^3＝0.0168m^3$

【注释】0.01——方铁的边长；

　　　　　3.5——方铁的边长；

　　　　　48——方铁的根数。

预埋铁件的体积 $V_2＝0.01×0.15×3.7×2m^3＝0.0111m^3$

【注释】0.01、0.15、3.7——铁件的厚、宽、长；

　　　　　　　　　　2——铁件的个数。

说明：该铁花架的两个相邻立面由铁网构成，如左图所示，另两个相邻立面开敞，可以出入。

铁的总体积 $V＝V_1＋V_2＝0.0168＋0.0111m^3＝0.0279m^3$ 铁的总质量＝0.0279×7.8×10³kg＝217.62kg＝0.218t

【注释】$7.8 \times 10^3 \mathrm{kg/m^3}$——铁的相对密度。

2. 砖砌凳子

项目编码：050307018001　项目名称：砖石砌小摆设

工程量：2个

（八）绿地边缘座凳

1. 20厚毛石垫层

项目编码：010404001004　项目名称：垫层

工程量：$V = $ 截面积$\times$长$= 0.2 \times 0.57 \times (5.35 + 0.1 \times 2 + 4.581) \mathrm{m^3} = 1.15 \mathrm{m^3}$

【注释】0.2——垫层的厚度；

0.57——垫层的宽度；

$5.35 + 4.581 + 0.1 \times 2 = $

10.13——垫层的长度。

2. 砖砌凳子

项目编码：050307018002　项目名称：砖石砌小摆设

工程量：$V = 0.5 \times 0.37 \times (5.35 + 4.581) \mathrm{m^3} = 1.84 \mathrm{m^3}$

【注释】　0.5——凳子的高度；

0.37——凳子的厚度；

$5.35 + 4.581 = 9.93$——凳子的中线长。

3. 花岗岩面层

项目编码：011108003001　项目名称：块料零星项目

工程量：$S = $ 凳子压顶面积$+$凳子侧面面积

$= 0.37 \times 9.93 + 0.4 \times (9.93 - 0.37) \mathrm{m^2}$

$= 7.50 \mathrm{m^2}$

【注释】0.37——凳子的宽度；

9.93——花坛中线长；

0.4——凳子的高度；

$9.93 - 0.37$——凳子的内边线长。

（九）点风景石

项目编码：050301005001　项目名称：点风景石

工程量：4块

（十）石桌石凳

项目编码：050305006001　项目名称：石桌石凳

工程量：石桌1个、石凳4个

（十一）树池座凳

1. 树池支撑铁架制作安装

项目编码：050305010001　项目名称：塑料、铁艺、金属椅

工程量：1个

清单工程量计算见表3-2。

清单工程量计算表　　　　　　　　　　　　　　　表 3-2

序号	项目编码	项目名称	项目特征描述	计量单位	工程量
1	050101010001	整理绿化用地	一类土，就地平整	m²	518.00
2	050102001001	栽植乔木	乌桕胸径 7～8cm 养护期一年	株	14.00
3	050102001002	栽植乔木	白蜡 胸径 20cm 养护期一年	株	1.00
4	050102001003	栽植乔木	合欢 胸径 5～6cm 养护期一年	株	2.00
5	050102001004	栽植乔木	雪松 胸径 5～6cm 养护期一年	株	3.00
6	050102001005	栽植乔木	国槐 胸径 5～6cm 养护期一年	株	6.00
7	050102001006	栽植乔木	紫叶李 胸径 2.5～3cm 养护期一年	株	4.00
8	050102002001	栽植灌木	红叶碧桃 冠丛高 1～1.2m 养护期一年	株	6.00
9	050102002002	栽植灌木	花石榴 冠丛高 1～1.2m，养护期一年	株	27.00
10	050102002003	栽植灌木	紫荆 冠丛高 2.5m 养护期一年	株	13.00
11	050102002004	栽植灌木	紫薇 冠丛高 1.5m，养护期一年	株	11.00
12	050102002005	栽植灌木	石楠 高 1.3～1.5m 养护期一年	株	8.00
13	050102002006	栽植灌木	枸杞 高 0.3～0.4m 养护期一年	株	14.00
14	050102002007	栽植灌木	大叶黄杨球 高 1～1.2m 养护期一年	株	30.00
15	050102006001	栽植攀缘植物	紫藤 养护期一年	株	10.00
16	050102003001	栽植竹类	刚竹，胸径 3cm，养护期一年	株	30.00
17	050102008001	栽植花卉	月季 11 株/m² 养护期一年	m²	35.51
18	050102008002	栽植花卉	迎春 11 株/m²	m²	35.00
19	050102012001	铺种草皮	结缕草 满铺 养护期一年	m²	518.00
20	050201001001	园路	80 厚碎石垫层，100 厚 C10 混凝土垫层，20 厚 1：3 水泥砂浆，八五砖平铺边缘 50cm，卵石平铺	m²	101.70
21	050201001002	园路	80 厚碎石垫层，100 厚 C10 混凝土垫层，20 厚 1：3 水泥砂浆，六角板面层	m²	15.07
22	050201001003	园路	20 厚 1：3 水泥砂浆，青石板	m²	22.5
23	050201003001	路牙铺设	条石路牙 100×200	m	82.87
24	050201001004	园路	100 厚碎石垫层，80 厚 C10 混凝土垫层，20 厚 1：3 水泥砂浆，花岗岩面层	m²	107.57
25	010101004001	挖基坑土方	一类土，带形基础，垫层宽 0.89m，面积 107.39m²，挖土深 0.5m，	m³	53.69
26	010404001001	垫层	100 厚碎石垫层	m³	10.74
27	010404001002	垫层	80 厚 C10 混凝土地面垫层	m³	6.66
28	010401001001	砖基础	标准砖 240×115×53mm，带型基础，基础深 0.32m，水泥砂浆 M5	m³	16.02
29	010103001001	回填方	夯填	m³	23.31
30	010401003001	实心砖墙	标准砖 240×115×53mm，墙体厚 0.37m，水泥砂浆 M5	m³	26.79

序号	项目编码	项目名称	项目特征描述	计量单位	工程量
31	050307006001	铁艺栏杆	栏杆高 1.33m，红丹防锈漆	m	120.66
32	010101003001	挖沟槽土方	一类土，挖深 0.6m，	m³	97.61
33	070101001001	池底板	水池，C30 混凝土	m³	3.94
34	070101002001	池壁	水池，C30 混凝土	m³	16.27
35	010904003001	砂浆防水	水池防水，防水层厚 20cm	m²	201.24
36	070101002002	池壁	水池，C30 混凝土	m³	0.33
37	010904003002	砂浆防水	水池防水，防水层厚 20cm	m²	6.50
38	010404001003	垫层	80 厚 C10 混凝土地面垫层	m³	0.58
39	050201007001	石桥墩、石桥台		m³	2.05
40	010606012001	钢支架	防锈漆一遍	t	0.44
41	050201014001	木制步桥	桥宽 3.2m，长 5.2m，防腐木	m²	16.64
42	010702001001	木柱	木柱截面积 0.2×0.2m，柱高 1.08m	m³	0.52
43	050304003001	金属花架柱、梁	铁质花架，10×10 方铁	t	0.22
44	050307018001	砖石砌小摆设	标准砖 240×115×53mm，水泥砂浆 M5	个	2.00
45	010404001004	垫层	20 厚毛石垫层	m³	1.15
46	050307018002	砖石砌小摆设	标准砖 240×115×53mm，水泥砂浆 M5	m³	1.84
47	011108003001	块料零星项目	绿地边座凳，20 厚 1：3 水泥砂浆结合层，花岗岩面层	m²	7.50
48	050301005001	点风景石	青岫石	块	4.00
49	050305006001	石桌石凳	圆形桌凳，桌子半径为 0.4m，凳子半径为 0.2m，桌子支墩高为 0.7m，凳子支墩高为 0.4m	个	（石桌）1 （石凳）4
50	050305010001	塑料、铁艺、金属椅	木凳面，圆形支架	个	1.00

二、定额工程量

本题套用《河南省建设工程工程量清单综合单价》（2008）。

（一）绿化种植工程

1. 绿化场地平整

工程量：$S=518.00m^2=51.80(10m^2)$（计算方法同清单工程量）

套用定额 1-22

2. 栽植乌桕 土球直径 100cm

① 栽植乔木——乌桕 土球直径 100cm

工程量：14 株 套用定额 1-67

② 后期管理——乌桕 胸径 7—8cm

工程量：14 株 套用定额 1-80

③苗木预算价格见表3-3。

苗木预算价格表 表3-3

代码编号	名称	规格	单位	预算价格（元）
62	乌桕	胸径1-8cm	株	90

此表格参照《郑州市建设工程材料基准价格信息》。

3. 栽植白蜡　土球直径150cm

① 栽植乔木——白蜡　土球直径140cm

工程量：1株　套用定额1-69

② 后期管理——白蜡　胸径20cm

工程量：1株　套用定额1-81

③ 苗木预算价格见表3-4。

苗木预算价格表 表3-4

代码编号	名称	规格	单位	预算价格（元）
208	白蜡	胸径9-10cm	株	250.00

此表格参照《郑州市建设工程材料基准价格信息》。

4. 栽植合欢　土球直径50cm

① 栽植乔木——合欢　土球直径50cm

工程量：2株　套用定额1-63

② 后期管理——合欢　胸径5-6cm

工程量：2株　套用定额1-80

③ 苗木预算价格见表3-5。

苗木预算价格表 表3-5

代码编号	名称	规格	单位	预算价格（元）
229	合欢	胸径5-6cm	株	40.00

此表格参照《郑州市建设工程材料基准价格信息》。

5. 栽植雪松

① 栽植乔木——雪松　土球直径100cm

工程量：3株　套用定额1-67

② 后期管理——雪松　胸径20cm

工程量：3株　套用定额1-80

③ 苗木预算价格见表3-6。

苗木预算价格表 表3-6

代码编号	名称	规格	单位	预算价格（元）
3	雪松	高4-5cm	株	220.00

此表格参照《郑州市建设工程材料基准价格信息》。

6. 栽植国槐

①栽植乔木——国槐 土球直径 60cm

工程量：6 株 套用定额 1-64

②后期管理——国槐 落叶乔木 胸径 5～6cm

工程量：6 株 套用定额 1-80

③苗木预算价格表见表 3-7。

苗木预算价格表　　　　　　　　表 3-7

代码编号	名称	规格	单位	预算价格（元）
112	国槐	胸径 5-6cm	株	25.00

此表格参照《郑州市建设工程材料基准价格信息》。

7. 栽植紫叶李

① 栽植乔木——紫叶李 土球直径 40cm

工程量：4 株 套用定额 1-62

② 后期管理——紫叶李 落叶乔木 胸径 2.5～3cm

工程量：4 株 套用定额 1-80

③ 苗木预算价格见表 3-8。

苗木预算价格表　　　　　　　　表 3-8

代码编号	名称	规格	单位	预算价格（元）
209	紫叶李	胸径 2-3cm	株	10.00

此表格参照《郑州市建设工程材料基准价格信息》。

8. 栽植红叶碧桃

① 栽植灌木——红叶碧桃 土球直径 40cm

工程量：6 株 套用定额 1-122

② 后期管理——红叶碧桃 蓬径 100cm

工程量：6 株 套用定额 1-134

③ 苗木预算价格见表 3-9。

苗木预算价格表　　　　　　　　表 3-9

代码编号	名称	规格	单位	预算价格（元）
370	红叶碧桃	高 0.8-1.5m	株	20.00

此表格参照《郑州市建设工程材料基准价格信息》。

9. 栽植花石榴

① 栽植灌木——花石榴 土球直径 40cm

工程量：27 株 套用定额 1-122

② 后期管理——花石榴 蓬径 100cm

工程量：27 株 套用定额 1-134

③ 苗木预算价格见表 3-10。

代码编号	名称	规格	单位	预算价格（元）
439	花石榴	高 0.8-1.2m	株	10.00

此表格参照《郑州市建设工程材料基准价格信息》。

10. 栽植灌木——紫荆

① 栽植灌木——紫荆　土球直径 40cm

工程量：13 株　套用定额 1-122

② 后期管理——紫荆　蓬径 200cm

工程量：13 株　套用定额 1-134

③ 苗木预算价格见表 3-11。

苗木预算价格表   表 3-11

代码编号	名称	规格	单位	预算价格（元）
431	紫荆	高 0.8-1.2m	株	10.00

此表格参照《郑州市建设工程材料基准价格信息》。

11. 栽植灌木——紫薇

① 栽植灌木——紫薇　土球直径 40cm

工程量：11 株　套用定额 1-122

② 后期管理——紫薇　冠高 1.2m

工程量：11 株　套用定额 1-134

③ 苗木预算价格见表 3-12。

苗木预算价格表   表 3-12

代码编号	名称	规格	单位	预算价格（元）
390	紫薇	胸径 3.1-4cm	株	40.00

此表格参照《郑州市建设工程材料基准价格信息》。

12. 栽植石楠

①栽植灌木——石楠　土球直径 40cm

工程量：8 株　套用定额 1-122

②后期管理——石楠　高 1.2～1.5m

工程量：8 株　套用定额 1-134

③苗木预算价格见表 3-13

苗木预算价格表   表 3-13

代码编号	名称	规格	单位	预算价格（元）
262	石楠	高 1.2-1.5m	株	100.00

此表格参照《郑州市建设工程材料基准价格信息》。

13. 栽植枸杞

① 栽植灌木——枸杞　高 0.3～0.5m

工程量：14 株　套用定额 1-120

② 后期管理——枸杞 蓬径 50cm

工程量：14 株 套用定额 1-134

③ 苗木预算价格见表 3-14。

苗木预算价格表

表 3-14

代码编号	名称	规格	单位	预算价格（元）
460	枸杞	高 0.8～1.2m	株	5.00

此表格参照《郑州市建设工程材料基准价格信息》。

14. 栽植大叶黄杨球

① 栽植灌木——大叶黄杨球 高 1～1.2m

工程量：30 株 套用定额 1-122

② 后期管理——大叶黄杨球 高 1～1.2m

工程量：30 株 套用定额 1-134

③苗木预算价格见表 3-15。

苗木预算价格表

表 3-15

代码编号	名称	规格	单位	预算价格（元）
321	大叶黄杨球	高 1～1.2m	株	40.00

此表格参照《郑州市建设工程材料基准价格信息》。

15. 栽植紫藤

① 栽植攀缘植物——紫藤 地径 3cm

工程量：0.1（100 株） 套用定额 1-149

② 后期管理——紫藤 地径 3cm

工程量：10 株 套用定额 1-152

③ 苗木预算价格见表 3-16。

苗木预算价格表

表 3-16

代码编号	名称	规格	单位	预算价格（元）
507	紫藤	4 年生	株	20.00

此表格参照《郑州市建设工程材料基准价格信息》。

16. 栽植刚竹

① 栽植竹类——刚竹

工程量：30 株 套用定额 1-94

② 后期管理——刚竹

工程量：30 株 套用定额 1-104

③ 苗木预算价格见表 3-17。

苗木预算价格表

表 3-17

代码编号	名称	规格	单位	预算价格（元）
602	竹子		株	5.00

此表格参照《郑州市建设工程材料基准价格信息》。

17. 栽植花卉——月季

① 栽植花卉——月季　普通花坛 11 株/m²

工程量：3.55（10m²）　套用定额 1-171

② 后期管理——月季　露地花卉　木本类

工程量：35.51m²　套用定额 1-179

③ 苗木预算价格见表 3-18。

苗木预算价格表　　　　　　　　　　　　　　　表 3-18

代码编号	名称	规格	单位	预算价格（元）
463	丰花月季	2 年生	株	1.00

此表格参照《郑州市建设工程材料基准价格信息》。

18. 栽植花卉——迎春

① 栽植花卉——迎春　普通花坛　11 株/m²

工程量：3.5（10m²）　套用定额 1-171

② 后期管理——迎春　露地花卉　木本类

工程量：35m²　套用定额 1-179

③ 苗木预算价格见表 3-19。

苗木预算价格表　　　　　　　　　　　　　　　表 3-19

代码编号	名称	规格	单位	预算价格（元）
571	迎春	蓬径 60-80	株	10.00

此表格参照《郑州市建设工程材料基准价格信息》。

19. 铺种结缕草

① 铺种草皮——结缕草　满铺

工程量：$S = 518.00m^2 = 51.80（10m^2）$

套用定额 1-185

② 后期管理——结缕草　割草机修剪 冷季型

工程量：$S = 518.00m^2$　套用定额 1-190

③ 苗木预算价格见表 3-20。

苗木预算价格表　　　　　　　　　　　　　　　表 3-20

代码编号	名称	规格	单位	预算价格（元）
609	结缕草		m²	6.00

此表格参照《郑州市建设工程材料基准价格信息》。

（二）园路工程

1. 园路一

① 素土夯实（土基整理路床）

工程量：$S = (16.63 + 7.27 + 5 + 5) × (3 + 0.05 × 2)m^2$

$= 105.09m^2$

$$=10.51(10m^2)$$

【注释】16.63、7.27、5——如图所示主路中线长；

3——主路的宽度；

0.05×2——园路两侧各拓宽5cm。

套用定额2-1

② 80厚碎石垫层

工程量：$V=SH=105.09×0.08m^3=8.41m^3$

【注释】105.09——由上素土夯实得知垫层的面积；

0.08——碎石垫层的厚度。

套用定额2-157

③ 100厚C10混凝土垫层

工程量：$V=SH=105.09×0.1m^3=10.51m^3$

【注释】105.09——垫层的面积；

0.1——C10混凝土垫层的厚度。

套用定额2-164

④ 砖平铺地面 拐子锦

工程量：$S=(16.63+7.27+5+5)×(3-0.5×2)m^2=67.80m^2=6.78(10m^2)$（计算方法同清单工程量）

【注释】16.63、7.27、5——如图所示主路中线长；

3——主路的宽度；

0.5——卵石铺路的宽度。

套用定额2-35

⑤ 卵石平铺

工程量：$S=(16.63+7.27+5+5)×0.5m^2$

$=1.70(10m^2)$

【注释】16.63、7.27、5——如图所示主路中线长；

0.5——卵石面的宽度。

套用定额2-21

2. 园路二

① 素土夯实（园路土基整理路床）

工程量：$S=7.534×(2+0.05×2)m^2=15.82m^2=1.58(10m^2)$

【注释】7.534——如图所示主路中线长；

2——主路的宽度；

0.05×2——园路两侧各拓宽5cm。

套用定额2-1

② 80厚碎石垫层

工程量：$V=SH=15.82×0.08m^3=1.27m^3$

【注释】15.82——由上素土夯实得知垫层的面积；

0.08——碎石垫层的厚度。

套用定额 2-157

③ 100 厚 C10 混凝土垫层

工程量：$V=SH=15.82\times0.1m^3=1.58m^3$

【注释】15.82——垫层的面积；

0.1——C10 混凝土垫层的厚度。

套用定额 2-164

④ 石板块路面六角形

工程量：$S=15.07m^2=1.51(10m^2)$（计算方法同清单工程量）

套用定额 2-11

3. 青石板

① 素土夯实（园路土基整理路床）

工程量：$S=61\times1m^2=61m^2=6.1(10m^2)$

【注释】61——青石板路的长度；

1——青石板路的宽度。

套用定额 2-1

② 青石板

工程量：$S=22.5m^2=2.25(10m^2)$（同上）

套用定额 2-16

4. 条石路牙

工程量：$L=82.87m=8.29(10m)$（计算方法同清单工程量）

套用定额 2-44

5. 广场

① 素土夯实

工程量：$S=107.57m^2=10.76(10m^2)$（计算方法同清单工程量）

套用定额 2-1

② 100 厚碎石垫层

工程量：$V=SH=107.57\times0.1m^3=10.76m^3$

【注释】107.57——由上素土夯实得知垫层的面积；

0.1——碎石垫层的厚度。

套用定额 2-157

③ 80 厚 C10 混凝土垫层

工程量：$V=SH=107.57\times0.08m^3=8.61m^3$

【注释】107.57——垫层的面积；

0.08——C10 混凝土垫层的厚度。

套用定额 2-164

④ 花岗岩

工程量：$S=107.57m^2=10.76(10m^2)$（计算方法同清单工程量）

套用定额 2-26

（三）艺术围栏

1. 挖基槽

工程量：$V=$ 长×宽×深$=$ （1.893＋15.581＋40＋8.5＋8.5＋10＋19.938＋10＋

6.25）× （0.89＋0.3×2）×0.5m³

$=89.89$m³

【注释】1.893、15.581、40、8.5、8.5、10、19.938、10、

6.25——各段围栏的边长；

0.89——基槽宽度；

0.3×2——基槽两边增加的工作面；

0.5——挖槽深度。

套用定额 4-1

2. 100 厚碎石垫层

工程量：$V=10.74$m³$=1.07(10$m³）（计算方法同清单工程量）

套用定额 2-157

3. 80 厚 C10 混凝土垫层

工程量：$V=6.66$m³$=0.67(10$m³）（计算方法同清单工程量）

套用定额 2-164

4. 砖基础

工程量：$V=16.02$m³（计算方法同清单工程量）

套用定额 6-1

5. 人工回填土

工程量：$V=$（挖土方量－碎石垫层－混凝土垫层－砖基础）×1.15

$=(89.89-10.74-6.66-16.02)×1.15$m³

$=64.94$m³

【注释】89.89——挖土方的体积；

10.74——碎石垫层的体积；

6.66——混凝土垫层的体积；

16.02——砖基础的体积；

1.15——夯实土壤折算成自然密实度土壤的系数。

套用定额 4-69

6. 砖围栏

工程量：$V=26.79$m³（计算方法同清单工程量）

套用定额 6-10

7. 安装艺术围栏

工程量：$L=120.66$m（计算方法同清单工程量）

套用定额 3-261

（四）水池

1. 挖土方

工程量：$V=97.61$m³（同清单工程量）

套用定额 4-37

2. 素土夯实

工程量：$V=97.61 \div 0.6 m^2 = 162.68 m^2 = 16.27(10 m^2)$

【注释】97.61——挖土方的体积；

0.6——坑的深度。

套用定额 4-71

3. C30 混凝土水池壁

工程量：$V_{池壁}=(20+13+5+10+7+6+4+7.47+6.436) \times 0.1 \times 0.5 m^3$
$= 3.95 m^3 = 0.40(10 m^3)$

【注释】$20+13+5+10+7+6+4+7.47+6.436 m =$

78.91m——水池的各边边长之和；

0.1——水池的壁厚；

0.5——池壁高；

套用定额 4-113

4. C30 混凝土水池底

$V_{池底}=162.68 \times 0.1 m^3 = 16.27 m^3 = 1.63(10 m^3)$

【注释】162.68——水池的各边边长；

0.1——水池的底厚。

套用定额 4-109

5. 池底防水砂浆

工程量：$S=162.68 m^2 = 1.63(100 m^2)$

套用定额 7-162

6. 池壁防水砂浆

工程量：$S=0.5 \times (78.91-9 \times 0.1 \times 2) m^2$
$= 38.56 m^2$
$= 0.39(100 m^3)(同清单工程量)$

套用定额 7-163

（五）种植池

1. 混凝土池壁

工程量：$V=0.33 m^3 = 0.03(10 m^3)(同清单工程量)$

套用定额 4-113

2. 防水砂浆

工程量：$S=6.50 m^2 = 0.07(100 m^2)(计算方法同清单工程量)$

套用定额 7-162

（六）桥

1. 100 厚 C10 混凝土垫层

工程量：$V=0.58 m^3(同清单工程量)$

套用定额 2-167

2. 条石桥墩

工程量：$V=2.05\text{m}^3$（同清单工程量）

套用定额 2-61

3. 钢支架

工程量：钢管质量$=439.6\text{kg}=0.440\text{t}$（同清单工程量）

套用定额 6-20

4. 木桥面

工程量：$S=16.64\text{m}^2=1.66(10\text{m}^2)$（同清单工程量）

套用定额 2-124

5. 木柱

工程量：$V=0.52\text{m}^3$（同清单工程量）

套用定额 5-51

（七）铁花架

1. 铁花架的制作

工程量：铁的总质量$=217.62\text{ kg}=0.218\text{t}$（同清单工程量）

套用定额 3-586（参考《江苏省仿古建筑与园林工程计价表》）

2. 铁花架的安装

工程量：铁的总质量$=217.62\text{ kg}=0.218\text{t}$（同清单工程量）

套用定额 3-587（参考《江苏省仿古建筑与园林工程计价表》）

3. 挖凳子基础

工程量：$V=(0.81+0.2\times2)\times(1.64+0.2\times2)\times0.42\times2\text{m}^3=2.07\text{m}^3$

【注释】0.81——垫层的宽度；

0.2——砖基础各边放宽 200cm 工作面；

1.64——垫层的长度；

0.42——基坑的深度；

2——凳子的个数。

套用定额 4-19

4. 素土夯实

工程量：$S=(0.81+0.2\times2)\times(1.64+0.2\times2)\times2\text{m}^2=4.94\text{m}^2$

$=0.49(10\text{m}^2)$

【注释】0.81——垫层的宽度；

0.2——砖基础各边放宽 200cm 工作面；

1.64——垫层的长度；

2——凳子的个数。

套用定额 4-71

5. 80 厚 C10 混凝土垫层

工程量：$V=SH=0.81\times1.64\times0.08\times2\text{m}^3=0.21\text{m}^3$

【注释】0.81——垫层的宽度；

1.64——垫层的长度；

0.08——垫层的厚度；

2——凳子的个数。

套用定额 2-164

6. 砖基础

工程量：$V = (0.37 \times 0.1 \times 1.2 + 1.44 \times 0.61 \times 0.06 + 1.32 \times 0.49 \times 0.06) \times 2 m^3$
$= 0.28 m^3 = 0.03 (10 m^3)$

【注释】0.37——砖砌体的厚度；

0.1——地坪以下三七墙基础的高度；

1.2——三七墙基础的长度；

1.44——一层大放脚的长度；

0.61——一层大放脚的宽度；

0.06——一层大放脚的高度；

1.32——二层大放脚的长度；

0.49——二层大放脚的宽度

0.06——二层大放脚的高度；

2——凳子的个数。

套用定额 3-1

7. 凳子砌体

工程量：$V = 0.37 \times 1.2 \times 0.4 \times 2 m^3 = 0.36 m^3$

【注释】0.37——砖砌体的厚度；

1.2——凳子的长度；

0.4——凳子的高度；

2——凳子的个数。

套用定额 3-217

8. 凳子抹灰

工程量：$S = [(0.37 + 0.4 \times 2) \times 1.2 + 0.37 \times 0.4] \times 2 m^2 = 3.10 m^2 = 0.31 (10 m^2)$

【注释】0.37——凳子的厚度；

0.4×2——凳子的两边高度之和；

1.2——凳子的长度；

0.37——凳子侧面的宽度；

0.4——凳子的高度；

2——凳子的个数。

套用定额 3-218

（八）绿地边缘座凳

1. 素土夯实

工程量：$S = (0.57 + 0.15 \times 2) \times (10.13 + 0.15 \times 2) m^2 = 9.07 m^2 = 0.09 (100 m^2)$

【注释】0.57——垫层的宽度；

0.15——毛石基础增加的工作面；

2——垫层两边均增加工作面；

10.13——垫层的中线长（见清单）；

0.15×2——垫层两端增加的工作面。

套用定额 1-128

2.20 厚毛石垫层

工程量：$V=1.15\mathrm{m}^3$（同清单工程量）

套用定额 2-160

3. 砖砌凳子

工程量：$V=1.84\mathrm{m}^3$（同清单工程量）套用定额 3-217

4. 花岗岩面层

工程量：$S=7.50\mathrm{m}^2=0.08(100\mathrm{m}^2)$（同清单工程量）

套用定额 2-106

（九）点风景石

1. 风景石体积计算公式：$V_{计}=A_{矩}\ H_{大}$

【注释】$A_{矩}$——假山步规则平面轮廓的水平投影面积的最大外接矩形面积（m^2）；

$H_{大}$——假山石着地点至最高顶的垂直距离（m）；

$V_{计}$——叠成后的假山计算体积（m^3）。

2. 假山计算体积换算重量：$W_{重}=2.6×V_{计}×Kn$（t）

【注释】$W_{重}$——假山石重量（t）；

2.6——石料密度（$\mathrm{t/m}^3$）；

Kn——H 在 1m 以内为 0.77；

H 在 1～2m 时为 0.72；

H 在 2～3m 时为 0.653；

H 在 3～4m 时为 0.60。

注：以上摘自《江苏省仿古建筑与园林工程计价表交底材料》。

本题：第一块峰石：$A_{矩}=3.04×1.882\mathrm{m}^2=5.72\mathrm{m}^2$

$H_{大}=2.376\mathrm{m}$

$V_{计}=A_{矩}\ H_{大}=5.72×2.376\mathrm{m}^3=13.59\mathrm{m}^3$

H 在 2～3m 之间，Kn 取 0.653，

$W_{重}=2.6×V_{计}×Kn=2.6×13.59×0.653\mathrm{t}=23.07\mathrm{t}$

套用定额 2-195

第二块景石 $W_{重}=2.6×V_{计}×Kn=2.6×1.069×1.206×1.029×0.72\mathrm{t}=2.483\mathrm{t}$

第三块景石 $W_{重}=2.6×V_{计}×Kn=2.6×0.624×0.911×2.376×0.653\mathrm{t}=2.293\mathrm{t}$

第四块景石 $W_{重}=2.6×V_{计}×Kn=2.6×1.672×0.625×0.647×0.77\mathrm{t}=1.354\mathrm{t}$

三块景石都在 5t 以内，套用定额 2-198

（十）石桌石凳

1. 垫层：

① 石桌 200 厚 C10 混凝土垫层

工程量：$V=$混凝土的体积－插入混凝土的支柱体积

$=\pi R_2 H-\pi R_{12} H_1$

$=3.14×0.25^2×0.2-3.14×0.1^2×0.15\mathrm{m}^3$

$=0.03\mathrm{m}^3$

【注释】0.25——垫层的半径；

　　　0.2——石桌垫层的厚度；

　　　0.1——桌腿的半径；

　　　0.15——桌腿插入混凝土的深度。

② 石凳 150 厚 C10 垫层

工程量：V＝混凝土的体积－插入混凝土的支柱体积

$$＝(\pi r_2 h - \pi r_{12} h_1) \times n$$

$$＝(3.14 \times 0.15^2 \times 0.15 - 3.14 \times 0.1^2 \times 0.1) \times 4 \text{m}^3$$

$$＝0.03 \text{m}^3$$

【注释】0.15——垫层的半径；

　　　0.15——石凳垫层的厚度；

　　　0.1——凳腿的半径；

　　　0.1——凳腿插入混凝土的深度。

垫层总体积：V＝0.03＋0.03m³＝0.06m³＝0.006(10m³)套用定额 4-13

2. 石桌石凳安装

工程量：石桌的体积为 0.072m³；

石凳的单个体积为 0.055m³，共四个石凳

石桌石凳总体积为 0.072＋0.055×4m³＝0.29m³

套用定额 3-65

（十一）树池座凳

1. 支撑铁架的制作

支撑腿方铁的体积 V_1＝方铁的截面积×长×个数＝[0.006×(0.04－0.006×2)×4]

$$\times (0.4＋0.4＋0.22) \times 4 \text{m}^3$$

$$＝0.00274 \text{m}^3$$

其中：方铁的截面积＝0.006×(0.04－0.006×2)×4m²＝0.000672m²

【注释】　　0.006——方铁的壁厚；

(0.04－0.006×2)×4——方铁的截面积中线长；

　0.4＋0.4＋0.22——方铁的长度；

　　　　　　　4——支撑腿的个数。

圆形支撑架的体积 V_2＝截面积×圆铁架的长＝0.000672×[2×3.14×(0.775

$$＋0.02)＋2 \times 3.14 \times (1.035＋0.02)]\text{m}^3$$

$$＝0.007807 \text{m}^3$$

【注释】0.000672——方铁的截面积；

　0.775＋0.02——小圆铁架的半径；

　1.035＋0.02——小圆铁架的半径。

工程量：铁架的总质量＝(0.00274＋0.007807)×7.8×10³kg＝82.27kg＝0.082t

【注释】0.00274——铁架腿的质量；

　0.007807——圆形支撑架的质量；

7.8×10³kg/m³——铁的密度。

套用定额 3-586（参考《江苏省仿古建筑与园林工程计价表》）

2. 支撑铁架的安装

工程量：铁架的总质量＝82.27kg＝0.082t（同上）

套用定额 3-587（参考《江苏省仿古建筑与园林工程计价表》）

3. 防腐木凳面

$$S=\pi(R-r)2=3.14\times(1.15-0.75)2m^2=0.5024m^2$$

套用定额 3-69。

工程预算表、单价措施项目计价表及综合单价分析表见表 3-21～表 3-72。

庭院绿地工程工程预算表

表 3-21

序号	定额编号	定额项目	定额单位	工程量	综合单价（元）	其中（元）					合价（元）
						人工费	材料费	机械费	管理费	利润	
1	1-22	整理绿化地	10m²	51.80	31.96	21.50	0.21	—	5.75	4.50	1655.528
2	1-67	栽植乌桕（带土球）土球直径在（cm内）100	株	14.00	88.92	45.58	1.22	19.30	12.80	10.02	1244.88
3	1-80	后期管理费乔木果树土球φ100以内	株	14.00	32.97	13.07	11.66	1.88	3.57	2.79	461.58
4	1-69	栽植白蜡（带土球）土球直径在（cm内）140	株	1.00	192.29	100.19	2.03	40.05	28.06	21.96	192.29
5	1-81	后期管理费乔木果树土球φ100以上	株	1.00	48.30	21.24	14.58	2.21	5.76	4.51	48.3
6	1-63	栽植合欢（带土球）土球直径在（cm内）50	株	2.00	14.91	9.89	0.30	—	2.65	2.07	29.82
7	1-80	后期管理费乔木果树土球φ100以内	株	2.00	32.97	13.07	11.66	1.88	3.57	2.79	65.94
8	1-67	栽植雪松（带土球）土球直径在（cm内）100	株	3.00	88.92	45.58	1.22	19.30	12.80	10.02	266.76
9	1-80	后期管理费乔木果树土球φ100以内	株	3.00	32.97	13.07	11.66	1.88	3.57	2.79	98.91

序号	定额编号	定额项目	定额单位	工程量	综合单价（元）	其中（元）					合价（元）
						人工费	材料费	机械费	管理费	利润	
10	1-64	栽植国槐（带土球）土球直径在（cm内）60	株	6.00	25.81	17.20	0.41	—	4.60	3.60	154.86
11	1-80	后期管理费乔木果树土球φ100以内	株	6.00	32.97	13.07	11.66	1.88	3.57	2.79	197.82
12	1-62	栽植紫叶李（带土球）土球直径在（cm内）40	株	4.00	9.73	6.45	0.20	—	1.73	1.35	38.92
13	1-80	后期管理费乔木果树土球φ100以内	株	4.00	32.97	13.07	11.66	1.88	3.57	2.79	131.88
14	1-122	栽植红叶碧桃土球直径（在cm内）40	株	6.00	9.73	6.45	0.20	—	1.73	1.35	58.38
15	1-134	后期管理费灌木土球φ80以内	株	6.00	16.77	7.74	4.05	1.20	2.12	1.66	100.62
16	1-122	栽植花石榴（带土球）土球直径在（cm内）40	株	27.00	9.73	6.45	0.20	—	1.73	1.35	262.71
17	1-134	后期管理费灌木土球φ80以内	株	27.00	16.77	7.74	4.05	1.20	2.12	1.66	452.79
18	1-122	栽植紫荆（带土球）土球直径在（cm内）40	株	13.00	9.73	6.45	0.20	—	1.73	1.35	126.49
19	1-134	后期管理费灌木土球φ80以内	株	13.00	16.77	7.74	4.05	1.20	2.12	1.66	218.01
20	1-122	栽植紫薇（带土球）土球直径在（cm内）40	株	11.00	9.73	6.45	0.20	—	1.73	1.35	107.03
21	1-134	后期管理费灌木土球φ80以内	株	11.00	16.77	7.74	4.05	1.20	2.12	1.66	184.47
22	1-122	栽植石楠（带土球）土球直径在（cm内）40	株	8.00	9.73	6.45	0.20	—	1.73	1.35	77.84

序号	定额编号	定额项目	定额单位	工程量	综合单价（元）	其中（元）					合价（元）
						人工费	材料费	机械费	管理费	利润	
23	1-134	后期管理费灌木土球φ80以内	株	8.00	16.77	7.74	4.05	1.20	2.12	1.66	134.16
24	1-120	栽植枸杞（带土球）土球直径在（cm内）20	株	14.00	3.28	2.15	0.10	—	0.58	0.45	45.92
25	1-134	后期管理费灌木土球φ80以内	株	14.00	16.77	7.74	4.05	1.20	2.12	1.66	234.78
26	1-122	栽植大叶黄杨球（带土球）土球直径在（cm内）40	株	30.00	9.73	6.45	0.20	—	1.73	1.35	291.9
27	1-134	后期管理费灌木土球φ80以内	株	30.00	16.77	7.74	4.05	1.20	2.12	1.66	503.1
28	1-149	攀缘植物类3年生	100株	0.10	89.48	53.32	10.74	—	14.26	11.16	8.948
29	1-152	后期管理费攀缘植物5年生以内	株	10.00	2.00	0.52	0.92	0.29	0.15	0.12	20
30	1-94	栽植刚竹（散生竹）胸径（在cm以内）4	株	30.00	3.96	2.58	0.15	—	0.69	0.54	118.8
31	1-104	后期管理费散生竹	株	30.00	10.10	4.47	2.23	1.19	1.24	0.97	303
32	1-171	露地花卉栽植木本花月季	10m²	3.55	75.26	46.44	6.68	—	12.42	9.72	267.173
33	1-179	后期管理费花卉	m²	35.51	6.41	1.29	3.29	1.13	0.39	0.31	227.6191
34	1-171	露地花卉栽植木本花迎春	10m²	3.50	75.26	46.44	6.68	—	12.42	9.72	263.41
35	1-179	后期管理费花卉	m²	35.00	6.41	1.29	3.29	1.13	0.39	0.31	224.35
36	1-185	铺种草皮结缕草满铺	10m²	51.80	120.57	79.55	3.09	—	21.28	16.65	6245.526
37	1-190	后期管理费冷草	m²	518.00	9.51	2.15	4.44	1.81	0.62	0.49	4926.18

序号	定额编号	定额项目	定额单位	工程量	综合单价（元）	其中（元）					合价（元）
						人工费	材料费	机械费	管理费	利润	
38	2-1	土基整理路床	10m²	10.51	29.16	19.35	—	—	5.76	4.05	306.4716
39	2-157	碎石 干铺	m³	8.41	115.48	22.36	78.20	3.58	6.66	4.68	971.1868
40	2-164	混凝土	m³	10.51	264.26	64.07	164.93	2.78	19.07	13.41	277.473
41	2-35	砖平铺地面拐子锦	10m²	6.78	411.03	156.05	173.36	1.85	46.84	32.93	2786.783
42	2-21	卵石平铺	10m²	1.70	661.31	366.88	105.67	2.04	109.63	77.09	2241.841
43	2-1	土基整理路床	10m²	1.58	29.16	19.35	—	—	5.76	4.05	46.0728
44	2-157	碎石 干铺	m³	1.27	115.48	22.36	78.20	3.58	6.66	4.68	971.1868
45	2-164	混凝土	m³	1.58	264.26	64.07	164.93	2.78	19.07	13.41	277.473
46	2-11	石板块路面六角形	10m²	1.51	678.10	86.00	548.5	—	25.6	18.00	1023.931
47	2-1	土基整理路床	10m²	6.10	29.16	19.35	—	—	5.76	4.05	177.876
48	2-16	整石板面层平道	10m²	2.25	1090.64	78.91	966.37	3.96	24.31	17.09	2453.94
49	2-44	侧石混凝土块	10m	8.29	397.25	60.20	305.73	0.8	17.92	12.60	3293.203
50	2-1	土基整理路床	10m²	10.76	29.16	19.35	—	—	5.76	4.05	313.7616
51	2-157	碎石 干铺	m³	10.76	115.48	22.36	78.20	3.58	6.66	4.68	971.1868
52	2-164	混凝土	m³	8.61	264.26	64.07	164.93	2.78	19.07	13.41	277.473
53	2-26	花岗岩地面厚30mm	10m²	10.76	1869.62	167.27	1600.85	16.70	49.79	35.01	20117.11
54	4-1	挖基槽	m³	89.89	14.83	11.09	—	—	2.19	1.55	1140.13
55	2-157	碎石 干铺	m³	10.74	115.48	22.36	78.20	3.58	6.66	4.68	971.1868
56	2-164	混凝土	m³	6.66	264.26	64.07	164.93	2.78	19.07	13.41	277.473
57	6-1	砖基础	m³	16.02	264.65	56.33	182.98	1.36	13.32	10.66	4239.693
58	4-69	人工回填土	m³	64.94	12.80	8.51	—	1.42	1.68	1.19	639.744
59	6-10	砖砌	m³	26.79	301.06	79.12	187.06	1.36	18.62	14.90	8065.397
60	3-261	艺术围栏安装	m	120.66	42.85	15.91	15.98	3.00	4.63	3.33	5170.281
61	4-37	人工挖土方	m³	97.61	10.35	7.74	—	—	1.53	1.08	1010.264
62	4-71	素土夯实	10m²	16.27	7.14	4.39	—	1.27	0.87	0.61	116.1678
63	4-113	C30 混凝土水池壁	10m³	0.40	3166.77	763.68	1856.54	13.75	355.20	177.60	1266.708

253

序号	定额编号	定额项目	定额单位	工程量	综合单价（元）	其中（元）					合价（元）
						人工费	材料费	机械费	管理费	利润	
64	4-109	C30 混凝土水池底	10m³	1.63	3156.68	762.39	1854.01	8.38	354.60	177.30	5145.388
65	7-162	池底防水砂浆	100m²	1.63	1123.43	353.03	521.44	15.46	123.52	109.98	1831.191
66	7-163	池壁防水砂浆	100m³	0.39	1430.56	525.89	543.88	16.07	182.35	162.37	572.224
67	4-113	混凝土池壁	10m³	0.03	3166.77	763.68	1856.54	13.75	355.20	177.60	95.0031
68	7-162	防水砂浆	100m²	0.07	1123.43	353.03	521.44	15.46	123.52	109.98	78.6401
69	2-167	100 厚 C10 混凝土垫层	m³	0.58	292.69	80.41	171.04	0.47	23.94	16.83	169.7602
70	2-61	条石桥墩	m³	2.05	471.56	104.92	311.52	1.42	31.53	22.17	966.698
71	6-20	钢支架	t	0.440	7947.23	1269.79	3891.46	1304.54	886.62	594.82	35031.39
72	2-124（换）	木桥面	10m²	1.66	2542.57	33.25	2040.37	—	99.2	69.75	4246.092
73	5-51	木柱	m³	0.52	2371.08	277.35	1838.30	—	152.87	102.56	1232.962
74	3-586（借用江苏）	铁花架的制作	t	0.218	6783.25	1017.50	4548.36	891.79	183.15	142.45	1478.749
75	3-587	铁花架的安装	t	0.218	918.31	577.20	60.70	95.70	103.90	80.81	200.1916
76	4-19	挖凳子基础	m³	2.07	16.50	12.34	—	—	2.44	1.72	34.32
77	4-71	素土夯实	10m²	0.49	7.14	4.39	—	1.27	0.87	0.61	3.4986
78	2-164	80 厚 C10 混凝土垫层	m³	0.21	264.26	64.07	164.93	2.78	19.07	13.41	58.1372
79	3-1	砖基础	10m³	0.03	2516.79	502.67	1181.79	19.79	98.48	84.07	75.51
80	3-217	凳子砌体	m³	0.36	460.62	176.30	185.85	10.32	51.25	36.90	165.75
81	3-2188	凳子抹灰	10m²	0.31	501.44	288.10	53.93	15.36	83.75	60.30	155.45
82	1-128	素土夯实	100m²	0.09	62.12	41.28	0	7.11	7.01	6.27	5.59
83	2-160	20 厚毛石垫层	m³	1.15	1333.1	228.76	944.8	13.77	87.25	58.52	159.97
84	3-217	砖砌凳子	m³	1.84	460.62	176.30	185.85	10.32	51.25	36.90	847.5408
85	2-106	花岗石面层	100m²	0.08	24015.40	2856.92	18425.22	135.91	1315.37	1281.98	1921.232
86	2-195	点风景石 1	t	23.07	782.15	317.34	287.26	15.55	95.12	66.88	18067.67
87	2-198	点风景石 2	t	2.483	1565.23	397.75	656.02	292.08	128.81	90.57	3886.466
88	2-198	点风景石 3	t	2.293	1565.23	397.75	656.02	292.08	128.81	90.57	3589.072

序号	定额编号	定额项目	定额单位	工程量	综合单价（元）	其中（元）					合价（元）
						人工费	材料费	机械费	管理费	利润	
89	2-198	点风景石4	t	1.354	1565.23	397.75	656.02	292.08	128.81	90.57	2119.321
90	4-13	垫层	10m³	0.006	2488.23	516.43	1603.12	8.38	240.20	120.10	17.41761
91	3-65	石桌石凳安装	m³	0.29	292.95	190.49	7.21	—	55.38	39.87	84.9555
92	3-586（江苏）	支撑铁架的制作	t	0.082	6783.25	1017.50	4548.36	891.79	183.15	142.45	427.3448
93	3-587（江苏）	支撑铁架的安装	t	0.082	918.31	577.20	60.70	95.70	103.90	80.81	57.85353
94	3-69（换）	防腐木凳面	m²	0.5024	82.76	24.94	44.64	0.72	7.24	5.22	41.57862
合计											153496

分部分项工程和单价措施项目与计价表

表 3-22

工程名称：庭院绿化工程

第　页共　页

序号	项目编码	项目名称	项目特征描述	计量单位	工程数量	金额（元）		
						综合单价	合价	其中：暂估价
1	050101010001	整理绿化用地	一类土，就地平整	m²	518.00	3.20	1657.6	
2	050102001001	栽植乔木	乌桕胸径 7～8cm 养护期一年	株	14.00	211.89	2966.46	
3	050102001002	栽植乔木	白蜡胸径 20cm 养护期一年	株	1.00	490.59	490.59	
4	050102001003	栽植乔木	合欢胸径 5～6cm 养护期一年	株	2.00	87.88	175.76	
5	050102001004	栽植乔木	雪松胸径 5～6cm 养护期一年	株	3.00	341.89	1025.67	
6	050102001005	栽植乔木	国槐胸径 5～6cm 养护期一年	株	6.00	83.78	502.68	
7	050102001006	栽植乔木	紫叶李胸径 2.5～3cm 养护期一年	株	4.00	52.70	210.8	
8	050102002001	栽植灌木	红叶碧桃冠丛高 1～1.2m 养护期一年	株	6.00	46.50	279	

序号	项目编码	项目名称	项目特征描述	计量单位	工程数量	金额（元）		其中：暂估价
						综合单价	合价	
9	050102002002	栽植灌木	花石榴冠丛高1～1.2m，养护期一年	株	27.00	46.50	1255.5	
10	050102002003	栽植灌木	紫荆冠丛高2.5m 养护期一年	株	13.00	36.50	474.5	
11	050102002004	栽植灌木	紫薇冠丛高1.5m，养护期一年	株	11.00	66.50	731.5	
12	050102002005	栽植灌木	石楠高1.2～1.5m 养护期一年	株	8.00	126.50	1012	
13	050102002006	栽植灌木	枸杞高0.3～0.4m 养护期一年	株	14.00	25.05	350.7	
14	050102002007	栽植灌木	大叶黄杨球高1～1.2m 养护期一年	株	30.00	66.50	1995	
15	050102006001	栽植攀缘植物	紫藤养护期一年	株	10.00	22.89	228.9	
16	050102003001	栽植竹类	刚竹，胸径3cm，养护期一年	株	30.00	19.06	571.8	
17	050102008001	栽植花卉	月季11株/m² 养护期一年	m²	35.51	20.23	718.3673	
18	050102008002	栽植花卉	迎春11株/m²	m²	35.00	76.93	2692.55	
19	050102012001	铺种草皮	结缕草满铺养护期一年	m²	518.00	28.17	14592.06	
20	050201001001	园路	80厚碎石垫层，100厚C10混凝土垫层，20厚1：3水泥砂浆，八五砖平铺边缘50cm，卵石平铺	m²	101.70	63.42	6449.814	
21	050201001002	园路	80厚碎石垫层，100厚C10混凝土垫层，20厚1：3水泥砂浆，六角板面层	m²	15.07	153.88	2318.972	
22	050201001003	园路	20厚1：3水泥砂浆，青石板	m²	22.50	1169.67	2631.758	
23	050201003001	路牙铺设	条石路牙100×200	m	82.87	39.72	3291.596	

续表

序号	项目编码	项目名称	项目特征描述	计量单位	工程数量	综合单价	合价	其中：暂估价
24	050201001004	园路	100 厚碎石垫层，80 厚 C10 混凝土垫层，20 厚 1：3 水泥砂浆，花岗岩面层	m²	107.57	201.78	21705.47	
25	010101004001	挖基础土方	一类土，带形基础，垫层宽 0.89m，面积 107.39m²，挖土深 0.5m，	m³	53.69	21.21	1138.765	
26	010404001001	垫层	100 厚碎石垫层	m³	10.74	90.08	967.4592	
27	010404001002	垫层	80 厚 C10 混凝土地面垫层	m³	6.66	42.28	281.5848	
28	010401001001	砖基础	标准砖 240×115×53mm，带型基础，基础深 0.32m，水泥砂浆 M5	m³	16.02	264.65	4239.693	
29	010103001001	土方回填	夯填	m³	23.31	27.39	638.4609	
30	010401003001	实心砖墙	标准砖 240×115×53mm，墙体厚 0.37m，水泥砂浆 M5	m³	26.79	301.06	8065.397	
31	050307006001	花坛铁艺栏杆	栏杆高 1.33m，红丹防锈漆	m	120.66	175.45	21169.8	
32	010101003001	挖土方	一类土，挖深 0.6m，	m³	97.61	16.93	1652.537	
33	010507007001	贮水池	水池，C30 混凝土	m³	20.21	315.87	6383.733	
34	010904003001	砂浆防水	水池防水，防水层厚 20cm	m²	201.24	11.84	2382.682	
35	010507007002	贮水池	水池，C30 混凝土	m³	0.33	316.68	104.5044	
36	010904003002	砂浆防水	水池防水，防水层厚 20cm	m²	6.50	11.23	72.995	
37	010404001003	垫层	80 厚 C10 混凝土地面垫层	m³	0.58	292.69	169.7602	
38	050201007001	石桥墩、石桥台	条石桥墩	m³	2.05	471.56	966.698	
39	010606012001	钢支架	防锈漆一遍	t	0.44	7947.23	35047.28	
40	050201014001	木制步桥	桥宽 3.2m，长 5.2m，防腐木	m²	16.64	224.27	3731.853	
41	010702001001	木柱	木柱截面积 0.2×0.2m，柱高 1.08m	m³	0.52	2371.08	1232.962	
42	050304003001	金属花架柱、梁	铁质花架，10×10 方铁	t	0.22	7701.56	1694.343	

序号	项目编码	项目名称	项目特征描述	计量单位	工程数量	金额（元）		其中：暂估价
						综合单价	合价	
43	050307018001	砖石砌小摆设	标准砖 240×115×53mm，水泥砂浆 M5	个	2.00	18.95	37.9	
44	010404001004	垫层	20厚毛石垫层	m³	1.15	50.21	57.7415	
45	050307018002	砖石砌小摆设	标准砖 240×115×53mm，水泥砂浆 M5	m³	1.84	460.62	847.5408	
46	011108003001	块料零星项目	绿地边座凳，20厚1：3水泥砂浆结合层，花岗岩面层	m²	7.50	240.15	1801.125	
47	050301005001	点风景石	青岫石	块	4.00	6915.66	27662.64	
48	050305006001	石桌石凳	圆形桌凳，桌子半径为0.4m，凳子半径为0.2m，桌子支墩高为0.7m，凳子支墩高为0.4m	个	(石桌)1 (石凳)4	20.46	102.3	
49	050305010001	塑料、铁艺、金属椅	木凳面，圆形支架	个	1.00	516.75	516.75	
		合　计					189296	

工程量清单综合单价分析表　　　　　表 3-23

工程名称：庭园绿化工程　　　　　　　标段：　　　　　　　第 1 页　共 50 页

项目编码	050101010001	项目名称	整理绿化用地	计量单位	m²	工程量	518.00

清单综合单价组成明细

定额编号	定额名称	定额单位	数量	单　价				合　价			
				人工费	材料费	机械费	管理费和利润	人工费	材料费	机械费	管理费和利润
1-22	整理绿化地	10m²	0.10	21.50	0.21	—	2.15	0.02	972.83	—	1.03
人工单价		小　计						2.15	0.02		1.03
综合日工：43.00 元/工日		未计价材料费					90.00				
清单项目综合单价							211.89				

材料费明细	主要材料名称、规格、型号	单位	数量	单价（元）	合价（元）	暂估单价（元）	暂估合价（元）
	其他材料费			—		—	
	材料费小计			—		—	

工程量清单综合单价分析表

表 3-24

工程名称：庭园绿化工程　　　　　标段：　　　　　

项目编码	050102001001	项目名称	栽植乔木（乌桕）	计量单位	株	工程量	14.00

清单综合单价组成明细

定额编号	定额名称	定额单位	数量	单价				合价			
				人工费	材料费	机械费	管理费和利润	人工费	材料费	机械费	管理费和利润
1-67	栽植乔木（乌桕）	株	1	45.58	1.22	19.30	22.82	45.58	1.22	19.30	22.82
1-80	后期管理	株	1	13.07	11.66	1.88	6.36	13.07	11.66	1.88	6.36
人工单价			小　计					58.65	12.88	21.18	29.18
综合日工：43.00 元/工日			未计价材料费								
清单项目综合单价								3.20			

材料费明细	主要材料名称、规格、型号				单位	数量	单价（元）	合价（元）	暂估单价（元）	暂估合价（元）
	苗木				株	1	90.00	90.00		
	其他材料费						—		—	
	材料费小计						—	90.00	—	

工程量清单综合单价分析表

表 3-25

工程名称：庭园绿化工程　　　　　标段：　　　　　

项目编码	050102001002	项目名称	栽植乔木（白蜡）	计量单位	株	工程量	1.00

清单综合单价组成明细

定额编号	定额名称	定额单位	数量	单价				合价			
				人工费	材料费	机械费	管理费和利润	人工费	材料费	机械费	管理费和利润
1-69	栽植乔木（白蜡）	株	1	100.19	2.03	40.05	50.02	100.19	2.03	40.05	50.02
1-81	后期管理	株	1	21.24	14.58	2.21	10.27	21.24	14.58	2.21	10.27
人工单价			小　计					121.43	16.61	42.26	60.29
综合日工：43.00 元/工日			未计价材料费					250.00			
清单项目综合单价								490.59			

材料费明细	主要材料名称、规格、型号				单位	数量	单价（元）	合价（元）	暂估单价（元）	暂估合价（元）
	苗木				株	1	250.00	250.00		
	其他材料费						—		—	
	材料费小计						—	250.00	—	

工程量清单综合单价分析表

表 3-26

工程名称：庭园绿化工程　　　　　　标段：　　　　　　

项目编码	050102001003	项目名称	栽植乔木（合欢）	计量单位	株	工程量	2.00

清单综合单价组成明细

定额编号	定额名称	定额单位	数量	单　价				合　价			
				人工费	材料费	机械费	管理费和利润	人工费	材料费	机械费	管理费和利润
1-63	栽植乔木（合欢）	株	1.00	9.89	0.30	—	4.72	9.89	0.30	—	4.72
1-80	后期管理	株	1.00	13.07	11.66	1.88	6.36	13.07	11.66	1.88	11.08
人工单价			小　计					22.96	11.96	1.88	11.08
综合日工：43.00 元/工日			未计价材料费					250.00			
清单项目综合单价								87.88			

材料费明细	主要材料名称、规格、型号		单位	数量	单价（元）	合价（元）	暂估单价（元）	暂估合价（元）
	苗木		株	1	40.00	40.00		
	其他材料费				—			
	材料费小计				—	40.00	—	

工程量清单综合单价分析表

表 3-27

工程名称：庭园绿化工程　　　　　　标段：　　　　　　

项目编码	050102001004	项目名称	栽植乔木（雪松）	计量单位	株	工程量	3.00

清单综合单价组成明细

定额编号	定额名称	定额单位	数量	单　价				合　价			
				人工费	材料费	机械费	管理费和利润	人工费	材料费	机械费	管理费和利润
1-67	栽植乔木（雪松）	株	1.00	45.58	1.22	19.30	22.82	45.58	1.22	19.30	22.82
1-80	后期管理	株	1.00	13.07	11.66	1.88	6.36	13.07	11.66	1.88	6.36
人工单价			小　计					58.65	12.88	21.18	29.18
综合日工：43.00 元/工日			未计价材料费					220.00			
清单项目综合单价								341.89			

材料费明细	主要材料名称、规格、型号		单位	数量	单价（元）	合价（元）	暂估单价（元）	暂估合价（元）
	苗木		株	1	220.00	220.00		
	其他材料费				—		—	
	材料费小计				—	220.00	—	

工程量清单综合单价分析表

表 3-28

工程名称：庭园绿化工程　　　　　　　标段：

项目编码	050102001005	项目名称	栽植乔木（国槐）	计量单位	株	工程量	6.00

清单综合单价组成明细

定额编号	定额名称	定额单位	数量	单价				合价			
				人工费	材料费	机械费	管理费和利润	人工费	材料费	机械费	管理费和利润
1-64	栽植乔木（国槐）	株	1.00	17.20	0.41	—	8.2	17.20	0.41	—	8.2
1-80	后期管理	株	1.00	13.07	11.66	1.88	6.36	13.07	11.66	1.88	6.36
人工单价			小　计					30.27	12.07	1.88	14.56
综合日工：43.00 元/工日			未计价材料费					25.00			
清单项目综合单价								83.78			

材料费明细	主要材料名称、规格、型号	单位	数量	单价（元）	合价（元）	暂估单价（元）	暂估合价（元）
	苗木	株	1.00	25.00	25.00		
	其他材料费			—			
	材料费小计			—	25.00	—	

工程量清单综合单价分析表

表 3-29

工程名称：庭园绿化工程　　　　　　　标段：

项目编码	050102001006	项目名称	栽植乔木（紫叶李）	计量单位	株	工程量	4.00

清单综合单价组成明细

定额编号	定额名称	定额单位	数量	单价				合价			
				人工费	材料费	机械费	管理费和利润	人工费	材料费	机械费	管理费和利润
1-62	栽植乔木（紫叶李）	株	1.00	6.45	0.20	—	3.08	6.45	0.20	—	3.08
1-80	后期管理	株	1.00	13.07	11.66	1.88	6.36	13.07	11.66	1.88	6.36
人工单价			小　计					19.52	11.86	1.88	9.44
综合日工：43.00 元/工日			未计价材料费					10.00			
清单项目综合单价								52.70			

材料费明细	主要材料名称、规格、型号	单位	数量	单价（元）	合价（元）	暂估单价（元）	暂估合价（元）
	苗木	株	1.00	10.00	10.00		
	其他材料费			—			
	材料费小计			—	10.00	—	

工程名称：庭园绿化工程　　　　　标段：　　　　　

项目编码	050102002001	项目名称	栽植灌木（红叶碧桃）	计量单位	株	工程量	6.00

清单综合单价组成明细

定额编号	定额名称	定额单位	数量	单价				合价			
				人工费	材料费	机械费	管理费和利润	人工费	材料费	机械费	管理费和利润
1-122	栽植灌木（红叶碧桃）	株	1.00	6.45	0.20	—	3.08	6.45	0.20	—	3.08
1-134	后期管理	株	1.00	7.74	4.05	1.20	3.78	7.74	4.05	1.20	3.78
人工单价			小　计					14.19	4.25	1.2	6.86
综合日工：43.00元/工日			未计价材料费					20.00			
清单项目综合单价								46.50			

	主要材料名称、规格、型号			单位	数量	单价（元）	合价（元）	暂估单价（元）	暂估合价（元）
材料费明细	苗木			株	1.00	20.00	20.00		
	其他材料费					—			
	材料费小计					—	20.00	—	

工程名称：庭园绿化工程　　　　　标段：　　　　　

项目编码	050102002002	项目名称	栽植灌木（花石榴）	计量单位	株	工程量	27.00

清单综合单价组成明细

定额编号	定额名称	定额单位	数量	单价				合价			
				人工费	材料费	机械费	管理费和利润	人工费	材料费	机械费	管理费和利润
1-122	栽植灌木（花石榴）	株	1.00	6.45	0.20	—	3.08	6.45	0.20	—	3.08
1-134	后期管理	株	1.00	7.74	4.05	1.20	3.78	7.74	4.05	1.20	3.78
人工单价			小　计					14.19	4.25	1.2	6.86
综合日工：43.00元/工日			未计价材料费					20.00			
清单项目综合单价								46.50			

	主要材料名称、规格、型号			单位	数量	单价（元）	合价（元）	暂估单价（元）	暂估合价（元）
材料费明细	苗木			株	1.00	20.00	20.00		
	其他材料费					—			
	材料费小计					—	20.00	—	

工程量清单综合单价分析表

表 3-32

工程名称：庭园绿化工程　　　　　　　标段：　　　　　　　　

项目编码	050102002003	项目名称	栽植灌木（紫荆）	计量单位	株	工程量	13.00

清单综合单价组成明细

定额编号	定额名称	定额单位	数量	单价				合价			
				人工费	材料费	机械费	管理费和利润	人工费	材料费	机械费	管理费和利润
1-122	栽植灌木（紫荆）	株	1.00	6.45	0.20	—	3.08	6.45	0.20	—	3.08
1-134	后期管理	株	1.00	7.74	4.05	1.20	3.78	7.74	4.05	1.20	3.78
人工单价		小　计						14.19	4.25	1.2	6.86
综合日工：43.00 元/工日		未计价材料费						10.00			
清单项目综合单价								36.50			

	主要材料名称、规格、型号				单位	数量	单价（元）	合价（元）	暂估单价（元）	暂估合价（元）
材料费明细	苗木				株	1.00	10.00	10.00		
	其他材料费						—		—	
	材料费小计						—	10.00	—	

工程量清单综合单价分析表

表 3-33

工程名称：庭园绿化工程　　　　　　　标段：　　　　　　　　

项目编码	050102002004	项目名称	栽植灌木（紫薇）	计量单位	株	工程量	11.00

清单综合单价组成明细

定额编号	定额名称	定额单位	数量	单价				合价			
				人工费	材料费	机械费	管理费和利润	人工费	材料费	机械费	管理费和利润
1-122	栽植灌木（紫薇）	株	1.00	6.45	0.20	—	3.08	6.45	0.20	—	3.08
1-134	后期管理	株	1.00	7.74	4.05	1.20	3.78	7.74	4.05	1.20	3.78
人工单价		小　计						14.19	4.25	1.2	6.86
综合日工：43.00 元/工日		未计价材料费						40.00			
清单项目综合单价								66.50			

	主要材料名称、规格、型号				单位	数量	单价（元）	合价（元）	暂估单价（元）	暂估合价（元）
材料费明细	苗木				株	1.00	40.00	40.00		
	其他材料费						—		—	
	材料费小计						—	40.00	—	

工程名称：庭园绿化工程　　　　　标段：　　　　　第 12 页　共 50 页

项目编码	050102002005	项目名称		栽植灌木（石楠）	计量单位	株	工程量		8.00

清单综合单价组成明细

定额编号	定额名称	定额单位	数量	单价				合价			
				人工费	材料费	机械费	管理费和利润	人工费	材料费	机械费	管理费和利润
1-122	栽植灌木（石楠）	株	1.00	6.45	0.20	—	3.08	6.45	0.20	—	3.08
1-134	后期管理	株	1.00	7.74	4.05	1.20	3.78	7.74	4.05	1.20	3.78
人工单价			小　计					14.19	4.25	1.2	6.86
综合日工：43.00 元/工日			未计价材料费					100.00			
清单项目综合单价								126.50			

材料费明细	主要材料名称、规格、型号				单位	数量	单价（元）	合价（元）	暂估单价（元）	暂估合价（元）
	苗木				株	1.00	100.00	100.00		
	其他材料费						—		—	
	材料费小计						—	100.00	—	

工程名称：庭园绿化工程　　　　　标段：　　　　　第 13 页　共 50 页

项目编码	050102002006	项目名称		栽植灌木（枸杞）	计量单位	株	工程量		14.00

清单综合单价组成明细

定额编号	定额名称	定额单位	数量	单价				合价			
				人工费	材料费	机械费	管理费和利润	人工费	材料费	机械费	管理费和利润
1-120	栽植灌木（枸杞）	株	1.00	2.15	0.10	—	1.03	2.15	0.10	—	1.03
1-134	后期管理	株	1.00	7.74	4.05	1.20	3.78	7.74	4.05	1.20	3.78
人工单价			小　计					9.89	4.15	1.2	4.81
综合日工：43.00 元/工日			未计价材料费					5.00			
清单项目综合单价								25.05			

材料费明细	主要材料名称、规格、型号				单位	数量	单价（元）	合价（元）	暂估单价（元）	暂估合价（元）
	苗木				株	1.00	5.00	5.00		
	其他材料费						—		—	
	材料费小计						—	5.00	—	

工程名称：庭园绿化工程　　　　标段：　　　　

项目编码	050102002007	项目名称	栽植灌木(大叶黄杨球)	计量单位	株	工程量	30.00

清单综合单价组成明细

定额编号	定额名称	定额单位	数量	单价				合价			
				人工费	材料费	机械费	管理费和利润	人工费	材料费	机械费	管理费和利润
1-122	栽植灌木（大叶黄杨球）	株	1.00	6.45	0.20	—	3.08	6.45	0.20	—	3.08
1—134	后期管理	株	1.00	7.74	4.05	1.20	3.78	7.74	4.05	1.20	3.78
人工单价			小　计					14.19	4.25	1.2	6.86
综合日工：43.00元/工日			未计价材料费					40.00			
清单项目综合单价								66.50			

材料费明细	主要材料名称、规格、型号			单位	数量	单价（元）	合价（元）	暂估单价（元）	暂估合价（元）
	苗木			株	1.00	40.00	40.00		
	其他材料费					—		—	
	材料费小计					—	40.00	—	

工程名称：庭园绿化工程　　　　标段：　　　　

项目编码	050102006001	项目名称	栽植攀缘植物（紫藤）	计量单位	株	工程量	10.00

清单综合单价组成明细

定额编号	定额名称	定额单位	数量	单价				合价			
				人工费	材料费	机械费	管理费和利润	人工费	材料费	机械费	管理费和利润
1-149	栽植攀缘植物（紫藤）	100株	0.01	53.32	10.74	—	25.42	0.53	0.11	—	0.25
1-152	后期管理	株	1	0.52	0.92	0.29	0.27	0.52	0.92	0.29	0.27
人工单价			小　计					1.05	1.03	0.29	0.52
综合日工：43.00元/工日			未计价材料费					20.00			
清单项目综合单价								22.89			

材料费明细	主要材料名称、规格、型号			单位	数量	单价（元）	合价（元）	暂估单价（元）	暂估合价（元）
	苗木			株	1.00	20.00	20.00		
	其他材料费					—			
	材料费小计					—	20.00	—	

工程量清单综合单价分析表

表 3-38

工程名称：庭园绿化工程　　　　　　　　　标段：　　　　　　　　第 16 页　共 50 页

项目编码	050102003001	项目名称		栽植竹类（刚竹）		计量单位		株	工程量		30.00

清单综合单价组成明细

定额编号	定额名称	定额单位	数量	单　价				合　价			
				人工费	材料费	机械费	管理费和利润	人工费	材料费	机械费	管理费和利润
1-94	栽植竹类（刚竹）	株	1.00	2.58	0.15	—	1.23	2.58	0.15	—	1.23
1-104	后期管理	株	1.00	4.47	2.23	1.19	2.21	4.47	2.23	1.19	2.21
人工单价		小　计						7.05	2.38	1.19	3.44
综合日工：43.00元/工日		未计价材料费						5.00			
清单项目综合单价								19.06			

	主要材料名称、规格、型号			单位	数量	单价（元）	合价（元）	暂估单价（元）	暂估合价（元）
材料费明细	苗木			株	1.00	5.00	5.00		
	其他材料费					—		—	
	材料费小计					—	5.00	—	

工程量清单综合单价分析表

表 3-39

工程名称：庭园绿化工程　　　　　　　　　标段：　　　　　　　　第 17 页　共 50 页

项目编码	050102008001	项目名称		栽植花卉（月季）		计量单位		株	工程量		35.51

清单综合单价组成明细

定额编号	定额名称	定额单位	数量	单　价				合　价			
				人工费	材料费	机械费	管理费和利润	人工费	材料费	机械费	管理费和利润
1-171	栽植花卉（月季）	10m²	0.10	46.44	6.68	—	22.14	4.64	0.67	—	2.21
1-179	后期管理	m²	1.00	1.29	3.29	1.13	0.70	1.29	3.29	1.13	0.70
人工单价		小　计						5.93	3.96	1.13	2.91
综合日工：43.00元/工日		未计价材料费						6.30			
清单项目综合单价								20.23			

	主要材料名称、规格、型号			单位	数量	单价（元）	合价（元）	暂估单价（元）	暂估合价（元）
材料费明细	苗木			株	6.30	1.00	6.30		
	其他材料费					—		—	
	材料费小计					—	6.30	—	

工程量清单综合单价分析表

表 3-40

工程名称：庭园绿化工程　　　　　　　标段：　　　　　　　

项目编码	050102008002	项目名称	栽植花卉（迎春）	计量单位	株	工程量	35.00

清单综合单价组成明细

定额编号	定额名称	定额单位	数量	单价				合价			
				人工费	材料费	机械费	管理费和利润	人工费	材料费	机械费	管理费和利润
1-171	栽植花卉（迎春）	10m²	0.10	46.44	6.68	—	22.14	4.64	0.67	—	2.21
1-179	后期管理	m²	1.00	1.29	3.29	1.13	0.70	1.29	3.29	1.13	0.70
人工单价			小　计					5.93	3.96	1.13	2.91
综合日工：43.00 元/工日			未计价材料费					63.00			
清单项目综合单价								76.93			

材料费明细	主要材料名称、规格、型号	单位	数量	单价（元）	合价（元）	暂估单价（元）	暂估合价（元）
	苗木	株	6.30	1.00	63.00		
	其他材料费				—		
	材料费小计				—	63.00	

工程量清单综合单价分析表

表 3-41

工程名称：庭园绿化工程　　　　　　　标段：　　　　　　　

项目编码	050102012001	项目名称	铺种草皮（结缕草）	计量单位	株	工程量	518.00

清单综合单价组成明细

定额编号	定额名称	定额单位	数量	单价				合价			
				人工费	材料费	机械费	管理费和利润	人工费	材料费	机械费	管理费和利润
1-185	铺种草皮（结缕草）	10m²	0.10	79.55	3.09	—	37.93	7.96	0.31	—	3.79
1-190	后期管理	m²	1.00	2.15	4.44	1.81	1.11	2.15	4.44	1.81	1.11
人工单价			小　计					10.11	4.75	1.81	4.9
综合日工：43.00 元/工日			未计价材料费					6.60			
清单项目综合单价								28.17			

材料费明细	主要材料名称、规格、型号	单位	数量	单价（元）	合价（元）	暂估单价（元）	暂估合价（元）
	苗木	m²	1.10	6.00	6.60		
	其他材料费				—		
	材料费小计				—	6.60	—

表 3-42

工程量清单综合单价分析表

工程名称：庭园绿化工程　　　　　　　　标段：

项目编码	050201001001	项目名称	园路	计量单位	m²	工程量	101.70

清单综合单价组成明细

定额编号	定额名称	定额单位	数量	单价				合价			
				人工费	材料费	机械费	管理费和利润	人工费	材料费	机械费	管理费和利润
2-1	土基整理路床	10m²	0.10	19.35	—	—	9.81	1.94	0	0	0.98
2-157	碎石干铺	m³	0.08	22.36	78.20	3.58	11.34	1.79	6.26	0.29	0.91
2-164	混凝土	m³	0.01	64.07	164.93	2.78	32.48	0.64	1.65	0.03	0.32
2-35	砖平铺地面拐子锦	10m²	0.07	156.05	173.36	1.85	79.77	10.92	12.14	0.13	5.58
2-21	卵石平铺	10m²	0.03	366.88	105.67	2.04	186.72	11.01	3.17	0.06	5.6
人工单价		小　计						26.3	23.22	0.51	13.39
综合日工：43.00 元/工日		未计价材料费						—			
清单项目综合单价								63.42			

	主要材料名称、规格、型号	单位	数量	单价（元）	合价（元）	暂估单价（元）	暂估合价（元）
材料费明细	碎石 30-60	m³	0.088	50.00	4.4		
	砂子 中粗	m³	0.0232	80.00	1.86		
	水	m³	0.01676	4.05	0.07		
	施工板方材 木模板	m³	0.00002	1500.00	0.03		
	现浇碎石混凝土 粒径≤40（32.5 水泥）C10	m³	0.0102	156.72	1.60		
	圆钉 35 以下	kg	0.0001	5.30	0.00053		
	机砖 240×115×53	千块	0.0252	280.00	7.06		
	水泥砂浆 1：2.5	m³	0.0339	218.62	7.41		
	卵石 本色	t	0.0216	34.80	0.75		
	其他材料费			—	0.039	—	
	材料费小计			—	23.21	—	

工程名称：庭园绿化工程　　　　　　标段：

项目编码	050201001002	项目名称	园路	计量单位	m²	工程量	15.07

清单综合单价组成明细

定额编号	定额名称	定额单位	数量	单价				合价			
				人工费	材料费	机械费	管理费和利润	人工费	材料费	机械费	管理费和利润
2-1	土基整理路床	10m²	0.10	19.35	—	—	9.81	1.94	0	0	0.98
2-157	碎石干铺	m³	0.56	22.36	78.20	3.58	11.34	12.52	43.79	2	6.35
2-164	混凝土	m³	0.07	64.07	164.93	2.78	32.48	4.48	11.55	0.19	2.27
2-11	石板块路面六角形	10m²	0.10	86.00	548.5	—	43.6	8.6	54.85	0	4.36
人工单价		小　计						27.54	110.19	2.19	13.96
综合日工：43.00 元/工日		未计价材料费						—			
清单项目综合单价								153.88			

主要材料名称、规格、型号	单位	数量	单价（元）	合价（元）	暂估单价（元）	暂估合价（元）
碎石 30-60	m³	0.616	50.00	30.80		
砂子 中粗	m³	0.2084	80.00	16.67		
水	m³	0.035	4.05	0.14		
施工板方材 木模板	m³	0.00014	1500.00	0.21		
现浇碎石混凝土 粒径≤40（32.5 水泥）C10	m³	0.0714	156.72	11.19		
圆钉 35 以下	kg	0.0007	5.30	0.004		
六角石板块	m²	1.02	50.00	51		
其他材料费			—	0.17		
材料费小计			—	110.18	—	

269

工程名称：庭园绿化工程　　　　　　　标段：　　　　　　

项目编码	050201001003	项目名称		园路		计量单位	m²	工程量	22.50

清单综合单价组成明细

定额编号	定额名称	定额单位	数量	单价				合价			
				人工费	材料费	机械费	管理费和利润	人工费	材料费	机械费	管理费和利润
2-1	土基整理路床	10m²	2.71	19.35	—	—	9.81	52.44	0	0	26.59
2-16	整石板面层 平道	10m²	1.00	78.91	966.37	3.96	41.4	78.91	966.37	3.96	41.4
人工单价		小　计						131.35	966.37	3.96	67.99
综合日工：43.00 元/工日		未计价材料费						—			
清单项目综合单价								1169.67			

	主要材料名称、规格、型号			单位	数量	单价（元）	合价（元）	暂估单价（元）	暂估合价（元）
材料费明细	混合砂浆 M2.5 砌筑砂浆			m³	0.70	147.89	103.52		
	整石板			m²	10.10	85.00	858.50		
	其他材料费					—	4.350	—	
	材料费小计					—	966.37	—	

工程名称：庭园绿化工程　　　　　　　标段：　　　　　　

项目编码	050201003001	项目名称		路牙铺设		计量单位	m	工程量	82.87

清单综合单价组成明细

定额编号	定额名称	定额单位	数量	单价				合价			
				人工费	材料费	机械费	管理费和利润	人工费	材料费	机械费	管理费和利润
2-44	侧石 混凝土块	10m	0.10	60.20	305.73	0.8	30.52	6.02	30.57	0.08	3.05
人工单价		小　计						6.02	30.57	0.08	3.05
综合日工：43.00 元/工日		未计价材料费						—			
清单项目综合单价								39.72			

	主要材料名称、规格、型号			单位	数量	单价（元）	合价（元）	暂估单价（元）	暂估合价（元）
材料费明细	混凝土侧石（立缘石）			m	1.00	26.00	26		
	生石灰			t	0.01	150.00	1.5		
	石灰砂浆 1:3			m³	0.006	67.23	0.40		
	水泥砂浆 1:3			m³	0.012	195.94	2.35		
	其他材料费					—	0.318	—	
	材料费小计					—	30.57	—	

工程名称：庭园绿化工程　　　　　　　标段：　　　　　　　　第 24 页　共 50 页

项目编码	050201001004	项目名称	园路	计量单位	m²	工程量	107.57

清单综合单价组成明细

定额编号	定额名称	定额单位	数量	单价				合价			
				人工费	材料费	机械费	管理费和利润	人工费	材料费	机械费	管理费和利润
2-1	土基整理路床	10m²	0.10	19.35	—	—	9.81	1.94	0	0	0.98
2-157	碎石干铺	m³	0.08	22.36	78.20	3.58	11.34	1.79	6.26	0.29	0.91
2-164	混凝土	m³	0.01	64.07	164.93	2.78	32.48	0.64	1.65	0.03	0.32
2-26	花岗岩地面厚 30mm	10m²	0.10	167.27	1600.85	16.70	84.8	16.73	160.09	1.67	8.48
人工单价		小　计						21.1	168	1.99	10.69
综合日工：43.00 元/工日		未计价材料费						—			
清单项目综合单价								201.78			

主要材料名称、规格、型号	单位	数量	单价（元）	合价（元）	暂估单价（元）	暂估合价（元）
碎石 30-60	m³	0.088	50.00	4.4		
砂子中粗	m³	0.0232	80.00	1.86		
水	m³	0.005	4.05	0.02		
施工板方材木模板	m³	0.00002	1500.00	0.03		
现浇碎石混凝土 粒径≤40（32.5 水泥）C10	m³	0.0102	156.72	1.60		
圆钉 35 以下	kg	0.0001	5.30	0.00053		
花岗岩板 500×500×30	m²	1.015	150.00	152.25		
白水泥	kg	0.01	0.42	0.004		
水泥砂浆 1：4	m³	0.0305	194.06	5.92		
素水泥浆	m³	0.003	421.78	1.27		
其他材料费	—			0.647	—	
材料费小计	—			168.00	—	

材料费明细

工程名称：庭园绿化工程　　　　　　　标段：　　　　　　　　

项目编码	010101004001	项目名称	挖基坑土方	计量单位	m³	工程量	53.69

清单综合单价组成明细

定额编号	定额名称	定额单位	数量	单价				合价			
				人工费	材料费	机械费	管理费和利润	人工费	材料费	机械费	管理费和利润
4-1	挖基槽	m³	1.43	11.09	—	—	3.74	15.86	—		5.35
	人工单价			小　计				15.86	—		5.35
综合日工：43.00元/工日				未计价材料费				—			

清单项目综合单价		201.78

材料费明细	主要材料名称、规格、型号	单位	数量	单价（元）	合价（元）	暂估单价（元）	暂估合价（元）
	其他材料费				—		—
	材料费小计				—		—

工程名称：庭园绿化工程　　　　　　　标段：　　　　　　　　

项目编码	010404001001	项目名称	垫层	计量单位	m³	工程量	10.74

清单综合单价组成明细

定额编号	定额名称	定额单位	数量	单价				合价			
				人工费	材料费	机械费	管理费和利润	人工费	材料费	机械费	管理费和利润
2-157	碎石干铺	m³	0.78	22.36	78.20	3.58	11.34	17.44	61.00	2.79	8.85
	人工单价			小　计				17.44	61.00	2.79	8.85
综合日工：43.00元/工日				未计价材料费				—			

清单项目综合单价		90.08

材料费明细	主要材料名称、规格、型号	单位	数量	单价（元）	合价（元）	暂估单价（元）	暂估合价（元）
	碎石 30～60	m³	0.858	50.00	42.90		
	砂子中粗	m³	0.2262	80.00	18.10		
	其他材料费				—		—
	材料费小计				61.00		—

工程名称：庭园绿化工程　　　　　　　　标段：　　　　　　

| 项目编码 | 010404001002 | 项目名称 | 垫层 | 计量单位 | m³ | 工程量 | 6.66 |

清单综合单价组成明细

定额编号	定额名称	定额单位	数量	单价				合价			
				人工费	材料费	机械费	管理费和利润	人工费	材料费	机械费	管理费和利润
2-164	混凝土	m³	0.16	64.07	164.93	2.78	32.48	10.25	26.39	0.44	5.20
人工单价		小　计						10.25	26.39	0.44	5.20
综合日工：43.00 元/工日		未计价材料费						—			
清单项目综合单价								90.08			

材料费明细	主要材料名称、规格、型号	单位	数量	单价（元）	合价（元）	暂估单价（元）	暂估合价（元）
	水	m³	0.08	4.05	0.32		
	施工板方材木模板	m³	0.00032	1500.00	0.48		
	现浇碎石混凝土 粒径≤40（32.5 水泥）C10	m³	0.1632	156.72	25.58		
	圆钉 35 以下	kg	0.0016	5.30	0.01		
	其他材料费			—			
	材料费小计			—	26.39	—	

工程名称：庭园绿化工程　　　　　　　　标段：　　　　　　

| 项目编码 | 010401001001 | 项目名称 | 砖基础 | 计量单位 | m³ | 工程量 | 16.02 |

清单综合单价组成明细

定额编号	定额名称	定额单位	数量	单价				合价			
				人工费	材料费	机械费	管理费和利润	人工费	材料费	机械费	管理费和利润
6-1	砖基础	m³	1.00	56.33	182.98	1.36	23.98	56.33	182.98	1.36	23.98
人工单价		小　计						56.33	182.98	1.36	23.98
综合日工：43.00 元/工日		未计价材料费						—			
清单项目综合单价								264.65			

材料费明细	主要材料名称、规格、型号	单位	数量	单价（元）	合价（元）	暂估单价（元）	暂估合价（元）
	水泥砂浆 M5 砌筑砂浆	m³	0.243	144.09	35.01		
	机砖 240×115×53	千块	0.527	280.00	147.56		
	水	m³	0.10	4.05	0.41		
	其他材料费			—			
	材料费小计			—	182.98	—	

工程名称：庭园绿化工程　　　　标段：　　　　

| 项目编码 | 010103001001 | 项目名称 | 回填方 | 计量单位 | m³ | 工程量 | 23.31 |

清单综合单价组成明细

定额编号	定额名称	定额单位	数量	单价				合价			
				人工费	材料费	机械费	管理费和利润	人工费	材料费	机械费	管理费和利润
4-69	人工回填土	m³	2.14	8.51	—	1.42	2.87	18.21	—	3.04	6.14
人工单价			小　计					18.21	—	3.04	6.14
综合日工：43.00元/工日			未计价材料费					—			
清单项目综合单价								264.65			

材料费明细	主要材料名称、规格、型号	单位	数量	单价（元）	合价（元）	暂估单价（元）	暂估合价（元）
	其他材料费			—		—	
	材料费小计			—		—	

工程名称：庭园绿化工程　　　　标段：　　　　

| 项目编码 | 010103001001 | 项目名称 | 回填方 | 计量单位 | m³ | 工程量 | 23.31 |

清单综合单价组成明细

定额编号	定额名称	定额单位	数量	单价				合价			
				人工费	材料费	机械费	管理费和利润	人工费	材料费	机械费	管理费和利润
6-10	砖砌	m³	1.00	79.12	187.06	1.36	33.52	79.12	187.06	1.36	33.52
人工单价			小　计					79.12	187.06	1.36	33.52
综合日工：43.00元/工日			未计价材料费					—			
清单项目综合单价								301.06			

材料费明细	主要材料名称、规格、型号	单位	数量	单价（元）	合价（元）	暂估单价（元）	暂估合价（元）
	水	m³	0.110	4.05	0.45		
	机砖 240×115×53	千块	0.535	280.00	149.8		
	混合砂浆 M5 砌筑砂浆	m³	0.240	153.39	36.81		
	其他材料费			—		—	
	材料费小计			—	187.06	—	

工程量清单综合单价分析表

表 3-53

工程名称：庭园绿化工程 　　　　　　　　标段：

项目编码	050307006001	项目名称	铁艺栏杆	计量单位	m	工程量	120.66

清单综合单价组成明细

定额编号	定额名称	定额单位	数量	单价				合价			
				人工费	材料费	机械费	管理费和利润	人工费	材料费	机械费	管理费和利润
3-261	艺术围栏安装	m	1.00	15.91	15.98	3.00	7.96	15.91	15.98	3.00	7.96
人工单价			小　计					15.91	15.98	3.00	7.96
综合日工：43.00元/工日			未计价材料费					132.6			
			清单项目综合单价					175.45			

材料费明细	主要材料名称、规格、型号	单位	数量	单价（元）	合价（元）	暂估单价（元）	暂估合价（元）
	艺术围栏	m	1.02	130	132.6		
	其他材料费				—		—
	材料费小计				—		—

工程量清单综合单价分析表

表 3-54

工程名称：庭园绿化工程 　　　　　　　　标段：

项目编码	010101003001	项目名称	挖沟槽土方	计量单位	m³	工程量	97.61

清单综合单价组成明细

定额编号	定额名称	定额单位	数量	单价				合价			
				人工费	材料费	机械费	管理费和利润	人工费	材料费	机械费	管理费和利润
4-37	人工挖土方	m³	1	7.74	—	—	2.61	7.74	—	—	2.61
4-71	素土夯实	10m²	0.17	4.39	—	1.27	1.48	0.75	—	5.58	0.25
人工单价			小　计					8.49		5.58	2.86
综合日工：43.00元/工日			未计价材料费					—			
			清单项目综合单价					16.93			

材料费明细	主要材料名称、规格、型号	单位	数量	单价（元）	合价（元）	暂估单价（元）	暂估合价（元）
	其他材料费				—		—
	材料费小计				—		—

表 3-55

工程量清单综合单价分析表

工程名称：庭园绿化工程　　　　　　　　标段：

项目编码	070101001001	项目名称	池底板	计量单位	m³	工程量	3.94

清单综合单价组成明细

定额编号	定额名称	定额单位	数量	单价				合价			
				人工费	材料费	机械费	管理费和利润	人工费	材料费	机械费	管理费和利润
4-109	C30 混凝土水池底	10m³	0.10	762.39	1854.01	8.38	531.9	76.24	185.40	0.84	53.19
人工单价			小　计					76.24	185.40	0.84	53.19
综合日工：43.00 元/工日			未计价材料费					—			
清单项目综合单价								315.67			

	主要材料名称、规格、型号			单位	数量	单价（元）	合价（元）	暂估单价（元）	暂估合价（元）
材料费明细	草袋			m²	1.642	3.50	5.75		
	其他材料费					—	—		
	材料费小计					—	5.75		—

表 3-56

工程量清单综合单价分析表

工程名称：庭园绿化工程　　　　　　　　标段：

项目编码	070101002001	项目名称	池壁	计量单位	m³	工程量	16.27

清单综合单价组成明细

定额编号	定额名称	定额单位	数量	单价				合价			
				人工费	材料费	机械费	管理费和利润	人工费	材料费	机械费	管理费和利润
4-113	C30 混凝土水池壁	10m³	0.10	763.68	1856.54	13.75	532.8	76.37	185.65	1.38	53.28
人工单价			小　计					76.37	185.65	1.38	53.28
综合日工：43.00 元/工日			未计价材料费					—			
清单项目综合单价								316.68			

	主要材料名称、规格、型号			单位	数量	单价（元）	合价（元）	暂估单价（元）	暂估合价（元）
材料费明细	现浇碎石混凝土 粒径≤20（32.5 水泥）C20			m³	1.015	178.25	180.92		
	水			m³	1.09	4.05	4.41		
	草袋			m²	0.06	3.50	0.21		
	其他材料费					—	0.106		
	材料费小计					—	185.65		—

表 3-57

工程量清单综合单价分析表

工程名称：庭园绿化工程　　　　　　　　　标段：　　　　　　　　　

项目编码	010904003001	项目名称	砂浆防水	计量单位	m²	工程量	201.24

清单综合单价组成明细

定额编号	定额名称	定额单位	数量	单价				合价			
				人工费	材料费	机械费	管理费和利润	人工费	材料费	机械费	管理费和利润
7-162	池底防水砂浆	100m²	0.008	353.03	521.44	15.46	233.5	2.82	4.17	0.12	1.87
7-163	池壁防水砂浆	100m³	0.002	525.89	543.88	16.07	344.72	1.05	1.09	0.03	0.69
人工单价		小　计						3.87	5.26	0.15	2.56
综合日工：43.00 元/工日		未计价材料费						—			
清单项目综合单价								11.84			

	主要材料名称、规格、型号	单位	数量	单价（元）	合价（元）	暂估单价（元）	暂估合价（元）
材料费明细	水泥砂浆 1：2	m³	0.02038	229.62	4.68		
	防水粉	kg	0.56016	0.76	0.43		
	水	m³	0.038	4.05	0.15		
	其他材料费			—	—	—	
	材料费小计			—	5.26	—	

表 3-58

工程量清单综合单价分析表

工程名称：庭园绿化工程　　　　　　　　　标段：　　　　　　　　　

项目编码	070101001002	项目名称	池壁	计量单位	m³	工程量	0.33

清单综合单价组成明细

定额编号	定额名称	定额单位	数量	单价				合价			
				人工费	材料费	机械费	管理费和利润	人工费	材料费	机械费	管理费和利润
4-113	混凝土池壁	10m³	0.10	763.68	1856.54	13.75	532.8	76.37	185.65	1.38	53.28
人工单价		小　计						76.37	185.65	1.38	53.28
综合日工：43.00 元/工日		未计价材料费						—			
清单项目综合单价								316.68			

	主要材料名称、规格、型号	单位	数量	单价（元）	合价（元）	暂估单价（元）	暂估合价（元）
材料费明细	现浇碎石混凝土 粒径≤20（32.5 水泥）C20	m³	1.015	178.25	180.92		
	水	m³	1.09	4.05	4.41		
	草袋	m²	0.06	3.50	0.21		
	其他材料费			—	0.106	—	
	材料费小计			—	185.65	—	

工程量清单综合单价分析表

表 3-59

工程名称：庭园绿化工程　　　　　　标段：　　　　　　

项目编码	010904003002	项目名称	砂浆防水	计量单位	m²	工程量	6.50

清单综合单价组成明细

定额编号	定额名称	定额单位	数量	单价				合价			
				人工费	材料费	机械费	管理费和利润	人工费	材料费	机械费	管理费和利润
7-162	防水砂浆	100m²	0.01	353.03	521.44	15.46	233.5	3.53	5.21	0.15	2.34
人工单价			小　计					3.53	5.21	0.15	2.34
综合日工：43.00元/工日			未计价材料费					—			
清单项目综合单价								11.23			

	主要材料名称、规格、型号	单位	数量	单价（元）	合价（元）	暂估单价（元）	暂估合价（元）
材料费明细	水泥砂浆 1：2	m³	0.0202	229.62	4.64		
	防水粉	kg	0.5555	0.76	0.42		
	水	m³	0.038	4.05	0.15		
	其他材料费			—	—		—
	材料费小计			—	5.21		—

工程量清单综合单价分析表

表 3-60

工程名称：庭园绿化工程　　　　　　标段：　　　　　　

项目编码	010404001003	项目名称	垫层	计量单位	m³	工程量	0.58

清单综合单价组成明细

定额编号	定额名称	定额单位	数量	单价				合价			
				人工费	材料费	机械费	管理费和利润	人工费	材料费	机械费	管理费和利润
2-167	100厚C10混凝土垫层	m³	1.00	80.41	171.04	0.47	40.77	80.41	171.04	0.47	40.77
人工单价			小　计					80.41	171.04	0.47	40.77
综合日工：43.00元/工日			未计价材料费					—			
清单项目综合单价								292.69			

	主要材料名称、规格、型号	单位	数量	单价（元）	合价（元）	暂估单价（元）	暂估合价（元）
材料费明细	铁件	kg	0.20	5.20	1.04		
	现浇碎石混凝土 粒径≤40（32.5水泥）C15	m³	1.05	160.79	168.83		
	其他材料费			—	1.170		—
	材料费小计			—	171.04		—

工程名称：庭园绿化工程　　　　　　　　　　　标段：

项目编码	050201007001	项目名称	石桥墩、石桥台	计量单位	m³	工程量	2.05

清单综合单价组成明细

定额编号	定额名称	定额单位	数量	单价				合价			
				人工费	材料费	机械费	管理费和利润	人工费	材料费	机械费	管理费和利润
2-61	条石桥墩	m³	1.00	104.92	311.52	1.42	53.7	104.92	311.52	1.42	53.7
人工单价			小　计					104.92	311.52	1.42	53.7
综合日工：43.00元/工日			未计价材料费					—			
清单项目综合单价								471.56			

	主要材料名称、规格、型号		单位	数量	单价（元）	合价（元）	暂估单价（元）	暂估合价（元）
材料费明细	条石 毛面		m³	1.00	270.00	270		
	水泥砂浆 M10 砌筑砂浆		m³	0.250	160.05	40.01		
	其他材料费				—	1.510	—	
	材料费小计				—	311.52	—	

工程名称：庭园绿化工程　　　　　　　　　　　标段：

项目编码	010606012001	项目名称	钢支架	计量单位	t	工程量	0.44

清单综合单价组成明细

定额编号	定额名称	定额单位	数量	单价				合价			
				人工费	材料费	机械费	管理费和利润	人工费	材料费	机械费	管理费和利润
6-20	钢支架	t	1.00	1269.79	3891.46	1304.54	1481.44	1269.79	3891.46	1304.54	1481.44
人工单价			小　计					1269.79	3891.46	1304.54	1481.44
综合日工：43.00元/工日			未计价材料费					—			
清单项目综合单价								471.56			

	主要材料名称、规格、型号		单位	数量	单价（元）	合价（元）	暂估单价（元）	暂估合价（元）
材料费明细	钢板		t	0.140	4600.00	644		
	角钢		t	0.920	3180.00	2925.6		
	板方木材 综合规格		m³	0.005	1550.00	7.75		
	螺栓		kg	1.00	4.80	4.8		
	电焊条（综合）		kg	30.00	4.00	120		
	醇酸防锈漆 红丹		kg	4.650	14.00	65.1		

主要材料名称、规格、型号	单位	数量	单价（元）	合价（元）	暂估单价（元）	暂估合价（元）
油漆溶剂油	kg	0.240	3.50	0.84		
氧气	m³	1.00	2.50	2.5		
乙炔气	m³	0.440	12.50	5.5		
原木杉原条	m³	0.001	1250.00	1.25		
板方木材综合规格	m³	0.002	1550.00	3.1		
镀锌铁丝 8#	kg	0.09	4.20	0.378		
电焊条（综合）	kg	24.480	4.00	97.92		
其他材料费			—	12.72	—	
材料费小计			—	3891.46	—	

（材料费明细）

工程量清单综合单价分析表

表 3-63

工程名称：庭园绿化工程　　　　标段：　　　　第 41 页　共 50 页

项目编码	050201014001	项目名称	木制步桥	计量单位	m²	工程量	16.64

清单综合单价组成明细

定额编号	定额名称	定额单位	数量	单价				合价			
				人工费	材料费	机械费	管理费和利润	人工费	材料费	机械费	管理费和利润
2-124（换）	木桥面	10m²	0.10	33.25	2040.37	—	168.95	3.33	204.04	—	16.90
人工单价		小　计						3.33	204.04	—	16.90
综合日工：43.00 元/工日		未计价材料费						—			
清单项目综合单价								224.27			

主要材料名称、规格、型号	单位	数量	单价（元）	合价（元）	暂估单价（元）	暂估合价（元）
木材（板方材）一等中小板方材	m³	0.115	1750.00	201.25		
木螺丝钉 M4.5-6×15-100	10 个	2.87	0.40	1.15		
其他材料费			—	1.639	—	
材料费小计			—	204.04	—	

（材料费明细）

工程量清单综合单价分析表

表 3-64

工程名称：庭园绿化工程　　　　　　　　标段：

项目编码	010702001001	项目名称	木柱		计量单位	m³	工程量	0.52

清单综合单价组成明细

定额编号	定额名称	定额单位	数量	单价				合价			
				人工费	材料费	机械费	管理费和利润	人工费	材料费	机械费	管理费和利润
5-51	木柱	m³	1.00	277.35	1838.30	—	255.43	277.35	1838.30	—	255.43
人工单价			小　计					277.35	1838.30	—	255.43
综合日工：43.00元/工日			未计价材料费					—			
清单项目综合单价								224.27			

材料费明细	主要材料名称、规格、型号		单位	数量	单价（元）	合价（元）	暂估单价（元）	暂估合价（元）
	板方木材 综合规格		m³	1.186	1550.00	1838.3		
	其他材料费				—	—		
	材料费小计				—	1838.3	—	

工程量清单综合单价分析表

表 3-65

工程名称：庭园绿化工程　　　　　　　　标段：

项目编码	050304003001	项目名称	金属花架柱、梁		计量单位	t	工程量	0.22

清单综合单价组成明细

定额编号	定额名称	定额单位	数量	单价				合价			
				人工费	材料费	机械费	管理费和利润	人工费	材料费	机械费	管理费和利润
3-586（借用江苏）	铁花架的制作	t	1.00	1017.50	4548.36	891.79	325.6	1017.50	4548.36	891.79	325.6
3-587	铁花架的安装	t	1.00	577.20	60.70	95.70	184.71	577.20	60.70	95.70	184.71
								1594.7	4609.06	987.49	510.31
人工单价			小　计					1594.7	4609.06	987.49	510.31
综合日工：43.00元/工日			未计价材料费					—			
清单项目综合单价								7701.56			

材料费明细	主要材料名称、规格、型号		单位	数量	单价（元）	合价（元）	暂估单价（元）	暂估合价（元）
	钢筋（综合）		t	0.213	3800.00	809.40		
	型钢（综合）		t	0.837	3900.00	3264.30		
	电焊条		kg	38.08	4.80	182.78		
	氧气		m³	15.60	2.60	40.56		
	乙炔气		m³	9.20	13.60	125.12		
	红丹防锈漆		kg	7.80	14.50	113.10		
	五金配件费		元			39.80		
	其他材料费					34.00	—	
	材料费小计				—	4609.06	—	

表 3-66

工程量清单综合单价分析表

工程名称：庭园绿化工程　　　　　　　　　标段：　　　　　

项目编码	050307018001	项目名称	砖石砌小摆设	计量单位	个	工程量	2.00

清单综合单价组成明细

定额编号	定额名称	定额单位	数量	单价				合价			
				人工费	材料费	机械费	管理费和利润	人工费	材料费	机械费	管理费和利润
4-19	挖凳子基础	m³	1.04	12.34	—	—	4.16	12.83	—	—	4.33
4-71	素土夯实	10m²	0.25	4.39	—	1.27	1.48	1.10	—	0.32	0.37
人工单价			小　计					13.93	—	0.32	4.70
综合日工：43.00 元/工日			未计价材料费					—			
清单项目综合单价								18.95			

材料费明细	主要材料名称、规格、型号			单位	数量	单价（元）	合价（元）	暂估单价（元）	暂估合价（元）
	其他材料费					—		—	
	材料费小计					—		—	

表 3-67

工程量清单综合单价分析表

工程名称：庭园绿化工程　　　　　　　　　标段：　　　　　

项目编码	010404001004	项目名称	垫层	计量单位	m³	工程量	1.15

清单综合单价组成明细

定额编号	定额名称	定额单位	数量	单价				合价			
				人工费	材料费	机械费	管理费和利润	人工费	材料费	机械费	管理费和利润
2-160	毛石干铺	m³	0.10	64.07	164.93	2.78	32.48	6.41	16.49	0.28	3.25
人工单价			小　计					6.41	16.49	0.28	3.25
综合日工：43.00 元/工日			未计价材料费					—			
清单项目综合单价								26.43			

材料费明细	主要材料名称、规格、型号			单位	数量	单价（元）	合价（元）	暂估单价（元）	暂估合价（元）
	砂子　中粗			m³	0.0280	80.00	2.24		
	毛石			m³	0.1220	60	7.32		
	其他材料费					—		—	
	材料费小计					—	9.56	—	

表 3-68

工程量清单综合单价分析表

工程名称：庭园绿化工程　　　　标段：

| 项目编码 | 050307018002 | 项目名称 | 砖石砌小摆设 | 计量单位 | m³ | 工程量 | 1.84 |

清单综合单价组成明细

定额编号	定额名称	定额单位	数量	单价				合价			
				人工费	材料费	机械费	管理费和利润	人工费	材料费	机械费	管理费和利润
3-217	砖砌凳子	m³	1.00	176.30	185.85	10.32	88.15	176.30	185.85	10.32	88.15
人工单价		小　计						176.30	185.85	10.32	88.15
综合日工：43.00 元/工日		未计价材料费						—			
清单项目综合单价								460.62			

	主要材料名称、规格、型号	单位	数量	单价（元）	合价（元）	暂估单价（元）	暂估合价（元）
材料费明细	机砖 240×115×53	千块	0.531	280.00	148.68		
	水泥砂浆 M5 砌筑砂浆	m³	0.246	144.09	35.45		
	其他材料费			—	1.720	—	
	材料费小计			—	185.85	—	

表 3-69

工程量清单综合单价分析表

工程名称：庭园绿化工程　　　　标段：

| 项目编码 | 011108003001 | 项目名称 | 块料零星项目 | 计量单位 | m² | 工程量 | 7.50 |

清单综合单价组成明细

定额编号	定额名称	定额单位	数量	单价				合价			
				人工费	材料费	机械费	管理费和利润	人工费	材料费	机械费	管理费和利润
2-106	花岗岩面层	100m²	0.01	2856.92	18425.22	135.91	2597.35	28.57	184.25	1.36	25.97
人工单价		小　计						176.30	185.85	10.32	88.15
综合日工：43.00 元/工日		未计价材料费						—			
清单项目综合单价								460.62			

	主要材料名称、规格、型号	单位	数量	单价（元）	合价（元）	暂估单价（元）	暂估合价（元）
材料费明细	花岗岩板 500×500×30	m²	1.1322	150.00	169.83		
	水泥砂浆 1:1	m³	0.0056	264.66	1.48		
	水泥砂浆 1:3	m³	0.0148	195.94	2.90		
	素水泥浆	m³	0.001	421.78	0.42		
	白水泥	kg	0.17	0.42	0.07		

主要材料名称、规格、型号	单位	数量	单价 (元)	合价 (元)	暂估单价 (元)	暂估合价 (元)
建筑胶	kg	0.336	2.00	0.67		
乳液型建筑胶粘剂	kg	0.4662	16.00	7.46		
石料切割锯片	片	0.0421	12.00	0.51		
硬白蜡	kg	0.0294	9.00	0.26		
草酸	kg	0.0111	6.88	0.08		
煤油	kg	0.0444	5.00	0.22		
清油	kg	0.0059	20.00	0.12		
松节油	kg	0.0067	9.00	0.06		
水	m³	0.0078	4.05	0.03		
其他材料费			—	0.137	—	
材料费小计			—	184.25	—	

(左侧纵排：材料费明细)

工程量清单综合单价分析表
表 3-70

工程名称：庭园绿化工程　　　　　　标段：　　　　　　第 48 页　共 50 页

项目编码	050301005001	项目名称	点风景石	计量单位	块	工程量	4.00

清单综合单价组成明细

定额 编号	定额名称	定额 单位	数量	单价				合价			
				人工费	材料费	机械费	管理费 和利润	人工费	材料费	机械费	管理费 和利润
2-195	点风景石 1	t	5.78	317.34	287.26	15.55	162	1834.23	1660.36	89.88	936.36
2-198	点风景石 2	t	0.62	397.75	656.02	292.08	219.38	246.61	406.73	181.09	136.02
2-198	点风景石 3	t	0.57	397.75	656.02	292.08	219.38	226.72	373.93	166.49	125.05
2-198	点风景石 4	t	0.34	397.75	656.02	292.08	219.38	135.24	223.05	99.31	74.59
人工单价			小　计					2442.8	2664.07	536.77	1272.02
综合日工：43.00 元/工日			未计价材料费					—			
清单项目综合单价								6915.66			

	主要材料名称、规格、型号	单位	数量	单价 (元)	合价 (元)	暂估单价 (元)	暂估合价 (元)
材料费明细	木材（板方材）二等中小板方材	m³	0.01734	1500.00	26.01		
	太湖石 1t/块	块	5.78	244.00	1410.30		
	水泥砂浆 1：2.5	m³	0.289	218.62	63.18		
	现浇碎石混凝土 粒径≤40（32.5 水泥）C10	m³	0.3468	156.72	54.35		
	景石 1t/块	块	1.53	610.00	933.30		
	铁件	kg	7.65	5.20	39.78		
	现浇碎石混凝土 粒径≤16（32.5 水泥）C20	m³	0.1224	186.09	22.78		
	其他材料费			—	114.3743	—	
	材料费小计			—	2664.07	—	

工程名称：庭园绿化工程　　　　　　　　标段：　　　　　　　　第 49 页　共 50 页

项目编码	050305006001	项目名称		石桌石凳		计量单位		个		工程量	5.00

清单综合单价组成明细

定额编号	定额名称	定额单位	数量	单价				合价			
				人工费	材料费	机械费	管理费和利润	人工费	材料费	机械费	管理费和利润
4-13	垫层	10m³	0.0014	516.43	1603.12	8.38	360.3	0.72	2.24	0.01	0.50
3-65	石桌石凳安装	m³	0.058	190.49	7.21	—	95.25	11.05	0.42	—	5.52
人工单价		小　计						11.77	2.66	0.01	6.02
综合日工：43.00 元/工日		未计价材料费						—			
清单项目综合单价								20.46			

材料费明细	主要材料名称、规格、型号	单位	数量	单价（元）	合价（元）	暂估单价（元）	暂估合价（元）
	现浇碎石混凝土 粒径≤40（32.5 水泥）C10	m³	0.01414	156.72	2.22		
	水	m³	0.00758	4.05	0.03		
	水泥砂浆 M5 砌筑砂浆	m³	0.00232	144.09	0.33		
	其他材料费			—	0.08178	—	
	材料费小计			—	2.66	—	

工程名称：庭园绿化工程　　　　　　　　标段：　　　　　　　　第 50 页　共 50 页

项目编码	050305010001	项目名称		塑料、铁艺、金属椅		计量单位		个		工程量	1.00

清单综合单价组成明细

定额编号	定额名称	定额单位	数量	单价				合价			
				人工费	材料费	机械费	管理费和利润	人工费	材料费	机械费	管理费和利润
3-586（江苏）	支撑铁架的制作	t	0.063	1017.50	4548.36	891.79	325.6	64.1	286.55	56.18	20.51
3-587（江苏）	支撑铁架的安装	t	0.063	577.20	60.70	95.70	184.71	26.36	3.8	6.03	11.64
3-69（换）	防腐木凳面	m²	0.5024	24.94	44.64	0.72	12.46	12.53	22.43	0.36	6.26
人工单价		小　计						102.99	312.78	62.57	38.41
综合日工：43.00 元/工日		未计价材料费						—			
清单项目综合单价								516.75			

材料费明细	主要材料名称、规格、型号	单位	数量	单价（元）	合价（元）	暂估单价（元）	暂估合价（元）
	钢筋（综合）	t	0.013419	3800.00	50.99		
	型钢（综合）	t	0.052731	3900.00	205.65		
	电焊条	kg	2.3990	4.80	11.52		
	氧气	m³	0.9828	2.60	2.56		
	乙炔气	m³	0.5796	13.60	7.88		
	红丹防锈漆	kg	0.4914	14.50	7.13		
	五金配件费	元		2.5074	2.51		
	木材（板方材）二等中小板方材	m³	0.01256	1500.00	18.84		
	其他材料费			—	5.729136		
	材料费小计			—	312.78	—	

三、投标报价（表 3-73～表 3-79）

投　标　总　价

招　标　人：　　某庭院业主

工程名称：　　某庭院绿化工程

投标总价(小写)：　　205626

（大写）：　　贰拾万伍仟陆佰贰拾伍圆整

投　标　人：　　某某园林公司单位公章
　　　　　　　　　　（单位盖章）

法定代表人
或其授权人：
　　　　　　　　　　（签字或盖章）

编　制　人：　　×××签字盖造价工程师或造价员专用章
　　　　　　　　（造价人员签字盖专用章）

编制时间：××××年×月×日

总　说　明

工程名称：某庭院绿化工程

第　页　共　页

　1. 工程概况：

　本工程为某庭院绿化工程，此绿地为某住户的庭院绿地，内设小桥流水、小型喷泉、休息桌凳、草中置石，并配置丰富的树种，满足户主的等各项活动，各景观设施分别有详细施工图。

　2. 投标控制价包括范围：

　为本次招标的庭院绿地施工图范围内的园林绿化工程。

　3. 投标控制价编制依据：

　(1) 招标文件及其所提供的工程量清单和有关计价的要求，招标文件的补充通知和答疑纪要

　(2) 该绿地施工图及投标施工组织设计

　(3) 有关的技术标准，规范和安全管理规定

　(4) 省建设主管部门颁发的计价定额和计价管理办法及有关计价文件

　(5) 材料价格采用工程所在地工程造价管理机构年月工程造价信息发布的价格信息，对于造价信息没有发布的材料，其价格参照市场价

工程项目投标报价汇总表

表 3-73

工程名称：某庭院绿化工程

第　页　共　页

序号	单项工程名称	金额（元）	其中（元）		
			暂估价	安全文明施工费	规　费
1	某庭院绿化工程	205626			4182
	合　计	205626			41827

注：本表适用于工程项目招标控制价或投标报价的汇总。

单项工程投标报价汇总表

表 3-74

工程名称：某单位招待所建筑装饰工程

第　页　共　页

序号	单项工程名称	金额（元）	其中（元）		
			暂估价	安全文明施工费	规　费
1	某庭院绿化工程	205626			4182
	合　计	205626			4182

注：本表适用于单项工程招标控制价或投标报价的汇总。暂估价包括分部分项工程暂估价和专业工程暂估价。

说明：本工程仅有分部分项工程暂估价。

287

单位工程投标报价汇总表

表 3-75

工程名称：某单位招待所工程　　　　　　标段：　　　　　　　　　第 页 共 页

序　号	汇总内容	金额（元）	其中：暂估价（元）
1	分部分项工程	189296	
2	措施项目	5540	
2.1	安全文明施工费	4611.39	
3	其他项目		
4	规费	4181.82	
5	税金	6607.33	
招标控制价合计＝1＋2＋3＋4＋5		205626	

总价措施项目清单与计价表

表 3-76

工程名称：某庭院绿化工程　　　　　　标段：　　　　　　　　　第 页 共 页

序号	项目编码	项目名称	计算基础	费率（%）	金额（元）	调整费率（%）	调整后金额（元）	备注
1	050405001001	安全文明措施	39013.42	11.82	4611.39	—	—	—
2	050405002002	夜间施工增加费	39013.42	0.68	265.29	—	—	—
3	050405004003	二次搬运	39013.42	1.02	397.94	—	—	—
4	050405005004	冬季施工增加费	39013.42	0.68	265.29	—	—	—
5	050405008005	已完工程及设备保护费	39013.42	—	—	—	—	—
合　计					5540	—	—	—

其他项目清单与计价汇总表

表 3-77

工程名称：某庭院绿化工程　　　　　　标段：　　　　　　　　　第 页 共 页

序号	项目名称	金额（元）	结算金额（元）	备注
1	暂列金额	按实际计算		
2	暂估价			
3	材料（工程设备）暂估价/结算价	—		
4	计日工			
5	总承包服务费			
6	索赔与现场签证	—		
合　计			—	

注：此表在这按实际发生计算